历史的针脚

STITCHES IN TIME: The Story of the Clothes We Wear

[英]露西·阿德灵顿
Lucy Adlington/著
熊佳树/译

重庆大学出版社

致　谢

感谢那些充满好奇的读者，

感谢——

丹尼斯 · 柯伦精湛的摄影技术，

卡洛琳 · 贝尔为本书提供精致的设计稿，

梅林迪斯 · 汤在 World Domination 的合作，

哈里 · 斯科布尔、杰奈尔 · 威尔克逊、凯特 · 肖给予我的建议，

“衣柜历史”协会的成员给予我灵感与热情的帮助，

艾尔西 · 沃尔顿的书籍、蛋糕和他的公司，

法默 · 理查德忍耐我写作过程中的牢骚。

书中图片均来自“衣柜历史”协会的收藏，除了第 425 页、第 429 页。

前　言

INTRODUCTION

打开你的衣橱、柜子和卧室的抽屉，里面挂着的、叠着的，或者杂乱地挤满所有空间的都是什么?

衣物。

那些体现你独特品位的衣服和配饰，正等着被你穿戴呢。

众所周知，衣服在“衣、食、住、行”中占首位，是最频繁被人们购买和赠送的东西。在本书中，我将带你穿越时空隧道，追寻那些我们最常穿着的服装的有趣故事，我会深挖袜子、鞋和运动服的来历，跟你大聊外套、领带、裙撑的历史……我甚至还会带你挖掘最隐秘的服装故事，这些故事就像你家床底下积满灰尘的箱子中的衣服一样隐蔽。我有这些故事可聊，是因为你的西装、衬衫、裤子、内衣和靴子并不是某人突发奇想设计出来的——每一件看似普通的衣服和配饰其实都大有来历，它们身上不光承载着服装材料演变的历史，还有自身的秘密。这些秘密有些是众所周知的，有些仍藏在历史的隐秘角落。

服装是我们拥有的最私密的，同时也是最公开的物件。说它私密，是因为衣服紧贴我们的皮肤，浸渍着我们身体的分泌物，吸收了我们涂抹的香水，沾染着我们的头皮屑，掩藏或披露了我们的生活习惯、文化背景和个人品位。说它公开，是因为衣服往往是他人注意到我们的第一要素。穿什么衣服传递出大量关于我们性别、文化、阶级、职业、地位、道德观和创造力的信息。然而，我们常常将其抛之脑后，并不了解这些衣服承载的深厚意义。

这里我说的服装的历史，并不是指某段特定的历史时期，而是指不同国家、不同时期、不同文化背景中的人们用自己的服装构筑的历史。不过，这样的历史一本书可是写不完的。为了言简意赅地表达我的观点，我会将本书所讨论的范围锁定在最近的200年左右，同时在涉及具体服装造型演变方面，我会尽可能地追溯其更久远的历史。

本书讨论的服装种类集中在西式服装领域——准确地说是欧洲的服装，有时候只是英国服饰。不过这绝没有不尊重其他国家服装文化的意思，我不会忽视其他文化中关于服装的有趣故事，相反我会尽量在相关的条目中也罗列出其他国家的有趣故事与大家分享，毕竟印度纱丽、土耳其长袍、阿拉伯面纱这样的服饰在西方也越来越常见，越来越为人所知。不过，我对西式服装是最熟悉的，这种熟悉天然来源于我亲眼所见的服装藏品、信件、日记、肖像画、葬礼雕塑、杂志和各种照片，当然还有我采访的人。

服装的历史涉及文学、艺术、政治、时尚、贸易、技术和运输等领域。越研究我就越发现自己懂得少。甚至现在我在写前言的时候，还会不自禁地分神与不安——这个我还没有提……我想是不是……有没有人知道为什么……

其实我走进服装的历史完全是个意外。20 世纪 70 年代，当我还是一个孩子时，因为沉迷于服饰文化，曾把家中全部的胶带都用来缠裹我的辛迪洋娃娃（对 7 岁的我来说，用胶带贴比缝纫可快多了），然后我又一头栽进从图书馆借来的书堆中。我还曾一度沉溺于一本赏心悦目的书《服装发展史》（*Costume Cavalcade*），书里印着一页一页彩色的历史服装。随后的几十年，当我为我的服装藏品增添古着或古董服饰时，说实话我总会留意会不会有《服装发展史》中描绘的服装。顺便说一下，我一次次走进图书馆借阅这本书，后来自己还买了一本珍藏版。

我现在在运营“衣柜历史”（History Wardrobe）这个机构，我期望通过这个机构向公众展示英国的服装和历史文化。这个机构也会给大众一个了解日常服饰在特定历史时期的独特意义的机会，向大众展示服装背后悲伤的、奇怪的、轰动的故事，并与千万人一起了解服饰的历史。

希望本书中的奇闻逸事能吸引你，让你感受到我写作时的澎湃心情。同时，也希望你看过本书之后再看自己的衣橱时能有点新的联想，无论是对奢华的服装，还是廉价的袜子。

露西 · 阿德灵顿于 2015 年

第一章

内　裤

KNICKER ELASTIC

在 20 世纪 20 年代出土的图坦卡蒙法老墓室的数千件陪葬品中，发现了不少于 145 片亚麻三角布，科学家推测这些都是法老用来保护私处的内衣物，这就是众所周知的“埃及腰裙”。

十分罕见

说起内衣物的历史，很明显地，其实很多世纪里都没有内裤这种东西的，我能找到的古代内裤实物非常少。因为不值钱，任何种类的裤子都不太可能成为珍贵的传家宝，除非它们有精致的装饰细节。即使它们被仔细保留下来，和所有的纺织品一样，内裤也抵不过蛀虫和潮气的侵蚀。

艺术历史给我们研究内裤的历史提供了一些线索：在肖像画中，模特总是穿上全套华服站立，他们身上的衣服也会被画师细致地描绘。在以前的春宫图和非肖像作品中，我们也难以寻见内裤的踪影，因为它们被认为是无关紧要的。

这样一来，我们只得猜测，历史记载中缺乏内裤的痕迹是出于谦逊甚至是拘谨。

大多数早期证据都与男性内裤有关。真正的纺织品内裤在史前时期就存在了，这是因为它们的原主人也被保存完好，且仍然穿着它们。一个例子就是新石器时期的旅行者身着的皮革缠腰布。考古学家在冰川中发现了他，随后将他命名为“冰中男子”。他的腰胯间保护性地缠着皮革制品。这些衣服和他的尸骨一起在冰川中静静地躺了5 000年，冰雪让这些宝贵的服装证据得以保存。虽然时间让他的缠腰布变黑了，但人们还是可以清楚地将之与男子穿着的绑腿区分开来。男子的皮革缠腰布大约6英尺长，包裹在他的皮带和绑腿外面——缠腰布是保存火种的干燥的好地方，在他生活的年代，火种可是生存必需品。总之，这就是迄今为止我们发现的最早的、具有内衣性质的衣物。

在大约1 500年后，我们在古埃及文明中再次发现了大量纺织物，这些纺织物穿在死者身上，古埃及人相信在这些织物的保护下，死者能顺利地去往来生。在20世纪20年代出土的图坦卡蒙法老墓室的数千件陪葬品中，发现了不少于145片亚麻三角布，科学家推测这些都是法老用来保护私处的内衣物，这就是众所周知的“埃及腰裙”（schenti）。不过，法老的这种内衣物比那些低阶男性的缠腰布更小一些，甚至可以隐藏在外穿的短裙之内。图坦卡蒙的内衣和裤子一样被胡乱地捆在一起，考古学家霍华德·卡特（Howard Carter）及其考古团队费了好大的劲才把它们理清，然后送到开罗博物馆保存和陈列。这位少年法老的身边，还围绕着365尊被称为“沙伯替”（shabtis）的人俑，据说这些人俑都是为图坦卡蒙清洁亚麻衣物的洗衣工。在当时的埃及社会中，只有精英阶层才能拥有自己的洗衣工，而在一般的家庭中，主妇承担了洗衣的工作。

这些人类历史中最早的缠腰布为穿着者的私处提供了保护，让穿着者在外穿短裙或短外套时感觉更舒适。它们的后代——内裤——出于体面的考虑并不是必需的。因为在较冷的气候下，外层的衣服足以遮住隐私部位，使人看不到。缠腰布在随后的许多个世纪中都是世界上唯一的内裤种类，直到后来的平角内裤和三角裤的“祖先”宽松衬裤（*braies*）出现。

宽松衬裤是一种口袋似的短裤，腰部有抽绳，在撒克逊时期，它还是一种男性外穿的衣物。随着束腰外衣越来越长，它们被藏在衣服里，渐渐地，成为一种内衣物。中世纪出现了各种形态的宽松衬裤，有的长至膝盖、裤脚被扎起；有的小得跟古埃及缠腰布一样；还有的跟现代平角短裤差不多，只是在大腿部设有开口以方便穿着者活动。

在中世纪的绘画中，这样的裤子只是布面油画作品上人物形象的附带品。以 15 世纪画家皮耶罗 · 德拉 · 弗朗切斯卡的名作《慈悲之心》（*Misericordia*）为例，在表现圣徒塞巴斯蒂安殉难的场景中，画作的重点自然是他被箭矢折磨时痛苦的表情，而不该是他穿的让

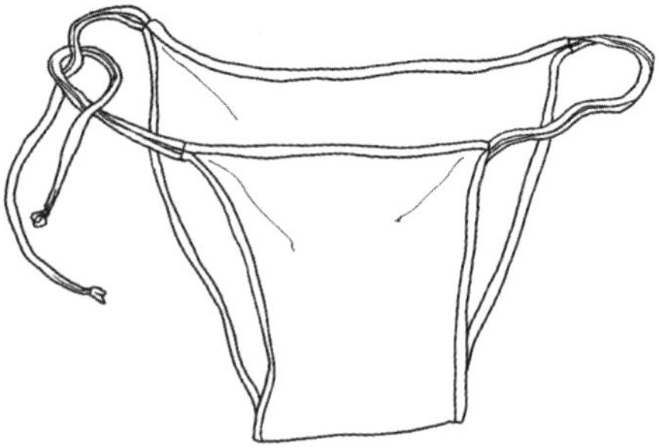

在奥地利兰恩伯格城堡中发现的亚麻内裤。

人大吃一惊的现代款式的内裤。[1]

历史总是充满惊人的巧合。2008 年，考古学家在奥地利兰恩伯格城堡的地板下发现了一条破烂的亚麻内裤。据碳元素年代检测显示，这条内裤竟是 15 世纪的产物！不过，最值得玩味的一个问题是：这条内裤是男用还是女用？

尽管“不穿内裤”的前卫行为直到 20 世纪 70 年代才出现，但在几个世纪以来，一直都有类似的概念。[2] 在缺乏实物证据和艺术品的情况下，我们难以判断不穿内裤是否是常态。在 15 世纪早期的图册《贝里公爵的豪华日课经》（*Très Riches Heures du Duc de Berry*）中，一群在下雪天烤火的农夫毫不害臊地撩起自己的罩袍，露出没遮没挡的私处；同样在这本书中，还有一幅画描绘了一位独处的妇女，她牢牢地将长罩袍的衣角绑在自己的脚踝处——这就是我们找不到 19 世纪以前女性是否穿内裤的资料的原因了！

关于古代女性内裤的细节，还可以在一些古物中发现些端倪，比如在从庞贝城废墟中发掘的一尊大理石维纳斯雕像身上。这座雕像现藏于意大利那不勒斯国家考古博物馆中。维纳斯穿着一件精致的金丝胸衣和三角裤，正弯腰系凉鞋。但是，这并不能证明古希腊和古罗马的女性真正穿着内裤。她们似乎也会如男性一样

---

1 与之类似的例子如费拉里的画作《基督上升》（*Christ Rising*）中，基督穿着棕色、贴身的内衣物。

2 “不穿内裤”（going commando）常常与美国越战老兵联系起来，而苏格兰军人在苏格兰短裙下不着内裤被称为“going regimental”。但这并不能排除以前的军人不穿内裤的可能性。

穿着缠腰布，甚至在进行体育运动的时候，束胸和缠腰布会成为女运动员的标配，正如西西里的卡萨尔罗马别墅中的马赛克壁画所展示的那样。

在那之后，有关女性内裤的证据只是略有改善。在中世纪的基督教绘画中，夏娃的形象仅有一绺金发和巧妙悬挂的遮羞布，尽管按照传说，人类在堕出伊甸园之前还没有羞耻意识，没有必要用衣服遮挡赤裸的身体。遮羞布——象征性的内裤——变成了耻辱的标志。

直到都铎王朝时期的艺术作品中，小心地以窗帘、树叶或头发遮盖人物的敏感部位仍是一种常态，这让历史学家们疑惑不已：在那个年代，宗教艺术中的人们在罩衫之下是裸露着身体？还是穿着内衣物过于普通难以描绘？

英国的伊丽莎白一世女王，直到1603年去世之前，她奢华的私人衣柜中都不曾出现过内裤——当时被称为“drawers”（长内裤）。最后，还是一个叫约翰·科尔特的人收取10英镑绘制她的葬礼场景时，才让她“穿上”了一条内裤和束腰。但事实上，这条内裤的原型是17世纪的意大利贵族玛利亚·美第奇的私服——她在1610年成为法国王后。那时的欧洲大陆上，贵族女性在某些特定场合中会穿着内裤。保留至今的实物显示，意大利的贵族穿着的内裤长度会达到大腿中部，这些精美的亚麻内裤有着宽松的裤腿、蕾丝腰带，甚至会用银线在裤脚上绣上花卉。不过社会阶层稍低的女性的内裤，要么在艺术作品中没有被表现出来，要么就被服装收藏界忽略了——那些穷人家的女性的内裤大概都是不停地缝补直到无法再穿，是没有机会被保存的。

除却上述少量贵族的服装外，女性的内裤的证据太少了。正如前面所提到的，主要的原因可能还是拘谨。直到 19 世纪 90 年代，拘谨的女人们在室外晾晒内裤的时候，仍将它们藏在枕套中。而到了 20 世纪 30 年代，大部分公寓在设计的时候还会有一个隐蔽的阳台，因为“人们害怕自己晾晒的内衣物被邻居看到”。

谨慎的社会风气只是我们这段故事中的一部分。

在 19 世纪，生产、销售和穿着内裤的证据增多，我们对女性穿内裤的礼仪也有了更多的看法。相当消极的反应表明，它们是一种新奇的东西，而且并不受欢迎。虽然王后们和贵族女性穿着可能并不受指责，但是在很长一段时间内，它与品德存疑的女性联系在了一起，比如威尼斯的交际花。因为在 17 世纪早期，一位妓女在自己的亚麻贴身马裤的裤脚用蓝色丝线绣上“我想偷你的心”——这句话预示着 20 世纪内裤标语的流行趋势。

还有更甚者——乔治时代晚期还曾有人强烈谴责内裤是伤风败俗的东西，因为它们长得太像男性裤装了！女性要是穿这种东西，会有女扮男装的嫌疑。如果这还不能定罪的话，内裤也被认为是一种秽物，因为它紧紧贴着人身上“最脏的地方”。

英国人的排外思想大概也导致了人们对内裤的排斥。历史上，无论是瘟疫还是时尚，都是从一海之隔的法国传到英伦的，而英国人一直对法国来的东西忌讳颇深——英国人用“法国病”来称呼梅毒，用“法国信”来指代避孕鞘。而对于法国的流行时尚虽然因其品质而受到赞赏，但也因为过分前卫而受到谴责。一个世纪以来，内裤一直被与法国人联系在一起，当然也与其他外国人联系在一起。

17 世纪的日记作家塞缪尔 · 皮普斯是一个注重着装的人，甚于生活中的女性。他喜欢在天热的时候穿着自己的内裤乘凉。不过，他的夫人伊丽莎白似乎也爱穿内裤，也许这与她的法国血统有关。为此，皮普斯还曾一度在日记中记录了自己对于妻子作风的担忧，他怀疑妻子与她的舞蹈老师有染。在 1663 年 5 月 15 日的日记中，皮普斯写道，自己一直在监视妻子，以“确定她是否如以往一样穿着内裤，或者有其他什么可疑的行为……”后人在读到这段文字时不禁疑惑：到底穿内裤表示诱惑还是不穿内裤表示诱惑。

到了 19 世纪，英国的女人们终于克服了对内裤的反感，这其实是很有跨时代意义的一件事。在往后的日子里，内裤成为女人们衣橱中的必需品。在早期衬裤的基础上，内裤逐渐被简化得更贴身，并且成为现代女性增加魅力的一个杀手锏。

著名的女作家简 · 奥斯汀（1775—1817）生活的年代正好处于女性内裤普及的时期。她在自己的信件中描写了大量到服装店购物的场景，以及当时服装的细节，但是独独缺少对内裤的描述——这要么是出于她个人的保守倾向，要么是因为当年开放的风气还没有吹到她生活的汉普郡。

奥斯汀在自己的著作《傲慢与偏见》（*Pride and Prejudice*）中，对达西先生的贴身衣着也没有提及。书中仅称达西是“一位绅士”，却没有对绅士的服装加以描述，这让后世的读者不禁好奇当年的绅士究竟会穿中国丝绸做的内裤，还是棉质的带裤腿的内裤，或者仅仅将宽大的衬衫下摆扎进马裤以代替内裤——这三种穿着都是那个年代的男性十分普遍的选择。

乔治时代的女式内裤都是长腿形式，甚至长到了膝盖下方。在 1813 年，这样的内裤售价为 3 先令 9 便士，这个价格远远高于工薪阶层女性的承受能力。到了 1817 年，一位自称是“皇家内衣定制商”的莫里斯夫人，在《阿克曼智囊团》（*Ackerman's Repository*）杂志上刊登了自家的专利隐形内裤的广告，并宣称将要出售的新型内裤是用西班牙最好的羊羔绒制成。尽管当时这款内裤还不是真正意义上的无痕隐形，但它还是做到了“有效抵御寒冷”以及“舒适、贴合皮肤”。如果狩猎时不喜欢结实的皮革款式，可以选择更有弹性的印度棉款式。除开这些功能性的内裤外，当时社会上大部分人穿着的内裤仍然样式简单、材料普通——这些内裤由轻薄的棉布制成，两个裤腿连着腰部的松紧带——这也是其名字“drawers”的来源——基本没有刺绣装饰。不过穿这种内裤也有一些弊端，比如 19 世纪早期一个美国人就在日记中记录了一段因为自己的内裤带子松了而引发的糗事：

“内裤的腰带松了，一条裤腿滑了下去，我没好意思把它捡起来，最终把它留在了马路上。那上面的蕾丝一码可值 6 先令呢！上周我看到刻薄的斯普林太太把这些蕾丝用来当领布。”

一方面，内裤不断普及；另一方面，一些人对内裤的忌讳和批评却从未停止。1811 年，摄政王的女儿，年轻直率的夏洛特公主颇有勇气地穿上了内裤，但这一行为随即遭到一名宫廷妇人的批评：

“晚饭后，她伸开双腿坐着，露出了自己内裤的裤脚——这东西最近很多年轻女孩儿都在穿。克利福德夫人对她说：‘亲爱的夏洛特公主，你的内裤露出来了！’‘我不是有意的，不过我想让我自己舒服点。’‘是的，亲爱的，尤其在你上下马车的时候。’‘露出来了我也不介意。’‘你的内裤太长了！’‘我不这么觉得，贝德福德公爵夫人的更长呢，她还用布鲁塞尔产的蕾丝在裤腿上镶了边。’‘哦，好吧，’克利福德夫人最后总结道：‘如果她要穿，当然要穿得漂漂亮亮的了！’”

夏洛特公主被认为是“前卫的、在所有问题上固执己见、对马态度傲慢，充满了像咒骂一样的感叹”，所以我们可以推测她穿内裤的行为并不符合当时皇家的穿衣规范。王室对内裤的肯定来自肯特公爵夫人。在18世纪20年代，肯特公爵夫人穿上了宽大的内裤，这种裤子采用硬挺的织物作为腰带，背后的蕾丝还可以调节，后面的开口比前面大，便于使用。这种内裤后来流行了好几十年，并且人们还为它加上了裤脚束带，以保证裤脚能被稳稳地固定在大腿上——人们确信这种设计能够确保裤脚的干净。[1]

除了裤腿长至小腿甚至脚踝的款式，或者裙撑里面露出的有较长的装饰的款式外，一般是很忌讳在公共场合中露出内裤的，除非穿着者像切斯特菲尔特夫人一样夸张，裙边有那么多的装饰褶边——她的裙子离脚踝只有一英寸，但是仍然露出“从男装中借鉴

1　在1838年的一本叫作《女工指南》（*The Workwoman's Guide*）的杂志上，一位匿名的女士如此赞美裤脚束带：“这种设计尤其适合那些在户外玩耍的孩子，或者生活在城镇的孩子，有时候他们一天就会换一到两条衬裤。”

的内衣形式，穿着它是如此舒适，人人都穿，只是我们不讨论这事罢了”。反对露出裤子的主流禁忌一直持续到 20 世纪末，这一时期短暂出现了一种潮流，就是在低腰裤上方设计纽扣或者蝴蝶结。[1]

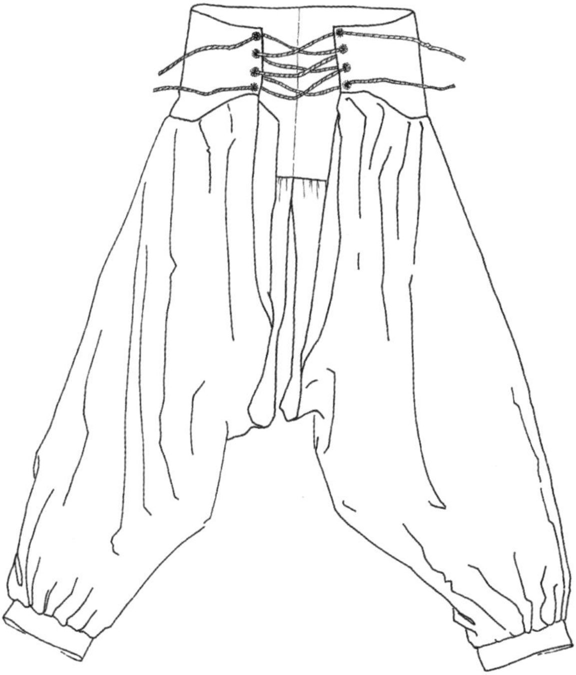

肯特公爵夫人的分腿内裤。

1 许多杂志照片会让模特故意露出内裤，以吸引注意力。玛丽莲 · 梦露在 1955 年的电影《七年之痒》（*The Seven Year Itch*）中也有一个经典的造型，在地铁栅栏上她的裙子被掀起，露出了白色的三角裤。

维多利亚女王的内裤。

尽管大多数女性很注意不让内裤露出来，但意外确实发生了，甚至是在高雅的维多利亚时代。当时的贵族女性热衷一种“纸片追踪游戏”，在这种游戏中女人们会沿着一条用碎纸片铺出的小径追逐——就像狩猎中追逐狐狸的猎犬——并在穿越门梃时弯腰通过。1859 年，曼彻斯特公爵夫人就遭遇了巨大的打击，“其他女士不知道是否应该庆幸她里面穿了那条红色格子呢的灯笼裤”。

《维多利亚的 52 英寸秘密短裤》是《太阳报》在 2013 年 4 月 29 日使用的耸人听闻的头条。维多利亚女王的内裤只要出现在拍卖会上，就会立刻吸引公众的目光，并且引发了人们对于内裤尺寸和价格的热议——在 2012 年，一条女王的内裤在拍卖会上标价 360 英镑，腰围竟有惊人的 39 英寸！一位来自爱丁堡的收藏家最终以将近 10 000 英镑的价格拍下了它，但并未公布这条内裤的准确腰围。随后，一条号称有 52 英寸腰围的内裤被肯辛顿宫的皇家礼服收藏协会以 600 英镑的价格买下。虽然从现存的照片上，我们可以看到维多利亚女王的确又矮又胖，但她的腰围也不至于达到这么惊人的程度。事实是，当年人们在穿着内裤时，都是用腰带系住裤子的，多余的布料可以包住穿着者肥大的臀部和大腿，在内裤痕迹还不是问题的年代，满足人们对舒适的追求。

相比维多利亚女王对宽松服饰的偏好，她的丈夫阿尔伯特亲王在检阅军队时仅仅穿着薄毛呢马裤，而且里面“什么都没穿”——女王在日记中这样写道。

亲肤的羊毛内衣

说起用羊毛做的内衣，现代人肯定会觉得它们又热又不亲肤，但在过去，羊毛内衣可是抢手货。从 19 世纪 70 年代开始，德国博物学家古斯塔夫 · 耶格在他的动物学研究中抽空开发了一些更优质的服装材料，因为他认为植物纤维对人体有害。这种观念在 1884 年被英国的耶格博士健康羊毛套装公司所继承，这家公司就是现在的服装品牌耶格。[1]

耶格学派觉得要用羊毛制品把人从脖子到脚趾头都包住才是

1　耶格于 1880 年出版了他的著作《卫生防护标准化服装》（*Standardized Clothing for Health Protection*）。他在生物信息激素领域的研究鲜为人知，其中包括他发现的皮肤排出的一种“欲望化合物”，也许正是基于这样的发现，他认为人们只有穿着动物纤维制成的服装才够健康。

最健康的，尽管很多人穿着这些厚实的内衣时常常大汗淋漓，但耶格声称出汗有利健康。随后，羊毛内衣迅速风靡开来，同时也出现了很多仿制品。这种羊毛内衣有夏季穿的轻薄版，以及冬季穿的加厚版。渐渐地，羊毛背心、汗衫和羊毛内裤演化到了一起，羊毛连体内衣横空出世。到 19 世纪末，羊毛连体衣不断登上时尚杂志和服装店的广告画册，模特们看上去舒适惬意，一点都不忸怩作态。

许多专家急于附和耶格的理论，他们声称“穿羊毛内衣的人被证明更加健康，现在穿内衣的简单性和以前不必要的复杂性形成了鲜明的对比”。另外，有一位专家还认为“其他生物身上的东西”是唯一适合做衣服的材料，也认为棉布和亚麻布会导致感冒，但他并不偏好羊毛，觉得法兰绒更适合用来做衣服，特别是运动服。[1]

耶格关于透气内衣对皮肤和健康的理论，对于没有换洗衣物，没有时间或金钱来洗内衣的穷人来说，注定要失败。钱还不是最重要的问题。许多家庭坚信，用衣物将全身包裹起来比裸露皮肤更健康、更安全，为了防止孩子在冬天患传染病，家长们甚至会把他们的内衣缝死，整个冬天都不让他们脱下内衣。接收穷人病患的医院的工作人员说，许多人的内衣从未洗过，直到它从他们的身体上脱落。

20 世纪初的极地探险使得羊毛内衣最终得到了认可。大量的

1　在没有商用除臭剂和室内卫浴管道的年代，潮湿、汗浸的织物是一个特别令人担忧的问题。对细菌的更多了解，将维多利亚时代的为健康进行的道德运动转变为 20 世纪对化学清洁的崇拜。

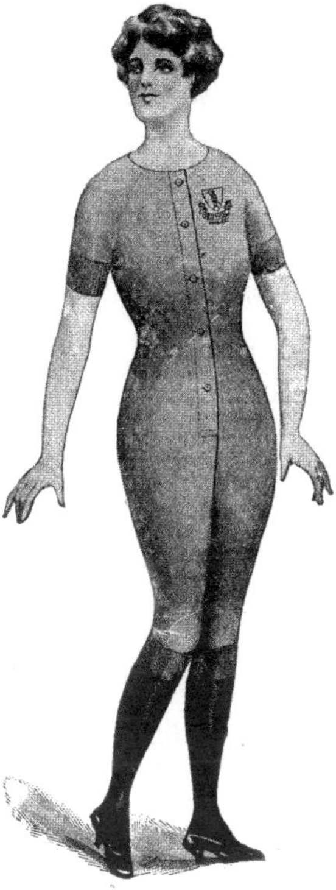

20 世纪 20 年代的羊毛连体内衣，这种衣服在耶格的“穿羊毛内衣更健康”的思想基础上得以流行。

学术讲座、幻灯片放映和电影片段都在为公众普及南极、北极的极端气候的知识，而像耶格公司这样的企业也在这些探险活动中嗅到了商机，他们赞助了由欧内斯特·沙克尔顿和罗伯特·司格特带领的南极考察队大量保暖内衣，趁机为内衣产品作宣传。司格特从与他同名的内衣品牌那里为他的探险队员获得了打折的产品——司格特牌羊毛内衣。精明的公司在为这些内衣宣传时，广

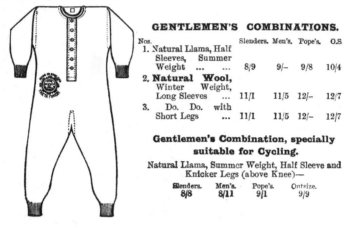

Gentlemen's Combination.

GENTLEMEN'S COMBINATIONS.

Nos.	Slenders.	Men's.	Pope's.	O.S.
1. Natural Llama, Half Sleeves, Summer Weight	8/9	9/–	9/8	10/4
2. **Natural Wool,** Winter Weight, Long Sleeves ...	11/1	11/5	12/–	12/7
3. Do. Do. with Short Legs ...	11/1	11/5	12/–	12/7

Gentlemen's Combination, specially suitable for Cycling.

Natural Llama, Summer Weight, Half Sleeve and Knicker Legs (above Knee)—

Slenders.	Men's.	Pope's.	Outsize.
8/8	8/11	9/1	9/9

1915 年左右的连体羊毛内衣，在“一战”中服役的军人尤其爱穿这种内衣。

告词也格外简单醒目：“与‘司格特’一起出发！”[1]

从 1914 年起，“一战”的军人们就很爱储备羊毛内衣，以备在战壕中作战。拉特兰公爵九世，同时也是英军指挥官的约翰，曾向陆军和海军商店要求购买“6 套最厚的耶格牌背心及长内裤”。“一战”时的飞行员们也有特供的发热内衣，这些羊毛衣服上固定有之字形的导线来发热，以帮助穿着者对抗驾驶舱的寒冷。早期的发热产品效果很不稳定，不过这启发了 20 世纪 80 年代的发明者，在涤纶衣物中加入优化后的电阻丝，并持续地供以 28 伏直流电。

1　当时的一些登山家更喜欢穿丝绸做的内衣而不是羊毛的。拉努夫 · 法因斯爵士发现内衣物会刮伤穿着者的皮肤，甚至引发烂裆病。在《寒冷》(*Cold*) 一书中，他讲述了自己的探险经历，描述了他穿着棉质平角短裤和薄秋裤抵御寒冷的环境。

褶边

那些喜欢不实用的装饰且品位轻浮的人会很乐意活在维多利亚时代的末期，她们很幸运，因为那个时期的女式内裤极尽繁复之能事，有着大量的褶边和缎带，以对抗未染色的羊毛或灰色法兰绒的坚固和实用性。在玛丽诺埃尔·斯特雷特菲尔的小说《星期四的孩子》（*Thursday's Child*）中的孤儿女主人公非常自豪地说她周日的内衣物上有蕾丝，还有“三样东西”。相比之下，弗罗拉·汤普森的自传体小说《百灵鸟崛起》（*Lark Rise*）中的罗拉却因为穿着家传的旧式蕾丝内裤而遭到嘲笑和戏弄。在离家出走之后，罗拉干脆脱掉了这条内裤，并将之藏在干草堆中。

英国的第一位国际化女裁缝，被时尚界称为“露西尔有限公司”的露西尔，在自己的回忆录中将自己的所有荣誉归功于，她将女性内衣做得像雪纺连衣裙一样漂亮。露西尔的真名是露西·达夫·戈登夫人，在 19 世纪末期，她靠着自己的努力和才华赚取了大量金钱，并收获了名望，她的经历是一个白手起家的励志故事。但她也曾因为在泰坦尼克号沉没时搭乘严重超载的救生艇逃生而备受社会苛责。

露西尔对旧式英国棉织刺绣内裤很是不屑：“一些女人穿上了我制作的裙装，当夜晚来临，她们脱下这些华美裙装之后却显得毫无吸引力，对此我真为她们的丈夫感到难过。由此，我开始制作一些精美的女性内衣，这些衣服既像蜘蛛网一样精致又像花儿一样美丽。全伦敦城有一半的女人都赶来看这些内衣，尽管刚开始她们还不好意思购买。”

有一个男人在伦敦的露西尔工作室中第一次见到这些性感、精美的女性内衣时着实吃了一惊。一拿起这些内衣，他就惊呼道：“没有一个良家妇女会穿这些东西的！”露西尔对他说：“很抱歉你会这样觉得。不过这是您夫人预定的，很快她就会穿上这些内衣了。”这对夫妻随后再也没有来过，不过购买内衣的支票还是在第二天送到了——支票上的金额还不小。

露西尔一直活到了 1935 年 4 月，见证了大部分现代内衣的诞生和普及。她经历的内衣革命——缝合的内裤裆部——其实也是 20 世纪女性解放以及女性社会地位提高的象征。尽管缝合的裆部从字面上象征性地拒绝了外界的进入，但是它却被认为是女性自由的标志。当然，这也产生了一些实际上的如厕问题——以前的未缝合裆部是没有这些问题的。现在，女士们不得不费力地脱掉内裤如厕。相比之前尿液溅到内裤上的尴尬情况，脱裤如厕的确要卫生得多。与此同时，男人们的内裤的后面也增加了门襟，直到 1935 年，传奇的 Y 形内裤出现——美国的袜子公司库伯斯申请了专利。棉质针织面料和便捷的使用方式，使这款内裤立刻成为畅销品。

随着 20 世纪的发展，这个时期的女用内裤已经具备了现代女式内裤的特征。随着外衣变得更加轻便、短小、松弛，宽大的内裤也显得越来越不合时宜，于是，另外两种新型内裤应运而生。

法式短款女内裤就是其中一种，这种内裤漂亮、宽松舒适，

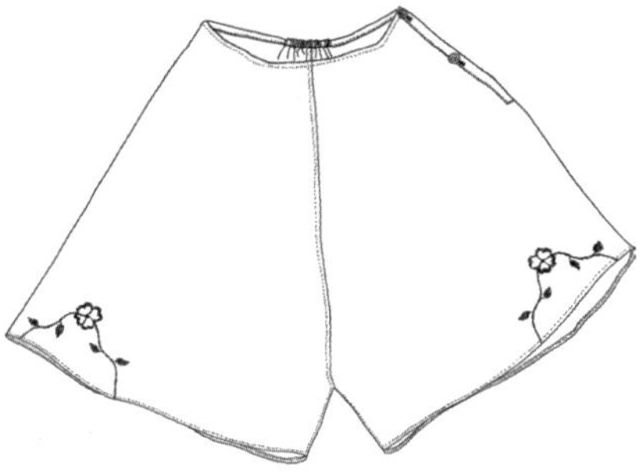

20 世纪 40 年代的法式短款女内裤，有手工绣花装饰。

通常是用丝绸或者人造丝制成，腰部有橡皮筋，臀部有凹槽设计，有时候会长至大腿中部。这种内裤在 20 世纪 20 年代至 40 年代很流行，后来在 20 世纪 80 年代，由于“内衣再女性化”再次流行起来，与商务会议室的“权力着装”形成鲜明对比。

相比之下，督政府短裤——也被称为探戈裤，因为在舞池纵情舞蹈时，这种内裤能给穿着者提供足够的保护——在膝盖上方的裤脚加上了橡皮筋，以保证穿着者不会走光。这种裤子有弹力棉质的，也有塔夫绸和羊绒材质的，以适应炎热的天气。女性们还可以将手绢等物扎在裤脚处的橡皮筋内，这对那些裤子上没有缝荷包的人来说十分重要。但是，当女人们打喷嚏时，它们就会在裙子下摆处扭来扭去，这还是有些尴尬的。

当时，学校的运动短裤多采用深海军蓝或者深绿色作为标准配色，年轻的女孩们很是不满这种沉闷的配色，因为无论在室内还是室外，她们都得穿这种裤子。这种内衣也被人叫作 ETB 内衣——弹力上衣与下装。当然还有一些不那么出彩的名字，比如“激

20 世纪 20 年代中期的灯笼式短内裤。

情杀手”或者“丰收之裤”——因为裤子的裤脚正如秋收时装粮食的口袋一样。

推理小说作家阿加莎·克里斯蒂曾在自己的回忆录中提到自己在柯克郡购买过一种被她叫作“象腿裤”的内裤，不过我们无法得知这所谓的象腿裤到底长什么样。她家的长辈曾经给过她这样的建议：“当你乘坐火车去旅行时，一定要穿上干净的内裤，以防止意外发生。”[1]在克里斯蒂的小说中，谈及内衣物的细节很少，只有一个案件中提到一个谋杀案受害者穿着轻浮的疑似进口内衣［《4 点 50 分从帕丁顿开出的列车》（*4.50 from Paddington*），1957 年］，还有某个素食主义的男子因穿着某种专利内衣而被控诉［《藏书室女尸之谜》（*Body in the Library*），1942 年］。

法式短内裤风靡的同时，又有英国人戏谑地称这种内衣为“试探者”，这源自对高卢服装和“淘气”的联系。还有一个 20 世纪 40 年代的笑话——那段时间英国正处于战争中——“你听过一种美国实用内裤吗？一拉就掉了[2]……”这笑话其实是收入丰厚、热情的美国军人不断涌入英国时，人们将不安的情绪投射到服装制造业上的表现。

在“二战”期间，内衣的供应是不足且不稳定的，不过这反而引发了内衣制造上的革新。当时，世界上主要的橡胶生产国被

1 20 世纪以来，女人们都很担心内裤不干净会引起别人的闲言闲语。2012 年，《韦克菲尔德家族》报道说当亲戚们在等待一名在街上突发疾病被送进医院的老妇人时，邻居则焦急地询问：“她穿着干净的内裤吗？”

2 原文为“One Yank and they are down”。

1940 年的连身女式内衣，由轻薄的背心连接短式内裤组成，通常还有蕾丝和刺绣装饰。

纳粹占领了，而且橡胶的运输船也常受到德国 U 形潜艇的攻击，这使得英国的内衣生产陷入了无橡皮筋的境地。这意味着针织裤（搭配胸罩）成为新的选择。法式灯笼裤只能依靠纽扣固定在臀部位置了。一个约克郡的女人还提过自己在战争年代和一个刚认识的男人跳舞的故事，当时她的内裤扣子突然崩开了，内裤滑落到脚踝处，而对方很冷静地将内裤捡了起来，塞进自己的兜里。

后来没过多久，他们就结婚了。

在战时“修修补补最好用”精神的激励下，女人们成了飞行员跳伞后第一支冲上前的队伍——她们这样做并不是为了抓住敌人的飞行员，也不是为了给己方的飞行员提供医疗救护，而纯粹是为了尽快抢走降落伞！降落伞的丝绸可以成为她们制作内衣的材料，或礼服的，或其他什么黑市货的。德国空投的地雷因为有了浅绿色的降落伞而特别令人垂涎。

1935 年美国杜邦公司发明了新材料——尼龙，而这种新材料在战争中期取代了丝绸，成为降落伞的主要材料。尼龙是纯粹的人工合成纤维，在 20 世纪 50 年代取代了人造丝，成为新型的紧身内衣材料。在战争结束之后，英国政府甚至开放了所有多余降落伞的丝绸和尼龙的出售。人们觉得尼龙这种材料就像丝绸一样迷人，却又好打理。战后还出版了有用的缝纫指南，指导人们从三角形的降落伞上裁剪布料缝制短裤，包括如何小心地剪掉库存标号和从偷来的德国降落伞上除去纳粹标志。[1]

在 20 世纪 40 年代，女性内衣的种类繁多，竟引发了调查“二战”中因炸弹和谋杀死亡事件的刑事调查局男性官员的抱怨。因为当这些死者被停放在停尸间时，他们的衣服会在被脱下后填入表格，男性工作人员大多分不清种类繁复的女性内衣样式。这让停尸间的秘书莫利 · 里夫布尔不得不做大量的解释工作。她还回

1 作者的此类收藏有：为 1946 年的蜜月准备的染色的尼龙降落伞法式女内裤；奶油色丝绸降落伞改的衬裙，还镶有爱德华时代的古董蕾丝花边；以及一件完全透明的尼龙降落伞制的婚纱。

忆说：“只有一种内衣大家一眼就能辨识，并且欢呼出声，就是连身女式内衣！”[1]

华丽新世界

尼龙并不是改变内衣制作方式的唯一神奇材料。在 20 世纪初期，美国橡胶公司还发明了一种从橡胶中合成的材料，并将之卖到世界各地。这种名为橡皮筋的材料有着从橡胶中提炼的芯，外面缠绕着天然或人造纤维的包材，最早被用于紧身胸衣，随后又成为内裤腰带。1959 年，美国杜邦公司发明了人造弹性纤维——莱卡，也被称为氨纶。这种材料在女性内衣的形态和功能演化中充当了更重要的角色。随着 20 世纪 50 年代到 60 年代早期的“新风貌”裙子和衬裙开始变得更加现代、贴身，迷你裙也出现在了女士的衣柜里，那些宽大的内裤似乎无法适应新的着装需求了。而用新型弹力材料制作的内裤不仅可以做到贴合穿着者的身体，甚至还可以塑造轮廓。如此紧紧包裹女性身体的内衣就是我们后来所说的“塑身衣”。通常情况下，它们足够坚韧，可以充当腰带，也是裙摆里的最后一道堡垒。

1　在作者的收藏中也有一件淡黄色的连身女式内衣，这是皇家女子空军服务队的无线电报务员手工缝制的。她是在派遣轰炸机组执行任务和等待他们回来的消息之间的漫长时间里手工缝制的。不幸的是，她的未婚夫也是一名投弹手，上了前线之后再也没有回来。

尽管穿着这种没有紧身胸衣的塑身裤很是方便，但并不是没有危险。不少女性都向我抱怨过，她们肚子上的肉很容易从内衣中被挤出来，这更突出了自己的肚腩。有位女士曾下决心减掉小腹赘肉，但是发现只要穿上这种内衣，上身的肉还是很容易被挤到肚子上；另一位女士在皇家空军的舞会上，勇敢地扯掉了自己的束身内衣，堂而皇之地将它塞进了目瞪口呆的丈夫的口袋里。

在 20 世纪 60 年代，纸内裤也流行过那么一小段时间，主要是在国外度假时，被当作一次性用品使用。在斯坦利 · 库布里克的电影《2001 太空漫游》（*2001:A Space Odyssey*）中，服装设计师哈迪 · 埃米斯曾建议让片中的宇航员穿上一次性纸质内裤。库布里克说：“哦，算了，这样的话每个看过这部电影的家庭主妇就该怀疑自己家的洗衣机是白买了。”

其实在现实中，宇航员都穿着杀菌棉做的长裤。不待在太空舱时，MAG——最强吸水性服装——是很有必要的，本质上就是纸尿裤。这种纸尿裤从未出现在科幻电影中，科幻电影更喜欢视觉上美好的汗衫和三角内裤。你可以参见席格尼 · 韦弗在雷德利 · 斯科特 1979 年的电影《异形》（*Alien*），以及桑德拉 · 布洛克在阿方索 · 卡隆 2013 年的电影《地心引力》（*Gravity*）中的造型。

现代男性内裤在很大程度上一直很保守。无论是四角短裤还是三角裤，都和中世纪的样式没什么两样，Y 形前襟、带有名牌商标的四角内裤，偶尔也有运动风格。新奇的印花和标语标明了男性的招摇气质，但大多数的男性内裤的颜色和设计都很柔和，还是以平纹、条纹和格子纹为主。

毕竟到了今天，内裤已经不再是见不得人的衣物了。内裤广告正大光明地出现在购物目录、网站和车站的广告牌上。很多情侣在约会时还会特意穿上情趣内衣；随着 20 世纪 90 年代低腰裤的流行，人群中还兴起了故意露出内裤的新风潮。对男性来说，这是为了让人们看到自己穿的内裤的品牌，因为内裤商标被固定在裤腰处已经成为惯例。在 19 世纪，人们会将穿着者的姓名首字母涂写或刺绣在裤腰处，而到了 21 世纪，值得人们炫耀的已经不是自己的名字，而变成品牌名字了。

现在的“魔术裤”旨在塑造曲线，就像上面提到的塑造轮廓的穿着一样。这在时尚的演变中是一个奇怪的转折。一些内裤中有硅胶臀垫，可以将穿着者的臀形衬托得更好看。女性内裤中也有了三角裤、丁字裤、G 弦裤、比基尼短裤、平角短裤等各种类别，设计种类繁多，布料越用越少。相比摄政时期，女性们害怕内裤的一条腿滑落，或者维多利亚时代，长衬裤不小心从裙摆处露出来，现代女人们最担心的内裤问题应该是上完洗手间后，裙子被塞进了内裤中。

男性内裤方面，则出现了平角短裤、三角裤、Y 形内裤、健美短裤等，这些内裤既有单色纯棉的，也有印满各种搞笑图案和标语的。19 世纪手工缝制 12 条或者 24 条的内裤，早已被现代超市中经济实惠“五件装”或“买二得三”的成品内裤取代。现在，我们能选择的内裤种类比历史上任何时期都多，人们穿着这种衣物时再也没有了顾忌。内裤已经成为现代人衣橱中不可或缺的组成部分，同时，它也是服装在装饰性和功能性两方面不断演化的最佳案例。这件小小的衣服不仅是我们身体与外衣之间的过渡，它还有自己的表达，可以很隐蔽、很招摇、很魅惑、很精巧，也很包容。

这种小巧的衣物竟如此令人印象深刻。

第二章

衬衣和罩衫

SHIRTS AND SHIFTS

我父亲的穿衣风格总是一成不变，保守而质朴。我曾有一件粉色底、深色印花的上衣，有次这件衣服不小心和我爸的白衬衫混在一起洗了，结果害得他的衬衫也染上了粉红色。让人意外的是，他很喜欢这些无意染上的颜色，决定第二周穿上这件衬衫去上班。那时他还在伦敦市区上班，这件粉红印花的衬衫在同样保守的同僚中引发了轰动。人们对他的衬衫评头论足，他们说："如果他在城里穿得这么花哨，那么他去乡下该穿什么？"

——《我的服装生活》（***My life in Clothes***），
衣柜历史协会口述资料

内衣外穿

无论是印花的还是纯白的，贴身的还是宽松的，崭新的还是做旧的，T 恤大概是现代人最常穿的一种衣服了。各种年龄、阶级、品位、收入的人群都可以找到自己喜欢的 T 恤。这种简单的、由棉布制作的衣服也可以成为各种政治宣传、文化宣传的载体，有些时候穿着者还可以用它来搞笑一把。20 世纪 80 年代，凯瑟琳 · 哈姆内特在 T 恤上印上了切 · 格瓦拉的头像，或是“我跟傻子在一起”的标语，戏谑地表达抗议。另外，T 恤上也常常被印上各种广告、品牌的名字，运动装则是赞助商的名字。这种衣物的流行表现了现代人对服装的追求——舒适、休闲、多样化，能够表达自我。

T 恤也被赋予了现代服装的某些特定意义。自从马龙 · 白兰度在 1953 年的电影《飞车党》（*The Wild One*）中穿起了白 T 恤、牛仔裤和黑色皮靴，T 恤就被赋予了现代、年轻和叛逆的文化意义。[1] 白

1　在 20 世纪 70 年代，设计师维维安 · 韦斯特伍德和马尔科姆 · 麦克拉伦联合举办的 T 恤展览曾被英国政府以“展览淫秽物品”的罪名起诉。这场展览中确实有两个裸体的牛仔的图片。1975 年，韦斯特伍德又举办了一场名为“摇滚吧”的 T 恤设计展览，在展览中，她展示了各种撕开、打结、裁剪、拼贴的 T 恤，涉及的材料有金属链子、螺丝，甚至还有鸡骨头。

兰度的装备被詹姆斯·迪恩在1955年的电影《无因的叛逆》(*Rebel Without a Cause*)中继承，在这部片子中，迪恩也穿上了T恤、夹克和牛仔裤。

事实上，现代T恤只是古老的T形罩衣的变体，这种罩衣以前被人们贴身穿着，其实就是一种汗衫。所以，T恤大概是最早的内衣外穿的范例吧。

外穿的前奏

尽管现代的T恤在剪裁、颜色和设计上几乎不分性别，不过它们的祖先——T形服装却具有性别特征和功能。

对女性来说，这一类型的衣服一直被称为“smock”（罩衫）或“shift”（直筒内衣），直到18世纪的时尚语言兴起，这些名称被认为过于平民化。后来，这种衣服被称为“chemise”（法语，意为宽松女罩衫），其款式和长袍别无二致。自罗马时代起，对于西方女性来说，罩衫就是必需的。

以现代人的眼光看来，女罩衫的造型毫不迷人。这种衣服由亚麻或大麻纤维制成，留给穿着者活动的空间十分有限。在19世纪以前，这种衣服仅仅会在领口和袖口处有一些窄褶边作为装饰。它会包裹穿着者的身躯和大腿——有时候也会长至小腿——由粗实的线牢牢缝合，这保证了在多次洗涤之后衣服依然能穿。但这

19 世纪的亚麻罩衫，领口有细带收紧，还有红色的“C.R.”字母刺绣。

种衣服很容易生虫，尤其容易招惹虱子这种喜欢把卵产在温暖、潮湿的纤维上的虫子。

时尚决定了这种罩衣也会在胸口和手肘部自然地露出一部分白色的皱褶，不过穿着者不会故意露出全部罩衫，毕竟，这是一种内衣。就情色吸引力而言，这种衣服与其说是一种诱惑，不如说是裸体不可避免的前奏。正如 17 世纪的诗人约翰 · 邓恩在诗作——第十九首挽歌《致他那即将就寝的情妇》（*To His Mistress Going to Bed*）中对比“穿行在白雾”中的鬼魂和他“穿白色亚麻罩衫”的情人——“一些让我们毛骨悚然，但另一些让我们的肉体笔直”。

这种曾经简单又隐秘的服装，还在历史上扮演过一次具有革命意义的角色——为法国王后送行。

王后的新装

玛丽·安托瓦内特在1770年与法国王太子结婚，这位王太子在1774年成为法王路易十六。为这位王太子妃穿袍和脱袍是一项公开的、正式的事务。不论是早上或晚上的接见，宫廷女官们都竭力争取其中最重要的角色。王太子妃本人连长筒袜都不能去捡。宫廷中等级森严，她的罩衫被一位尊贵的夫人递给另一位，而她则赤身裸体地站在她们中间，双臂交叉，有时候会轻轻颤抖。对此，她没有任何选择，而且很明显，她也不在乎——一位女官曾经写道："她非常端庄，哪怕是在她的私人盥洗间内。"玛丽·安托瓦内特即使在洗澡的时候都会穿着长袖的英格兰法兰绒罩衫。由此看来，罩衫一定是非常舒适且采用非常高级的面料制成的，所以18世纪的尊贵夫人们才在宫廷礼服中争先恐后地使用。

王后在法国宫廷中的生活极尽奢华，她在服装、打扮上花了大量心思，似乎这些时尚的装扮也给了她自信，于是，在摄政时期她也开始尝试一些新式的连身裙。这就是后来人们熟知的内衣外穿式连身裙。正如这种服装所暗含的奢华生活理念一样，王后的新装不仅被她的时尚追随者们效仿，也成为反对者攻击她的把柄。

这种新式的连身裙是一种高腰长袍，一般搭配有棉质腰带收腰，并且有棉布荷叶边及精美的缎带装饰，这让那些之前攻击王后穿着奢华的人又开始嘲笑她竟然把内衣穿到了公众场合。这样的服装无疑与法国宫廷所代表的庄严、尊贵的形象大相径庭。在持续的攻击下，王后的傲气似乎也少了几分。另外，这种内衣外穿式的连身裙也让人想到了西印度群岛的克里奥尔工人的装束，这些人的社会地位很低，远远比不上法国王室。不过，王后的支持者却将这种服装尊称为“王后的罩衫”（Chemise à la Reine），其他人可能会对这个替代名字感到讽刺。总的来说，这条裙子面料很轻，但却给人不舒服的厚重感。

玛丽王后随后还勇敢地让画师绘制了自己身着连身裙的肖像，并公开展览，这引发了好一阵抗议风暴。统治阶级认为自己的形象应该是尊贵、严肃的，而王后的时尚观可能会引发一阵效仿风潮。但在愤怒的声浪中，也有人持不同意见——理想主义者以及法国的封建保守势力觉得，对于王室的批评有些不合乎礼制。

法国大革命爆发之后，玛丽王后也被革命者抓了起来，在短暂的关押之后，1793 年 10 月，她也步丈夫的后尘，被送上了断头台。她人生中最后一张肖像画由雅克 · 路易 · 大卫绘制，当时玛丽王后即将被行刑，她的头发已被剪掉，让她饱受争议的裙装也被扒了下来。在人生的最后时刻，她没有穿上前卫的连身裙，也没有其他什么时尚新装，仅仅是穿着罩衫。

无论玛丽王后的历史评价如何，她创造出的罩衫连衣裙风格无疑是大胆、新奇和充满青春气息的。随着简 · 奥斯汀的小说和法国大革命后出现的平权思想的盛行，这种内衣外穿的着装风格将迅速在接下来的英王乔治时代风靡英、法两国。

一些爱好社交的名媛开始穿着一种由棉布或丝绸制成的半透明的连身罩衫，不过这种新时尚仅限于少数富人之中。更多的女性还是将棉质或者亚麻的宽松女罩衫视作一种内衣，不管外面穿什么。一位来自俄国的夫人在 18 世纪 90 年代访问巴黎时，这样记录了女罩衫："你简直不能想象女罩衫有多么好！当你穿上它照镜子的时候，你一定会为这种衣服的轻薄通透而惊叹！"这并不奇怪，这种轻薄的裙子有时就被称为"肺炎袍"。

另外，这种衣服也是当年流行的哥特恐怖故事中的角色的标配，如 1802 年的《女性月刊博物馆》（*Ladies Monthly Museum*）中描述的一样："末了，那些如寿衣一样的、鬼里鬼气的女式罩衫飘来飘去，惊悚无比。"

紧身内衣

1820 年前后，新的服装风格逐渐取代了帝国风格，女罩衫再一次回归到了内衣的定位。19 世纪的工业革命让蕾丝的生产变得简单起来，这又引发了用蕾丝装饰内衣的新风尚。一开始，这并没有引起什么争议，被称为马德拉刺绣的白色蕾丝装饰在白色内衣上，并不违背维多利亚时代的着装理念。这个时期的女人们还是爱穿纯亚麻或棉布内衣，或者在前面章节提到的风行百年的羊毛内衣。相比之下，羊毛内衣套装比宽大的罩衫更贴合人体，因此人们喜欢在贴身裁剪的套装或收腰女裙里面穿上这种内衣，显得不那么笨重。服装专家艾达·巴林在《服装的科学》（*Science of Dress*）一书中提道：“罩衫会让穿着者看起来比他们的真实体格更魁梧。”

贴身女式内衣的原型其实是一种为即将结婚的女人们准备的服装，属于嫁妆的范畴。在前一章中，我们已经探讨了露西·达夫·戈登，也就是露西尔工作室是如何改变人们对于内衣的观念的。露西尔用染色的网状蕾丝制作的内衣赢得了女人们的心，但当她们的丈夫反对时，她们还是只能选择退货；还有一些女性选择让露西尔重新修改自己的内衣，尽管这样会花更多的钱。

慢慢地，最保守的女人也跟上了时尚潮流。1902 年，时尚作家普利查得夫人在《女性领域》（*Ladies Realm*）的一篇文章中写道：“我很欣慰，那些认为内衣是放荡象征的观念已经过时了。现在，无论是富裕的夫人还是贫寒的庶民，都愿意穿上精美的贴身女式内衣了。”

长久以来，丝绸都被认为是最划算、最迷人的内衣材料，不过，在现代化、工业化制衣逐渐普及后，人造丝成为内衣的主要材料，这一时期的女罩衫也变得更加贴身了，用优质羊毛和棉布制作的女罩衫进化成了现代背心。背心的长度超过了人的腰部，并且足够柔软，可以为穿着束腰的人提供皮肤保护，就像几个世纪以来女罩衫的功能一样。20 世纪晚期的一些年轻女性曾因为她们的长辈坚持在胸罩里面穿上背心而感到不可思议，但其实，这种搭配就是由早些年女人们在束腰里面穿着罩衫的传统演变来的。

修身的罩衫

距离玛丽·安托瓦内特第一次将宽松女罩衫当成外衣穿着一个世纪之后，这种罩衫再一次成为可以外穿的衣服。在“一战”期间，在战场工作的女人们可是离不开这种连身裙装的，因为这种衣服和政府发给工人们的套头衫太像了。尽管在当时，这种衣服只是一种制服，除此之外毫无其他意义，但它的风靡恰巧是服装随着人们生活环境而改变的活生生的例子——人们需要款式简单的衣服，社会也鼓励这种变革，连身裙外穿成为一种主流。

连身裙简单地从头顶套下来就行，几乎没有什么烦琐的物件和纽扣。尽管在战后，很多服装商们想方设法要恢复旧日的时尚，可外穿的连身裙仍牢牢占据了主流的位置。20 世纪 20 年代，在用轻薄的棉布制成的网球服或者晚礼服中，有许多都是根据这种连身裙演变而来的。它们可以将穿着者全身罩起来，但偶尔也会露出膝盖。

当时，社会上还出现了一种直筒低腰连身裙，打破了女装与正装的界限，不仅如此，它还与当时那些穿着耗时又麻烦、结构复杂的服装形成了鲜明的对比。直筒连身裙制作方便，洗涤方便，而且穿着方便，对于那些家中没有用人的女性来说，这可是省时省事的不二选择。[1]

1　直筒连身裙后来在 20 世纪 60 年代短暂地复活过一段时间，只是看起来更大胆、更短、更方方正正了。这些连身裙主要由诸如巴黎世家这样的定制店制作，或者直接由爱好者自己在家缝制。

直筒连身裙的确风靡了一阵，但在随后的 20 年，服装的流行趋势又不可避免地回到了复古的状态。最新款的修身、束腰的连身裙再次成为内穿的衣物，那就是衬裙。

女性时代的来临

“查尔斯死了……”

“南方下雪了……”

在衬裙风靡的时期，人们会一边说一些客套的话语，一边看着对方的膝盖点点头，意思是：“你的衬裙露出来了。”

将连身女罩衫的袖子摘去，用轻薄的材料代替坚挺的材料，再加上肩带、刺绣和蕾丝，你就得到了一件吊带衬裙。如此大胆、戏剧化的服装改造出现在两次世界大战之间的 20 年间。但这种早期的衬裙不如后来的那么经得起反复洗涤。20 世纪二三十年代，从桃色、玫瑰色的缎面款，到绿松石色、尼龙黄的各种版型的衬裙迅速风靡，很快成为广大女性人手必备的内衣。

女人们在衬裙里面还是会穿上胸罩和灯笼裤，直到 20 世纪 80 年代，衬裙都是女人们衣柜中的必需品。这期间，衬裙充当了外衣与内衣之间的过渡角色。衬裙还成为正规着装的最后一道堡垒——20 世纪 50 年代，外出时不穿衬裙，就像摄政时期的女人不穿罩衫一样不合适。从 20 世纪 60 年代开始，衬裙逐渐变成胸罩

1915 年的连身衬裙。当时的衬裙承担了保护功能，并且华丽、精致，受到很多人追捧。

和内衣的结合，显得更加性感迷人了，80 年代的女人们贴身穿着这样女人味十足的衣物，外面又身着夸张的、男性化的套装，真是形成了鲜明的对比。现代社会中，用高科技材料制作的功能性连身内衣似乎也可以被看作衬裙的最新变体，它们能保护皮肤、吸汗、修身，而且看起来是那么自然。

罩衫还有一个近亲，一种用来塑造大裙摆的衬裙（petticoat），只不过这种衬裙现在已经很难看到了。“petticoat”最开始就是用来称呼可以被看见的半截裙的——在服装历史中，内衣有时候会故意设计得给人看见，有时候又被藏得一丝不露。“petticoat”也用来称呼 17 世纪的宽松的男士马裤。这种马裤的剪裁如此宽松，以至塞缪尔·皮普斯曾记录：穿着者可以将两条腿伸进一只裤腿里。

随着18世纪男性外套和马裤演化得越来越贴身，“petticoat”这个词语也不可避免地和所有女性的东西联系在一起。因此，“petticoat government”这个词语就有了女性统治的意思。

18世纪的女装，如长袍外套和礼服，都会故意被设计成前面开衩，让衬裙露出来（我们现在管这种衬裙叫短裙）。衬裙有时候还会被设计者故意与礼服裙摆缝合在一起，这让衬裙本身更显华丽和精致。

富裕阶层的女性的衬裙一般由丝绸制作，上面有刺绣的缎带，镀银的亮片装饰，裙裾还有缎面荷叶边装饰，和外穿的长袍搭配起来显得华丽无比。有些衬裙有夹层，中间会填充鹅毛和花卉以增加裙子的保暖性。在缺乏中央供暖或双层玻璃的家中，这种保暖服装十分必要。[1] 在1714年，《旁观者》（*Spectator*）杂志的编辑甚至建议女人们与其花时间去购物或闲聊八卦，不如动手为自己的衬裙绣上美丽的图案。当时，社会中层和庶民阶层的妇女日常穿的衬裙都是自己绣花，或者她们会直接选用粗条纹图案的衬裙。

不论社会地位或购买力如何，女性都会在外衣之下再穿上一件白色、实用的衬裙——一种叫作“假衬衫”的内衬。假衬衫慢慢也开始使用“petticoat”这个名字。18世纪的最后25年，流行

1　居住在兰开夏郡的54岁妇女伊丽莎白·沙克尔顿毫不掩饰自己对保暖衬裙的依赖，她在1759年的日记中写道：“我扔掉了自己的绿色旧衬裙，穿上了棕色的新保暖衬裙。神啊，保佑我穿上这优质的新衣可以更健康。”像她这样随着年纪增长而越来越离不开保暖衬裙的人绝非少数。

的已经是封闭的长袍了，再没有裙装开衩露出华丽的衬裙了。从此，衬裙又一次进入了内穿衣物的范畴。

从 19 世纪 20 年代开始，不外露的衬裙开始了长达一个世纪的辉煌历史，尤其是在维多利亚女王统治时期。当时的社会流行钟形大裙摆，塑造出女性夸张的身体线条，而塑造这种造型，可少不了衬裙的帮忙。

怎样才能塑造出这样夸张的造型呢？在那个年代，人们所使用的技术可算是相当有创意。人们会经常给棉布裙摆上一层淀粉浆来增加硬度，马鬃织物也经常被使用，只不过这种织物有点刺刺的。菱纹织物、褶皱，甚至打褶的稻草（使用稻草更方便，也更便宜）也被大量使用到裙装的制作中以塑造轮廓和增加重量，只是这会让裁缝付出更多辛苦的劳动。随着可塑形的橡胶的发明，维多利亚式衬裙又多了一张可充气的内撑，我很为这种发明在当年未申请专利而惋惜。

在19世纪40年代，一种可以替代马鬃衬裙的羽毛衬裙出现了。1842 年，一位女士将自己听到的一段八卦写进了日记：“据说埃尔斯伯里夫人的长袍用长达48码的布料制成，还有一个羽毛夹层！当她穿上这件长袍坐下或者站起来时，就像被一团蓬松、庞大的云朵包围了一样。”

为了塑造出最膨胀、夸张的体形，16 世纪和 18 世纪流行的带裙撑的衬裙再次流行起来，并且红极一时。在这样夸张的时尚中，人们甚至会用藤条、鲸须或者金属笼子来制作裙撑。这就是我们所说的有箍裙撑，我们将在后面的章节里详细讨论它。

不管是否采用有箍裙撑，身着这些夸张服装的女人们举手投足时，会在不经意间露出她们迷人的镶满荷叶边的衬裙——有些衬裙甚至是染过色的。到了 19 世纪末期，一些艺术家，比如亨利·德·图卢兹-罗特列克、玛丽·卡萨特、詹姆斯·蒂索的作品还会被印到衬裙上。

丝绸与糖

丝绸衬裙在 19 世纪被认为是一种极其奢侈的服装。人们很喜欢丝绸摩擦时发出的声音，甚至希望能将这种摩擦声强化成咔嚓咔嚓的声响，于是，生产商们故意在生丝中加入锡盐，让丝绸在延展性和重量上都更能符合当时人们的需求。到了“一战”之前，社会上开始流行一种窄底裙，这种裙子的裙身异常窄小、缺乏美感，这让一些时尚爱好者很不满意，于是她们在几年后又翻出了华丽的衬裙穿上，只是这时的丝绸衬裙已经不能发出咔嚓咔嚓的摩擦声，只有轻微的沙沙声。到了 1947 年，挨过了战后的紧缩之后，克里斯汀·迪奥再次将马鬃织物和衬裙引入了现代服装设计之中。

迪奥带起的这股“新风貌”（New Look）时尚风一直持续到 20 世纪五六十年代，无形中也推动了尼龙纸和上浆棉布之类的衬裙材料的广泛应用。这种裙装也不会发出沙沙的摩擦声，怎么办呢？有人想出了在织物纤维中加糖的办法。和加盐一样，加了糖分的衬裙织物也可以变得更挺括，但缺点是当织物受潮，裙摆就会耷拉下来。一位女士还跟我讲过她小时候参加一场聚会时，因为聚会太无聊，只能缩在椅子上吮吸自己加了糖的衬裙打发时间。晾干一条加了糖的衬裙在今天看来也不容易，我曾听很多女孩抱怨这些衬裙会在清洗时卡住热水槽，或者在起居室的灯罩上烘烤时冒烟，在户外清洗时又容易招惹苍蝇和蜜蜂。

虽然缺点那么多，但很多女士和小女孩还是喜欢穿这种衬裙。1939 年出生于兰开夏郡的维拉 · 克拉克也是 20 世纪五六十年代的衬裙爱好者之一，“我有一条印有摇滚明星的短裙，还有一条衬裙，上面有‘等会儿见，短吻鳄’的刺绣”。她说的这种硬衬裙跟后来常见的柔软的衬裙不一样。

衬裙、罩衫、女式连身内衣现在去了哪里？那些仍然坚信“腰部别受凉”的祖训的女人们现在已经有了保暖背心和打底衫。衬裙也都用上了最新的服装材料，并且一般都是米色或黑色的，可以完美衬托身体轮廓。要贴身，不要宽松，这几乎成为现代所有内衣必须遵从的原则。

穿上你的衬衫

在 1996 年的 BBC 版《傲慢与偏见》中，达西先生由演员科林 · 弗尔斯出演。剧中有这样一幕被载入了荧幕史册：达西先生在野外

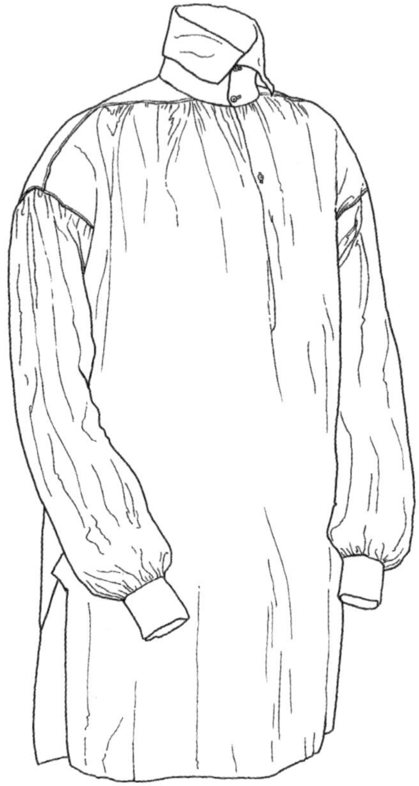

简・奥斯汀笔下的达西先生所穿的衬衫应该类似这件 1807 年的男士衬衫。

脱掉了衣服，跳进水坑游泳消暑，结果却不小心遇到了伊丽莎白·班纳特小姐。在剧中的时空环境里，男性裸露身体仍然被认为是不雅甚至有些下流的，而男性也会觉得很难堪，最终，达西先生得救于一件英国摄政时期的白衬衫。

编剧安德鲁·戴维斯承认："剧中这一幕其实应该是男士的正面全裸场景。"没错，剧中的达西先生原本想裸着上半身见班纳特小姐的。而在1813年的奥斯汀小说原著中，这个角色身上有傲慢和偏见，但不会露肉。奥斯汀没有描写达西先生脱衣服、游泳，这是编剧为了吸引现代的观众而做的修改，因为现代人的观念已经和摄政时期的保守思想大不一样了。如果当年伊丽莎白真的看到了达西先生身着衬衣必定会羞愧不已，因为当时的男人如果没有穿外套，或者直接裸着上半身，那就等于是以内衣示人了——男士衬衣在当年就跟内穿的罩衫一样。如果男人们到公司后需要脱掉外套，那么他们会马上罩上长袍，保证衬衫不会被看到。

男式衬衫和女式罩衫的功能是一样的，是身体和外衣的过渡层，充当着汗衫的角色，说实在的，真的是名副其实的内衣。

作为男性的贴身衣物，衬衫可以说是很私密的衣物；当他们要脱掉外衣，衬衫又成为他们保留面子的最后一层堡垒。“当掉衬衫”形容的正是身处绝境的情形，而如果有人愿意送给你他的衬衫，那真算是慷慨至极了！

作为人们衣物中最基础的打底衫，衬衫也被认为是文明的标志。在埃德加·赖斯·巴勒斯的小说《人猿泰山》（*Tarzan*）中，当如同猿人的泰山穿上衣服之时，象征着他脱离了野人般的自由生活。但巴勒斯也在不断强调，并不是衣服塑造了人性，在许多时候，泰山表现得比和他接触的“文明世界”的人更绅士、更善良。泰山也很快意识到了，西方人穿着衬衫这种所谓“文明”的服装，正是为了藏住他们怀里的猎枪。

裁剪、颜色和阶层

西欧男士衬衫的裁剪在几个世纪里都没有什么变化，都是呈矩形的宽大主体加上长袖和腋下镶布。衬衫的育克——后背部从脖子到肩膀的那块——让衬衫的后背部能更好地贴合人体，也是到近代之后才被发明的。衬衫的衣摆原本是圆形的，后面比前面长，以保证能遮盖臀部，如此宽松的设计确保了衬衫和马裤、西裤搭配在一起相得益彰，既宽松又舒适。1855 年，“短款”衬衫诞生了。传统的衬衫是套头式的，扣子只会从领口延续到胸部。而这种新式的衬衫，前门襟处全是扣子，很像那个年代的夹克。实际上，这就是现代前开式男衬衫的雏形。

和早期衬衫宽松的形态不同，维多利亚时代和 20 世纪早期的衬衫已经演化得合体多了。如何将衣服裁剪得合体又修身，成为衡量一个裁缝技术的关键。爱丁堡的裁缝布莱斯宣称，他制作一件衬衫需要 2 先令 6 便士，他的作品“修身贴体、穿着舒适，尤其是领部的剪裁，绝不会卡住穿着者的脖子”。20 世纪以后，衬衫的领子要求呈直线设计、长度适中，这样和现代男士的要求已经很相似了。

自从衬衫成为所有男士的必备衣物，人们对它的新要求也应运而生——地位高的男士希望衬衫的细节处能够显示出更高的品质以及穿着者的身份，只是裁剪得体已经不够了。衬衫的衣料也成为人们注重的要素，不同的材料可以体现穿着者的社会等级、专业和消费能力。从中世纪到19世纪，富裕的男人们会穿细亚麻制成的衬衫，后来，他们又爱上了细棉布衬衫。丝绸这种从东方进口的高级衣料，尽管是男士衬衣料中的奢侈品，但却经不起频繁的洗涤，因此在普及程度上仍赶不上棉布。而对一些人来说，他们也不喜欢丝绸衣料的触感。“的确是好衬衫啊。”伊丽莎白一世时的评论家菲利普·斯图贝曾说:“这种衣料既不会擦伤皮肤，也不会伤到穿着者的身体。”但斯图贝因为一件丝绸衬衫售价仅10英镑而感到惊愕，在他看来很多低社会阶层的人穿着这种衬衫会扰乱社会等级。

南英格兰和法国北部的农夫及工人很喜欢穿罩袍式衬衫，这证明了当时社会地位很低的人也可以穿上细节讲究的衣服。这些人穿着的衬衫依然是套头式的。作家哈代曾描述19世纪70年代的农场工人们穿着“雪白的罩袍式衬衫……袖子、后背和胸部有蜂巢状的装饰”。他说的这种蜂巢状装饰其实就是后来人们俗称的打缆，这种装饰在19世纪的衬衫、背心和夹克中被广泛应用，而后来则主要出现在童装中。

社会最底层的人会穿着一种刚毛衬衫。这种衬衫以前是苦行僧和罪犯穿的，由于它的纤维很粗糙，穿着时非常不舒服，所以也被当作惩罚犯人的一种囚服。所谓的刚毛，一般是山羊毛、马鬃或者粗麻料，《旧约》中提及的忏悔者穿的粗布衣，其实就是这种衣料做的服装。据说，托马斯·贝克特、查理曼大帝和特蕾莎修女都曾穿着这种刚毛衣服。在莫里哀1664年的戏剧《伪君子》（*Tartuffe*）中，主人公就曾坚持穿着这种制作粗劣的衣服来平缓自己的怒气。

除了剪裁和材质，衬衫的颜色也有很多说道。在16和17世纪，衬衫几乎都是纯白色的，只是会搭配一些黑丝刺绣。面料都曾用氨水浸泡过，人们在洗衣时还会加入少量靛蓝染料，这样的处理可以使衣料变得更白。直到20世纪初，英国仍有专门的靛蓝染料品牌利洁时销售。日晒漂白也经常被使用。有时候，人们在晾晒衣服时还会使用薰衣草花束作为天然芳香剂。

虽然有这么多种方式，但干净的亚麻布并不是优先考虑的事情，哪怕是付得起洗衣费的男人。那个年代的作家们常会讽刺贵族们衣袖的荷叶边和他们的手一样肮脏。后来，还是多亏了乔治时代的花花公子布鲁梅尔，人们才加强了勤换衣服、注意个人卫生的观念。从学生时代开始，这个公子哥十分注意自己的穿着打扮，他尤其在意作为皇家轻骑兵的严格着装要求。当人们问为什么他能得到众多女士的青睐时，他回答："要穿干净的亚麻衬衫，还要勤于清洗衣物。"

在19世纪之前，男士衬衫中还有一种胸部装饰有大量荷叶边的款式，这也可以看作是对布鲁梅尔风格的继承。在爱德华七世时代，一种新的服装风潮在世纪末兴起：一种最初被穿在西装里面的低胸马甲，逐渐成为一种可以外穿的衣服。不过这种马甲对于穿着者来说可算是把双刃剑——如果马甲内的衬衫足够洁白，那说明主人财力雄厚，可以定期雇人清洗衣物；但对于另一些人来说，衬衫上的斑点和污渍也没法掩藏了。爱德华七世的孙子温莎公爵曾回忆有一次他被邀请去白金汉宫参加一个晚宴。宴会上，国王不小心将菠菜汁洒到了自己洁白的衬衫胸口，这太尴尬了。虽然亚历山德拉王太后和玛丽王后都试图擦掉污渍，但最后还是徒劳无功。于是，幽默的国王干脆拿起餐巾蘸上菠菜汁，在衬衫上画起画来。是的，国王就可以这样任性。

相对贵族和富裕阶层的白衬衫，庶民们更愿意穿染色的衬衫，因为保持衬衫洁白需要付出高昂的洗衣费并购买漂白剂，而这是他们负担不起的。染色衬衫的布料一般是粗布或者磨毛棉法兰绒。在美国内战期间，棉布奇缺，于是亚麻衬衫也流行过一阵子，很快，法兰绒又取代了亚麻。伦敦的一位外科医生记录到，医院允许很穷的病人用自己的衬衫部件抵扣诊疗费，医生们会用这些布料来修补自己的法兰绒衬衫。是的，那时的人们会把一件法兰绒衬衫穿得到处破洞、无法修补为止。

中低阶层的假衬衫垫板也是一个不能不提的特色。假衬衫垫板也叫作“胸板”“假衬胸”，一般是一块上了浆、定了型的面料，穿着者将之固定在胸口位置，领子和马甲之间，用以掩藏衬衫上的污渍、折痕和补丁。1838 年的著作《女工指南》中写道：“那些男孩们和绅士们穿着衬胸，以掩盖衣服上的皱痕。不过，其实如果他们能马上换上另一件干净的衬衫就更好了。”各种款式、颜色的假衬胸在那个年代的流行，可是帮了很多人的大忙。

工人阶层和北美的伐木工会穿条纹印花或者厚格子花布衬衫。在 1830 年前后，进行划船、赛艇的时候，用红蓝格子的衬衫搭配皮套裤成为大多数男人的选择。其实，那时穿着格子衬衫的男士并不属于社会底层，他们故意穿上亲民的便服正是为了凸显自己

20 世纪早期的上浆衬衫垫板。

的放松、安逸，与平时的拘谨、严肃形象形成对比。正是在这样的背景下，格子衬衫第一次被上流社会接受。事实上，你完全可以将之看成最早的运动衫。19 世纪 90 年代，人们打板球时还会穿着前胸缝着珍珠扣子的板球衫，但 50 年后，板球衫就演化成了一种有翻领的运动衫，即我们熟知的保罗衫。

染色衬衫多由工人阶层穿着的刻板印象很快就被打破。在维多利亚女王统治的 19 世纪四五十年代，一些上流社会人士还会选择印有滑稽图案的织物来制作衬衫，比如印有首席芭蕾女舞者的，或者印满吃香蕉的猴子的，甚至还有粉红色的蟒蛇刺绣花纹——这大概是最具异域情调的设计了。随后的爱德华七世时代，更花哨的衬衫登上了历史舞台。一些人会穿上闪闪发光的粉红色衬衫，再配一条橘色的领带！彩色的纯色衬衫在1900年成为社会主流，而到了20世纪80年代，彩色衬衫已经成为办公室白领的标配，其中当属蓝色衬衫最受欢迎。和早期格纹衬衫属于工人阶层的定位大相径庭的是，现在的格纹衬衫已经受到了全社会的推崇。

不过，在“一战”紧缩抑制时期，花哨的衬衫也有过一段不受待见的时期。在两次世界大战期间，穿花哨的衬衫总显得有些奇怪。

在“一战”时，意大利的敢死队选择了黑色衬衫作为制服，谁要是也穿上全套的黑衣（包括帽子、领带和皮带）就会被视为墨索里尼的支持者。在1934年前，所有的意大利老师都被要求身着黑色衬衫来表明忠心，一直到1943年意大利法西斯势力倒台，黑色的制服才被禁止。

当时，英国的奥斯瓦德·莫斯利爵士为了表示对墨索里尼的支持，也在英国创立了英国法西斯联盟（BUF）黑衣社，并在其1934年的杂志《BUF》上刊出声明：“如果你愿意加入我们，我们将对你作出以下保证：当你穿上黑衣，你将成为法西斯主义的骑士。这在政治上和精神上都具有重大意义。”莫斯利声称黑衣是打破阶级壁垒的象征：“所有穿黑衣的人都是平等的，无论你以前是百万富翁还是一贫如洗。”英国政府不会允许这样明目张胆的挑衅，于是在1936年颁布了一部公共秩序法律，取缔了这种准军事制服。

选择统一颜色的制服，是一种增加人群凝聚力的基本策略。爱尔兰的法西斯主义者在20世纪30年代选择了一种蓝色的制服，因此他们又被叫作蓝衫军，仅仅过了几年他们的运动就以失败告终。蓝衫军的极端思想还得到了 1933 年成立的西班牙民兵组织长枪党的支持。蓝衫长枪党同情劳工阶层，也许正因为如此，他们选择了工装的蓝色作为自己的标志。蓝衫长枪党在经历过何塞 · 安东尼奥 · 普里莫 · 德 · 里维埃拉在 1939 年的国内战争后气势达到顶峰，领袖人物佛朗西斯科 · 佛朗哥将组织做了一些意识形态上的调整，并将这一时期的长枪党改名为新衫党（与之相对，20 世纪 30 年代早期的长枪党被称作旧衫党）。

与上面这些势力类似的是德国的棕衣军，他们存在的时间最长，也激起了人民最长时间的恐惧。棕色的制服完全是出于方便的原因。在 20 世纪 20 年代，阿道夫 · 希特勒需要为自己的冲锋队添置廉价又好用的军服，这些军服的剩余库存后来就成为早期棕衣军的制服。棕衣军和共产主义组织发生了冲突，他们在 1933 年 3 月希特勒掌权后袭击了柏林。棕衣军壮大之后，他们的棕色衬衫多是由德国的 Hugo Boss 公司制造，这家公司在创始人死后仍持续经营直到今天，偶尔他们还会收到控诉，控告他们在“二战”时为纳粹服务、压榨劳工。

“二战”结束之后，除了一些非洲裔美国富人会穿以外，彩色衬衫已经难觅踪影。直到 20 世纪 50 年代的“夏威夷印花衬衫”才让彩色衬衫重回主流社会。离经叛道的花色和图案是 20 世纪六七十年代的流行关键词，尤其是 70 年代，当化学颜料被大量生产以后，人们还会用丙烯（可以防水）在衬衫上绘制各种奇特的图案。

衣领与袖口

除了应急的衬衫垫板，在历史上的大部分时间，衬衫只有领子和袖口可以示众。男人们毫不吝啬地展示自己袖口的蕾丝，有些人甚至会再缝上褶边。这样不仅可以彰显穿着者的财力，还可以防止袖口被磨损，甚至还能遮蔽没洗干净的双手。不过最主要的目的还是炫耀，只有饱食终日的富裕阶层才可能穿着这样花哨的衣服，劳动阶层根本不需要缝满蕾丝的花边。不过这种膨大的袖子也有不方便的时候，正如18世纪的一个纨绔子弟，同时也是一个狂热的时尚粉丝马卡罗尼斯在他的备忘录中记录的那样："我在烛火下检查吉姆·布拉斯特裁缝制作的外套时，不小心把自己的蕾丝花边袖点燃了，那上面可是他亲手绣的花！"[1]

在花花公子布鲁梅尔之流的影响达到顶点之后，19世纪80年代的衬衫袖口开始返璞归真了。蕾丝被去掉，复杂的褶皱也减少了许多，而且被圆圈式的袖口收束了起来，整个袖子规矩地贴合着手臂，显得朴实、呆板了许多，著名的夏洛克·福尔摩斯当年就是穿着这种款式的衬衫。人们还会为衬衫上浆，以增加挺括程度。在19世纪80年代的《服装的科学》（*The Science of Dress*）中，服装专家艾达·巴林曾警告穿着者："上浆的立领缺点很多，

1　这条记录很可能是恶搞的日记，而不是真的。这是1772年的《女士杂志》（*Lady's Magazine*）的特色。

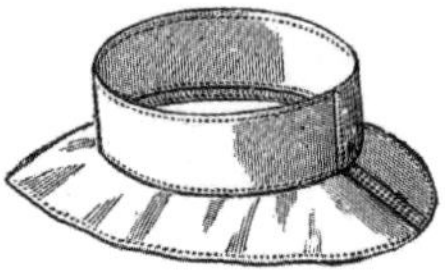

“玛格丽特”
三层亚麻衣领，降至 3/6 半打，每个 7d.；四层亚麻领口，降至 5/9 半打，每个 11½d.。

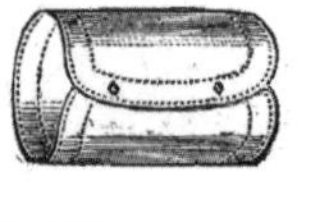

“帕蒂”袖口
三层亚麻袖口，降至 4/3 半打，每对 8½d.；5/6 半打，每对 11d.；7/6 半打，每对 15d.。
定制衣领和袖口。
各式女性彩色亚麻衣领和袖口，每套 1/2½ 起。

“亚力山德拉”
最好的三层亚麻衣领，边角可翻转，圆形或方形。降价，每个 7d. 或 3/6 半打。

“新女性”从 1892 年开始穿着男式立领和假袖口，但用了新名字来命名这些服装配件。

既会妨碍热量的散发，又隔绝了人体，而且还不吸汗。花哨的立领简直就是对穿着者的折磨！我们应该拒绝这种领子。”高领是维多利亚时代典型的服装标志，通常由高级裁缝制作，上面还会有精致的装饰。

巴林的建议简直是对牛弹琴。无论是出于对时尚的追求，还是出于对社会礼节的遵从，上浆的挺括立领、袖口仍是供不应求。一位“新女性”在 19 世纪 90 年代也穿戴上了男士同款的假领和假袖口，以彰显自己的独立与个性，这遭到了很多保守主义者的批评。她将这些假领、袖口与女装搭配穿着，但这仍不能掩盖服装上明显的男装特点。

男装女穿的先锋设计的衣领比男士的稍宽松些，并且用了很多细节装饰，这种衣服就是后来人们熟知的女装外套。各种颜色的外套在 19 世纪中期第一次出现后，很快占据了女人们的衣柜。男式衬衫也受到了女士们的欢迎，只是在款式、结构上被改得更贴合女性的身体，领部也多采用开领。

这一时期，无论男装正装还是女装正装，都继承了严谨、刻

那个时代的女装和男装相比，多采用柔软的布料和修身的裁剪。图中是 20 世纪 20 年代的时髦女装，衬衫还开了个低 V 领。

20 世纪早期的袖扣。传统衬衫领子、袖口和门襟处都是用可拆卸的袖扣来固定。

板的服装细节，如果衣服太宽松，会被认为是休闲服。那些上浆的衬衫、精神的立领、精致的袖口，都被看作是穿着者精明能干、专业的象征，而在当时的社会，勤奋工作、生活体面正是绝大多数人的追求。作为与舒适性妥协的结果，假领和假袖口是可拆卸的，人们可以每天更换，而衣服则可以多穿几天。

还有一种纸浆糊的假领和假袖口，比布料上浆的配件更便宜一些，价格大概只有后者的 1/12 或者 1/6。这种纸配件在长期穿着之后就可以直接丢掉。但无论是上浆的亚麻假领还是纸糊的，穿起来都非常不舒服。就连王室也忍不住抱怨，比如温莎公爵在日记中写道："上浆立领每天卡得我脖子疼，如果这些领子旧了，边缘磨损了，那就更恐怖了，简直像一把锯子架在脖子上！"

但领子上浆至少还有一点好处，就是可以防止污物浸入，而且穿戴白色假领的文化含义仍然延续到今天，还衍生出了"蓝领""白领"这样的词汇。直到 20 世纪 20 年代，稍微软化的领子和袖口才逐渐取代了原先那种上浆的硬挺部件，而传统的上浆领子也越来越被认为过于严肃、装腔作势。

全展示出来吧

很多时尚一旦退出历史舞台，就很难卷土重来了。20 世纪 30 年代，杂志和购物目录上开始出现未穿外套和夹克的男模特，在以前，这都被认为是工人或者运动员的装束。这些照片的出现意味着主流社会已经舍弃了刻板，转而开始为普通人如何穿衣打扮出谋划策。

接下来，将领带拉松，卷起袖子的装扮也流行起来——这在维多利亚女王的儿辈们是不可想象的。对于那些喜欢穿着舒适而非好面子的人来说，能等到20世纪的到来真是一件好事。虽然20世纪四五十年代的老一辈仍然喜欢在衬衫外穿外套，也喜欢将袖口钉得一丝不苟，不过年轻的一代也开始反思传统的穿衣文化了。在一些小地方，做晚礼拜的人们都喜欢穿上合身的衬衫，并且不系领口的扣子。现代的着装规范已经比以前宽松了很多，现在的男人已经很习惯穿衬衫不系领带，在日常生活中也喜欢穿短袖衬衫或者马球衫。在很多现代化的公司里，上班也可以穿T恤，和以前比起来，这是不可想象的。

衬衫从内衣演化成外穿衣物还有最后一个步骤，与19世纪的背心有很大关系。原本，背心只是羊毛内衣套装中的一部分——当然，不光是羊毛背心，法兰绒和棉布内衣也很流行。成套的背心与长内裤，是维多利亚和爱德华七世时代男人们不可或缺的贴身衣物，不仅可以为他们的腰部保暖，还是一种体面的象征。也许正是由于背心被穿在衬衫里面，成为比衬衫更贴合人体的亲肤衣服，所以人们才逐渐愿意接受衬衫转化成外穿衣物。

不过，随着时代进步，背心的定位也有了改变。在1934年由克拉克·盖博和克劳德特·科尔博特主演的电影《一夜风流》中，两位主角不得已要一起在一家汽车旅馆的房间里共度一晚。镜头

“二战”期间男性内衣也很紧缺，如果货架上没有存货了，那么针织厂的员工可以自制这样的内衣套装。

一直在拍没穿外衣的盖博，而当电影在英美公映时，人们忍不住对这一幕议论纷纷，因为盖博松开的衬衫里面没有穿背心！据说，受这部电影的影响，当年的背心销量也是跳水般地下跌。这让内衣制造商们头疼不已，他们只得向摄制组抗议，并要求下次拍摄克拉克·盖博时，一定要让他穿上背心。

可现实是，无论有没有克拉克·盖博的影响，背心都在迅速地边缘化。另一方面，越来越多的人也开始将背心当作一种外穿的衣物了。背心还被一些美国人当作虐妻的男人的象征，因为有些无袖上衣上会印制一些暴力的、可怕的男人的肖像。实际上，20 世纪早期的消防员很喜欢穿背心，他们认为这种衣服可以在灭火时保护身体。20 世纪 80 年代，那些身材健美的同性恋男人也喜欢用紧身背心来展示身材，向自己爱慕的对象发出暗示。同时被同性恋者和异性恋者喜爱，这样的功能已远远超出了背心原本的社会意义。现代运动衫的紧身样式可以展示运动员健美的体格，上面还会有穿着者的队伍名称、号码等信息。

在许多国家，身穿衬衫或背心示人已经是再平常不过的行为，所以对于现代人来说，要亲身体会《傲慢与偏见》中的班纳特小姐见到达西先生游泳时的惊诧几乎是不可能的了。不过，1996 年 BBC 版电视剧还是让达西换上了衬衫，而不是直接赤裸上身，这说明直到现代，身穿内衣示人还是有那么一点儿性感诱惑力的。

第三章

袜　子

THE SOCK DRAWER

我知道我穿上筒袜比戴钻石更好看。

——琼·克劳馥

袜子找不到了

袜子是成对的，而且我们都经历过丢袜子的麻烦。现代的袜子太便宜了，丢了就算了，但在过去，人们很少会丢袜子，因为穿着者会花大量精力去打理袜子。

在 19 世纪，人们会在自己的短袜和筒袜上用红墨水或线头做标记，写上自己名字的首写字母或者编号，这样，他们能在清洗袜子后迅速找到它们。到了 20 世纪，商店销售袜子的时候会用线将袜子的趾头处缝合，而现在的塑料小夹子也起同样的作用。

在整理泰坦尼克号遇难者遗物时，工作人员在一口箱子中找到一双精致的黑丝袜子，这双袜子的趾头也被钉在一起，还一次都没被穿过。

袜子很容易在清洗时丢失，或者在你需要它们的时候消失，自古以来就是这样。博物馆里基本找不到袜子类的收藏品，除非它们有特殊的价值，或者极其精美。但作为一种极其重要的服装配件，我还是找到很多袜子古董实物，只是保存程度不是太好。其中，幸运的是，正是因为常常被弄丢或错放，我才找到了一双年代久远的、制作粗糙的袜子实物，它为早期足部覆盖物的研究

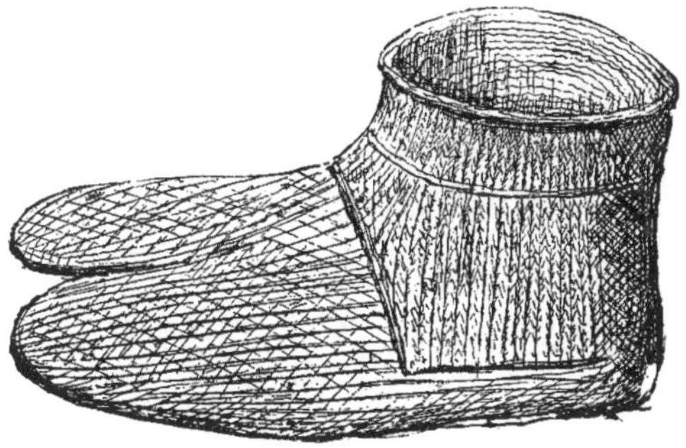

埃及法老图坦卡蒙的袜子示意图，1922 年出土。

提供了大量帮助。

很讽刺的是，这双年代久远的袜子是为了让图坦卡蒙能永远穿着而制作的。当霍华德 · 卡特于 1922 年掘开法老的陵墓时，他们不仅找到了大量财宝，也在墓室前厅找到了一些未染色的亚麻袜子，这是祭司们为法老准备的祭品。这些袜子可以追溯到公元前 1323 年，它们的名称在埃及语中具有类似于“法老的暖脚套”的意思。考古学家认为，即使法老是穿凉鞋的，里面也可以穿这种袜子。这些袜子现在被陈列在埃及开罗博物馆中，尽管它们在其他展品的衬托下显得有些不起眼。

另一只袜子古董是在北英格兰发现的，那里天气很冷，所以袜子也是用厚羊毛编织成鞋套状。人们发现这只袜子的地方在罗马帝国时期属于哈德良长城的文德兰达要塞一带。尽管袜子看起来是小孩子穿的，但是专家们确定，当年在这里驻扎的罗马士兵肯定也会穿袜子。1973 年，考古学家还在文德兰达要塞找到了一些部分被烧毁的木头信札，它们应该是公元 1—2 世纪的产物。上面，一个士兵写道："我给你寄了两双厚袜子，两双搭配凉鞋的薄袜子，还寄了两套内衣……"

几百年前，还有考古学家在约克郡挖到过一只公元9世纪的维京人的袜子，这袜子是用打绳结的方式制作的。有趣的是，现存的盎格鲁－撒克逊人祖先的袜子有红色的条纹，估计是用茜草之类的植物染料染的色。也有编织袜子的碎片被发现，而且上面还插着两根象牙做的针。

让腿更好看

中世纪和都铎王朝时期的英国人的袜子都是短的，类似我们现在的短筒袜。相比之下，长筒袜应该是包裹住整个腿部的。那时就有专门的织袜人制作袜子。英语中有一个古词汇"hosiery"，其实就是从织袜人这个词演变而来的，在现代，这个词汇不光指代那种贴身的长筒袜，也包括一些其他袜子。

文艺复兴时期，不是只有女人才会穿长筒袜。男人们习惯裤装也就是近200年的事儿。那时的标准着装是：下着靴子，上穿罩袍，用长筒袜裹住腿部，再在筒袜外面穿上短马裤。早期的筒袜是用紧身布料或者针织制成，在12世纪，制作这种袜子需要精细的缝合技术。很多筒袜都需要用有金属端的蕾丝带将其固定在腰带或者皮带上，这种带子也被我们叫作吊袜带。

15 世纪的法国村夫穿着筒袜。最初人们穿长筒袜是为了显示自己的财力。

在一些场合中，身着长筒袜显得华丽和性感，尤其是那些彩色的、带刺绣的筒袜。一首 10 世纪初挪威西德格国王时代的诗作就提到，有一个国王会穿暗红色的筒袜，甚至还有蓝色带长蕾丝的筒袜。穿筒袜展示自己的腿部的风潮在 16 世纪达到顶峰，有些人为了让筒袜更合脚，还会在纤维上划出十字破洞。即使有炫耀的嫌疑，亨利八世仍然热衷于穿长筒袜，他甚至有 6 双黑色丝绸做的筒袜。人们还会在脚踝部增加一种奇特的设计，让足部看起来像一口钟一样。

但不是所有男人都爱穿这种骚气的袜子。在莎士比亚的戏剧《第十二夜》（*Twelfth Night*）中，内向、保守的马伏里奥被人戏弄，在女主角奥利维娅面前也穿起了长筒袜——“他会穿着黄色的长筒袜在奥利维娅前现身，但事实上，她很讨厌那颜色；袜子上还有十字吊带，这也是她厌恶的。”

前文提到的评论家菲利普 · 斯图贝也在他尖刻的著作《剖析流弊》（*Anatomie of Abuses*）中，把 16 世纪末的服装和流行潮流批了个体无完肤：“人们穿这些花里胡哨的长筒袜时毫不害臊，这些袜子有绿的、红的、白的、土黄的、褐色的，不仅如此，有些人还在袜子上做了好些匪夷所思的改造……”[1]

尽管批评声不少，但当时社会上的奢华风气丝毫未受影响，

1　斯图贝对当时社会上的奢华之风感到不可思议，他感慨于那些收入不高的人群也会倾囊购买奢华的长筒袜：“现在这种无耻的傲慢和可耻的愤怒越来越严重。几乎每个人，哪怕是年收入只有 40 先令的人，也坚持拥有一两双丝绸长袜或者他们能买到的最好的纱线做的袜子。”

到了世纪之交，长筒袜上的蕾丝变得更多了，人们喜欢让这些蕾丝布满宽大的靴子，以此彰显自己的财富。绅士们尤其喜欢纯黑或纯白的款式，不过其他颜色——比如银色、灰色、绿色甚至粉红色的筒袜也有其受众。一些华丽的装饰也越来越常见，比如在侧缝处添加华美的刺绣。

一些男人还会在筒袜里增加填充物，把小腿的形状衬托得更好看。羊皮填充物是最常见的，但其实动物绒毛的塑形效果应该更好。筒袜销售商还在伦敦的报纸上为这种经过填充的筒袜做了不少广告。[1] 富人们的私人裁缝也承接筒袜填充加工的活计，这一点，在作家谢里丹的《思卡波罗之行》（*A Trip to Scarborough*）中可以窥见端倪。

“范尼勋爵：‘那些筒袜实在太厚了一点，让我的腿看起来粗得跟门卫似的……’

“门德勒斯先生：‘大人，我觉得看起来还不错。’

“范尼勋爵：‘好吧，不过对于长筒袜，你可不如我专业，我花了一辈子研究衣服。希望我的下一双袜子比 5 先令的硬币薄一点。’

“门德勒斯先生：‘事实上，大人，这些袜子跟我之前为你做的一模一样。’

“范尼勋爵：‘大概吧。不过，门德勒斯先生，那时是初冬，

1 伦敦苏活区的艾迪先生就曾在 1798 年至 1800 年在报纸上登广告，声称自己可以为筒袜或裤子添加填充物。

而春天贵族们更愿意以轻便的装扮示人。如果你让一个贵族的腿看起来跟门卫的差不多，那可就犯了大忌了，那么冬天你可就接不到新的活儿了。’”

往袜子里垫东西的习惯，不仅成为报纸上的趣谈，还沦为了一些戏剧作品中的笑柄。在本·琼生的戏剧《辛西娅的狂欢》(*Cynthia Revels*)中，人们就对关于筒袜的八卦津津乐道：“他们看到他每晚都会穿上长筒袜。”

军队中的士兵，尤其不愿意以细长的腿示人。即使是法国上尉让－罗切·凯歌涅这样久经沙场的老兵（他参加过滑铁卢战役）在撰写回忆录时，也毫不讳言自己曾因小腿瘦长而害怕遭遇同僚异样的目光。由于从宫廷中带出的丝袜比较单薄，凯歌涅只得连穿三双加垫的筒袜——“这样我的腿才好看了一点。”但是，真正的挑战出现在凯歌涅要与一位妇人共度良宵的时候：“当我要脱衣服时无疑尴尬极了，我要怎么解释我那三双加垫的筒袜呢？真让人头疼啊。如果我能吹掉蜡烛，那就没问题了。我快速将筒袜藏到了枕头底下，但这件事让我分心了不少，第二天要怎么把筒袜拿出来也是个问题。还好，我的美人儿提前起床了，在侍女的陪伴下去了隔壁梳洗。我赶紧把筒袜拖了出来，藏到床垫下面，还得小心不能把袜子里的填充物拧变形了，不过最终只有一条腿上的垫子没坏。但是还好，夫人一点儿没注意到。”

18 世纪末，裤装开始流行，这让男式筒袜的风靡告一段落。但也有两个例外，直到 20 世纪早期，筒袜仍然是男士参加宴会的正式服装的一部分，而富裕人家中的男仆也会穿长筒袜。在 19 世纪50年代，一些淘气的孩子还会拿男仆的筒袜开玩笑，他们扬言要扔泥巴弄脏筒袜，然后在他的小腿上插针，看看它们是不是填充的。十年之后，有人在日记中描述一个叫约翰·托马斯的男仆随雇主到海边旅行，休息时打理自己筒袜里面的垫子的场景。

虽然用裤子的褶边盖住袜子的风潮已经兴起，但男人们的袜子还是经常引起讨论。这样的讨论主要是针对那些上流社会的男人，比如舞蹈家弗莱德·阿斯泰尔。制作人戈尔得温曾评论阿斯泰尔“总是穿着夸张的、巨大的袜子”，他还说：“这些袜子太醒目了……还记得他怎么走路吗？他总是双手插袋，但他的裤子有点短，让你目光自然地落到他的袜子上，继而落到腿上。”阿斯泰尔的袜子长至小腿中部。

受温莎公爵的影响，20世纪20年代的上流和中等阶层的男性很喜欢穿偏长的袜子，而且一般都是有菱形花纹的那种。对此，公爵解释道：“我最爱的运动是高尔夫，在球场上，我可以穿任何我喜欢的服装。”这种看似华而不实的袜子其实正是为了方便运动才穿，袜子上面往往搭配的是齐膝的马裤。筒袜不止在高尔夫中保留下来，足球运动员也会穿筒袜。历史上，足球运动员的袜子一般都是及膝，甚至更长，并且每支球队都有自己独特的颜色。

现在，男士们基本不会穿长筒袜了，甚至长至膝盖的那种也很少穿。虽然长筒袜曾经是男人们时尚又实用的服装配件，但现在谁要是再穿大概都会被认为是变态。男士筒袜被时尚边缘化了，除非服装美学再一次变化，让筒袜像马裤和衬衫一样重新流行。

对于那些想在服装上彰显个性的人来说，在千篇一律的正装

直到 1914 年，仍有杂志刊登漫画讽刺男仆穿着充气的筒袜。

19 世纪 90 年代，一位骑自行车的男人穿着马裤和菱形花纹筒袜。

之外，在领带和袜子上花点心思似乎是不错的选择。现代男性很可能会一次性从超市买五包同样的袜子，但懂时尚的人——比如现代服装专家尼古拉斯 · 斯托雷——会建议，袜子的颜色应该和裤子搭配。但是斯托雷一想到红袜子就止不住笑，他说：“也许这与隐藏在裤子下面的勇敢和活力有关，穿什么样的袜子，很可能暗示你是个什么样的人。”

惊鸿一瞥

历史上，女人们对于长筒袜的喜爱从未减弱过，女式筒袜也随时间有一些进化和改变。女人们的服装预算不同，她们能选择的筒袜也不同。都铎王朝时期的宫廷女贵族们的筒袜通常都是用丝绸做的，而且带有精美的刺绣。

哪怕时尚将裙子的长度带到了地板上，从 16 世纪到 19 世纪的女性筒袜都带有精美的刺绣，结构精巧，可以展现女性脚踝处迷人的曲线。刺绣的图案主要有花卉、树叶、菱形或者王冠。但是，到了 19 世纪中期，女式筒袜却出现了简化的趋势，刺绣等装饰不再被提倡，这不仅是因为保守的社会风气使然，也是出于隐藏肥大的脚踝的考虑。服装专家们建议：“如果穿着者的脚和踝部长得好看，那么她们可以不用介意是否露出自己的脚。但事实上，很多人的脚踝在绣花的衬托下显得更难看了，这样的话还不如藏住脚呢。”

和衬衫一样，白色的筒袜是上流社会的最爱，因为保持袜子洁白意味着穿着者财力雄厚，可以承担昂贵的洗衣费。苏格兰的玛丽女王在1586年被执行死刑时仍穿着一双洁白的编织袜。颜色鲜艳的筒袜可以彰显穿着者的性格，但红色的筒袜却有一些弊端——在当年，为了确保颜色明亮，制作者会在染料中添加含锡化合物，而这对人体是有害的。另外，19世纪末的苯胺染料中也含有大量刺激性的化学剂，这迫使制造商倾向选择未染色的纤维来制造红色、黄色甚至黑色的筒袜，以防止穿着者发生皮肤感染。

在所有的筒袜颜色中，最危险的其实是蓝色，不过这可不是因为什么化学染剂的原因。在18世纪50年代，由蒙塔古公爵夫人创立的一个时尚俱乐部中，一个成员竟然穿上了蓝色的筒袜！说起来，这个“蓝衣控”还是这个以女性为主的俱乐部中为数不多的男性成员。这个叫本杰明·司提林福利特的人穿着靛蓝色的羊毛筒袜出现在了伦敦梅菲儿区的蒙塔古府邸，结果引来了无数嘲笑，大家一边拿筒袜的颜色打趣，一边揶揄他缺乏服饰礼仪的常识。“蓝筒袜”一词后来还直接成为一个贬义词，用来指代不懂在相应场合穿着合适衣服的女人。这个话题还一度引发了关于女性接受教育的争论——批评者们也会用这个词来诋毁那些受过教育的女性，认为她们没有尽到展现美丽外表的职责。正如安布罗斯·比尔斯在著作《魔鬼字典》扩充版（*The Enlarged Devil's Dictionary*）中说到的那样：

“一位女士尖叫道：‘他们叫我蓝筒袜！凭什么用我袜子的

颜色来称呼我，为什么这样对女人，有人这样称呼男人吗？’对方答道：‘谁也不想。’”

无论是棉质的、羊毛的、丝绸的，无论是否绣花，筒袜都可算是女人们最私密的衣服了。直到社会的变化将它们变成了可见的配饰，更容易被勾破、盯着和弄脏。当然，这种曝光与裙摆的上升有关。在19世纪30年代，风骚的夫人们往往将筒袜和短裙搭配着穿，而在19世纪五六十年代，穿裙撑的女人一动，往往也会不经意露出穿着筒袜的腿。这种性感的穿着在“一战”期间尤其受到非议，因为战争期间，女人们需要穿造型简单的，相对贴身的衣服方便干活。

这段时期，女人们穿的筒袜几乎都是莱尔棉线针织袜。这种袜子的纤维必须经过适当拉伸，然后用火焰烧掉毛刺，最后还要用氢氧化钠作丝化处理，才能保证丝绸般的光泽。

战后，筒袜的长度曾短暂地变短，但很快又恢复到齐膝盖的位置。在这期间，人们开始流行剃腿毛，然后穿上漂亮的袜子，这使袜子的销量迅速增加。女人们尤其爱穿用人造丝做的袜子。和真丝相比，人造丝价格便宜，但看起来和真丝并无二致，甚至触感也几乎一样。澳大利亚沃尔沃斯公司还推出了单只售卖的袜子，如果有人的袜子破了，又不想买一双新的，那么可以只买一只——这真的很省钱。

演员科尔·博特在一次演出中这样描述筒袜：“古时候，不小心瞥见了女人的筒袜可是会让人脸红心跳的，但现在，这太正常不过了。”女人们穿长筒袜示人变得稀松平常起来，惊鸿一瞥的兴奋只有在被许多女郎包围时才能再现了。无论男人们想盯着哪儿看，都不会再引起道德评判了。长筒袜的再次流行说明了女性地位的提高，现在，她们可以穿着筒袜随意出现在公共场合了，这既是具有实际意义的自由，也是象征性的解放。

随后，长筒袜的颜色再度变得丰富起来，女人们可以选择任

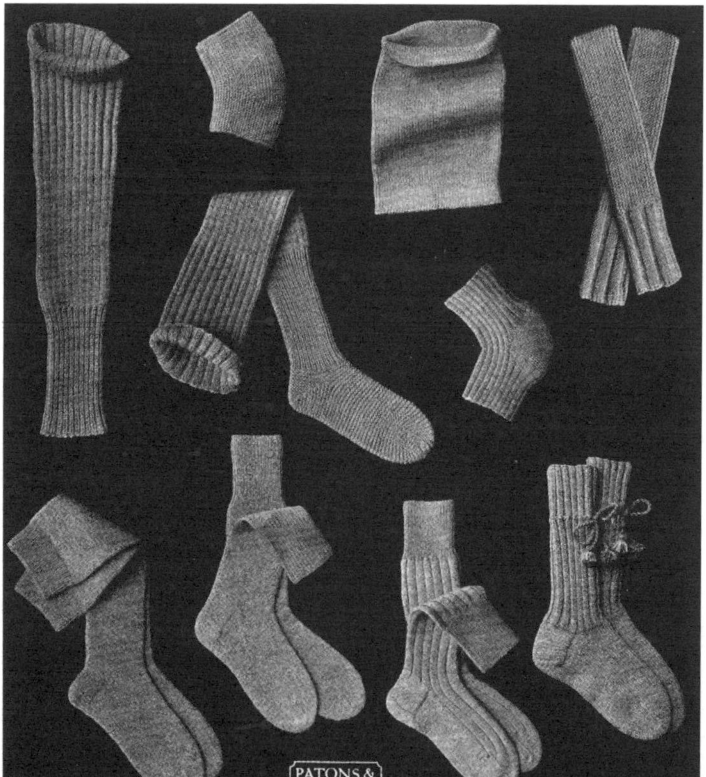

20 世纪 40 年代，袜子家族中出现了许多新品种，自织的毛线袜中还出现了保暖护膝（中间，右）和护腿（左上）。

何颜色的筒袜了，她们愿意光着腿也可以。20 世纪 20 年代，这股风潮刚发生的时候可以说是惊世骇俗。关于村子里第一个穿上肉色筒袜的女人的故事广为流传——她没有穿上黑、白或奶油色的袜子，而是肉色的，这太勇敢了！

必穿之物

和厚实的裤装比起来，长筒袜仍然是华而不实的衣物。在“一战”和“二战”期间，尽管购买筒袜花费不菲，又要每天清洗，但如果不穿筒袜、光着腿外出的话，大多数人还是不能接受——除非是游泳或徒步的时候。在“二战”期间，如何平衡物资的匮乏和女人的爱美之心呢？随着战争兴起，政府很快开始征收生丝作为战争物资。“二战”后期，杜邦公司生产的尼龙袜越发紧俏，只能在美军空军基地附近的乡间可见了。这段时期，女人们也极具创造力地用了一些办法来装饰自己的腿，比如用褐色染料、咖啡渣、茶叶、湿润的沙土或者商店中廉价的染色膏。“不穿丝袜就没法出门。”一位经历过战争的女性回忆道。[1]

1　腿部染色的风潮一直持续到 20 世纪 50 年代，类似后来的人们抹染色膏，模拟皮肤晒黑的风潮。听来好像很简单，但根据当事人的描述却不简单：“给腿化妆要像给脸化妆一样小心。画得好的腿很漂亮，而且在暖和的时候能帮你省不少买丝袜的钱。洗了澡之后，要用毛巾裹住双腿，小心地擦干。一般染的颜色要比皮肤深一点，但是也不能太深。”

在“二战”中，袜子也成了女人们必穿的衣服配件。住在挪威的一位德国女士还曾把情报藏在袜子中带出，她记录道：“德国的反希特勒势力总是穿着红色的袜子，所以我要做的第一件事就是织一双红色袜子，而且每天都穿。”

在 20 世纪 40 年代，很多女性——尤其是年轻女孩——选择用短袜搭配裤装穿着。年轻女孩们不喜欢穿长筒袜，这又掀起了一股名为“波比短袜派”的流行风潮。一位词典编纂者在解释“波比短袜派”时这样描述：“年轻女孩们在公共场合穿上短袜，以此彰显自己的叛逆和放纵，她们看起来就像流浪歌手一样。”

连裤袜登场

20 世纪 60 年代中期，长至大腿的裤袜开始在年轻女性中流行。其实，这种造型的袜子已经出现了一段时间了，它们正是中世纪男性筒袜的改良版。在摄政时期，一些离经叛道的女人也会用这种裤袜搭配透明纱裙穿，和现代的连身袜相比，那时候的裤袜更像是男式筒袜。由于摄政时期的女人穿这种袜子时具有明显的暴露和色情意味，所以直到 19 世纪，马戏团演员和女演员穿这种袜子时仍备受指摘。在 1913 年，一位杂志编辑在法国南部的酒店里看到一个身穿透明长衫的女人时，感到无比震撼：“她的身体轮廓清晰可见，就像没穿衣服一样，这里的一些人穿着打扮就像马

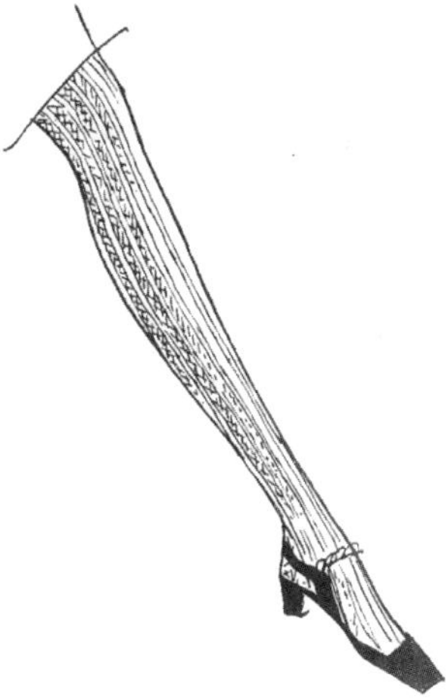

1967 年流行的菱形织物裤袜。

戏团里的女人一样。”编辑还说那些紧身裤袜“明显会对孩子们造成负面影响”。

但是，仅仅在过去50年后，连身裤袜就已经普及开来。棉布、尼龙混纺出的弹力纤维赋予了连裤袜无与伦比的质量。弹力连裤袜贴身又塑形，既能为穿着者保暖，又不会妨碍她们的活动。在各种颜色的印花、编织物、拼贴等装饰的映衬下，女人们穿着裤袜的腿成了一件件艺术品。和百年前不一样，连身裤袜已经没有了色情的含义，尤其是当玛丽·奎恩特推出了雏菊印花的主题裤袜——可观赏却不能亵渎，这就是裤袜被赋予的新含义。

现代社会的女性在大多数场合，都习惯以光腿示人，不过前提是把腿毛刮干净。现代的女袜也有了针织的连裤袜、短袜、长筒袜、齐膝袜，以及和运动鞋搭配的船形袜等各种分类。现代人们用“丹尼数”来标识袜子的厚度，薄袜子只有10丹尼，而40丹尼以上的一般在冬天穿着。连裤袜也有了各种颜色、各种重量的亚分类，其中一部分还具备了提臀、束腰的功能，这怎么可能不招人喜欢呢?

那么长筒袜呢?无论是黑色的渔网袜，还是有着性感的蕾丝袜筒的袜子，今天也大受欢迎。正如筒袜上的背缝和脚跟一样，袜子演变的历史痕迹仍保存在现代筒袜上。

把袜子拉起来

短袜和筒袜不会一直待在穿着者希望它在的位置，它们总是会往下滑，这可得好好处理一下。如果你的袜子总是皱巴巴的，那么你很可能也是一个不拘小节的人。英语中有“把某人的袜子拉起来”这样的俗语，意思就是某人得改改生活习惯了。莎士比亚在描写哈姆雷特王子心烦意乱时，也用袜子设计了这样一个细节:

“他的筒袜脏了，皱巴巴地垮到了他的脚踝，就像他的衬衫一样，显得毫无生气。”

无独有偶，在BBC的电视剧《最后的夏日美酒》（*Last of the Summer Wine*）中，一位叫诺拉·巴提的约克郡主妇也和哈姆雷特一样，任由皱巴巴的莱尔线针织袜子落到脚踝，毫无打理的心思。

很快，诺拉·巴提就成了莱尔针织袜的代名词。

莱尔针织物可算是现代弹力织物的前身，任何人要穿这种袜子，都得在牵引袜子和保持袜身平滑方面下一番苦功夫。用吊袜带将袜子固定在膝盖附近，大概是固定这些袜子最直接有效的办法了。

早在14世纪之前，男用吊袜带就出现了，而且是可以展示出来的，但女人穿吊袜带被看到，会被认为是放荡和伤风败俗的。有一则关于吊袜带的故事，说贵族穿着吊袜带的规矩是在1348年形成的。某一天，在宫廷舞会上，索尔兹伯里伯爵夫人的蓝色吊袜带掉落在了地上，留意到这一幕的爱德华三世为帮她解围，捡起了吊袜带系到自己的膝盖上，并说了一句："恶者以恶念为恶。"据说贵族骑士穿着吊袜带的具体规范就是因这个事件开始被制订的，尽管正史里没这么记载。由此推断，穿吊袜带最初是在贵族间产生的，随后受到了推崇并被其他阶层的人模仿。另外有些吊袜带起源的故事，则将吊袜带产生的时间搬到了理查德一世时期，据说吊袜带是在东征的十字军之中兴起的，而不是在女人中间。骑士会在左腿系上金边的蓝色天鹅绒吊袜带，尽管现代的骑士和女士会尽量避免穿这种东西—— 一方面是因为穿裤子的话用不着吊袜带；另一方面，吊袜带并不符合现代的服装美学——他们会在胸口佩戴一条嘉德绶带来代替。除了历任国王、王后，能够接受这一荣誉的都是在社会各领域具有贡献的人，在近现代，这样的人包括英国前首相撒切尔夫人和丘吉尔、登山家埃德蒙·珀西瓦尔·希拉里爵士，还有军情五处处长女男爵曼宁厄姆－巴特勒。

也许某位女士在吊袜带掉落的时候得到了国王的帮助，但对绝大部分的女性来说，吊袜带掉下来意味着出丑和下流。在伊丽莎白·加斯科尔的小说《克兰福德》（*Cranford*）中，未成婚的马蒂小姐正在缝制漂亮的吊袜带，一个旁人开玩笑说："这吊袜带真漂亮，我真想掉一只在马路上，一定能吸引不少人的目光。"不过，马蒂小姐却被这个笑话戳到了痛处。[1]

无论是羊毛、胶带还是缎带制成的吊袜带，款式都相差无几，一般是在膝盖上方固定筒袜，或者被做成圆圈状，用纽扣扎在筒袜顶部。为了防止袜子滑落，人们想出了各种各样的办法，比如马蒂小姐就是用缝纫的方法收紧袜身。历史上第一套弹力吊袜带是以用弹力材料制作的袜圈连接袜筒的形式出现的。在 19 世纪早期，已经出现了用缎带穿梭在亚麻或棉布中充当松紧带的弹性设计，这种设计一般被用在手套和筒袜中。但另一方面，穿着者也开始担心这种弹力设计会阻碍血液循环，于是到了 19 世纪 70 年代，吊袜带出现了革新。女士们开始用带钩子的带子连接筒袜和塑身内衣，很多基于这种设计理念的吊袜带都获得了专利，甚至有一位女性发明者想出了一种独特的凹槽设计，让带子可以巧妙地卡住筒袜。后来，又有人将这种吊袜带的扣子改成了橡胶材质，这更增加了穿着的舒适性。如果吊袜带的扣子丢失了，穿着者可以用一枚普通的纽扣——或者仅仅用一颗"帝国"薄荷糖来代替。

1　在小说中另有一幕描写马蒂小姐针织的场景：在一个五月的早上，"马蒂娴熟地织着各种复杂的花色，她自言自语般地低声哼吟着，手上的针快速地动着"。

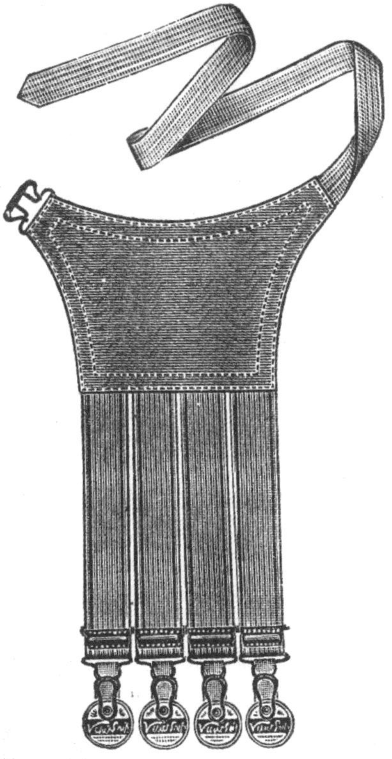

1920年的吊袜带，在腿前方有四条吊带，腰部还有一根束带。

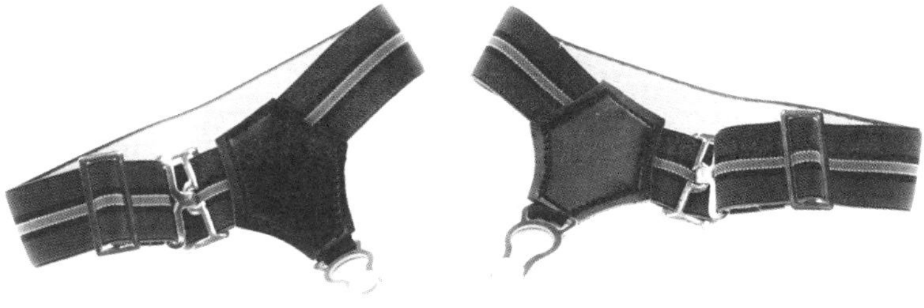

这款吊袜带俗称波士顿吊袜带，在松紧带出现前，它们也是男士必备的服装配件。

当时的吊袜带或者吊裤带上往往还缝有一个小口袋，可以放下 6 便士以备不时之需。

服装专家发布了一套关于功能性吊袜带的穿着指南。在维多利亚女王时代，吊袜带只有腿前有一条牵引带，到了爱德华七世时代，吊袜带发展成了前后各有一条牵引带的样式，再往后，一些造型更复杂的吊袜带也开始出现。这些新式的吊袜带不仅可以增加拉力，更可以保证牵拉力道的均衡，筒袜被穿得更平整。在 1920 年出版的一本女性穿衣说明中，我们看到了一款有四条牵引带的吊袜带，这在当时应该是最常见的，而且很适合“身体结实的女性”。但是一些更年轻的女性开始抛弃吊袜带了，她们重新穿上了弹力束口的筒袜，这些束口的松紧带还往往用了花结、鲜花、亮片、碎石装饰。每次姑娘们在舞会上恣意狂欢，她们腿上的筒袜松紧带都会让周遭的人眼前一亮。

弹力松紧袜口的发明，似乎让吊袜带存在的必要性减少了很多，事实上，吊袜带的失宠来得比想象中还迅速。很快，只有在两种情况下人们才会穿着吊袜带了。

第一种情况，是需要穿紧压式的袜带的时候——和早前人们担心这种挤压会阻碍血液循环不同，现在，宇航员或需要飞到高空的特殊作业人员需要用袜带挤压腿部，以防止在失重的情况下，血液过多地冲向脑部。宇航员海伦·沙曼在和平号空间站工作期间，就一直穿着这种紧压式袜带，尽管这让她觉得很不舒服。这种吊袜带也被称为“braslets”—— 一种被办公室文员用来将袖口拉起，远离文件的金属上臂“吊袜带”。

第二种情况是在婚礼中，现代的新娘仍会穿吊袜带，但这仅仅是表示一种对传统服装礼制的继承。历史上，新娘结婚时会穿缎带制成的松紧圈吊袜带，并将之作为给新郎朋友的礼物。1648年，罗伯特·赫里克在诗作《金苹果园》（*Hesperides*）中如此描述："让男人们和伴娘们争抢吊袜带吧！"他说的那种吊袜带大概也是蓝色的。逐渐地，这种吊袜带成了婚礼上男士们赢得游戏的奖赏。在约克郡的东区，婚礼上的男人们会以赛跑的方式决出胜者。但有一次牧师回家了，因为他们是赤身裸体在比赛。

羊毛袜

我们在前文谈到，短袜和筒袜是具有实际功能的衣物，它们充当了脚与鞋子之间的缓冲角色。袜子方便脱换和清洗，这很合那些爱卫生的人的心意——尤其是对那些有脚气的人来说，袜子真是太有必要了。1859年出版的《淑女生活指导》（*Ladies' Guide to Perfect Gentility*）一书中提到，女士们应该在天气热的时候每天洗两次脚，并且，"在冬天，袜子要一周换两次；夏天，则一周换三次"。

不过，袜子更重要的功能是保暖。脚的位置远离躯干，很容易受冷。在一些极端的环境中，脚会被冻麻，脚趾可能被冻掉，如果不治疗，那么紧接而来的坏疽病可能会致命。在这样的情况下，一双厚实的袜子可以救一个人的命。直到 20 世纪末期，羊毛袜都是最保暖的袜子，深受登山者和极地探险者的喜爱。

1999 年，登山者在珠穆朗玛峰附近发现了 75 年前死于征途的乔治·马洛里的尸体，同时，人们还发现这位探险家竟同时穿了三双羊毛袜。随后在利兹大学和南开普敦大学纺织中心的带领下，纺织物专家乔伊斯·米德复原了马洛里遇难时穿的服装（包括袜子），通过这些服装，我们可以一窥马洛里身处的极端环境，以及当时的登山装备水平。马洛里在绝境中没能联系上因为摔断腿而留在大本营的队友，不然的话，他可能可以拿到足够厚的衣服，活着登顶珠峰。

就算是羊毛袜，也不是没有竞争者的。从 18 世纪末开始，棉布成为人人都能负担得起的服装材料，英国成捆地进口棉花，然后分发到各个家庭作坊加工，各种混纺棉布也如雨后春笋般陆续出现。机织棉袜因为质量好、造型美观而受到欢迎，许多棉袜的脚踝处还有精美的提花图案。棉织袜如此受欢迎，棉织物制造商也因此赚得盆满钵满，这让英国成为名副其实的棉布王国。不过，丝绸的地位仍未被取代，丝绸制的袜子仍受到有钱人的追捧。简·奥斯汀就很喜欢丝绸筒袜，不过由于丝绸筒袜的价格是棉袜的四倍，所以她也常常买不起。对于仅有的几双丝绸筒袜，奥斯汀很是爱惜，她情愿自己在家用手洗，也不愿将之交给洗衣工。在她 1800 年 10 月 26 日寄给姐姐卡桑德拉的信中，奥斯汀就说自己宁愿用三双棉袜换两双丝绸筒袜。和奥斯汀生活在同时代的拜伦勋爵可谓财力雄厚，他的洗衣记录显示，即便在乘船出行途中，他也只穿丝制袜子。

旧袜子的新用途

在很长一段时间，袜子除了用来穿，还有一些与众不同的用途。其中最让人瞠目结舌的用途，大概是在维京海盗航海时，一个愤怒的女人用它来抽打仆人——袜子成了她等级优越性的标志。很多人也会用袜子来储存物资，然后将之藏在床垫下或壁橱里；另外，银行抢劫犯也会拿袜子当面罩[1]。

不过，袜子除了穿之外，最著名的用法大概就是在平安夜被挂在壁炉前，用来装圣诞老人的礼物了。在过去，人们还会在这种袜子的趾头处放坚果、糖果、橘子，但现在，礼物制造商制造的袜形礼物袋逐渐取代了袜子，而且这样的袋子容量也更大。

历史上，还有一只特别的圣诞袜随探险家罗伯特 · 司格特在1901 年到达过南极。当探险队一行到达南极的时候，正值圣诞节，为了纪念这双重喜事，司格特拿出了早在出发前就偷偷带上的圣诞布丁——“我把布丁放在我的袜子里（当然是只没穿过的干净

1 对银行的不信任并不是一个新观念。18、19 世纪的教区银行是出了名的不稳定。据说，用人会尤其珍视一只长筒袜，“他们小心翼翼地把它藏起来，里面的东西是为了帮助它的主人在恰当的时候装点一家旅店或者一个小酒馆。这样它的主人能够在从用人岗位退休之后也能独立”。

袜子），再把袜子藏在睡袋里。”在新年来临之际，司格特和伙伴们将布丁煮在可可饮料中——还用了一截冬青树枝来装饰——快乐地分享起来。而那一截冬青树枝，后来在1997年4月的一次拍卖中被拍到了4 000英镑！那么那只袜子去了哪里呢？历史档案中没有记载，但是司格特在埃文斯角的小屋——现在已经成了历史遗迹——据说还挂着一只“司格特从南极回来之后清洗的袜子”。不过司格特还没等到袜子晾干，就因为在南极冻坏了腿去世了。

1915年，在司格特完成生命中最后一次探险之后的第三年，一队盟军士兵在比利时被敌军包围了，为了帮助他们逃走，包括后来被德军行刑队审问并射杀的护士艾迪斯·卡维尔在内的一众志愿者选择主动诱走敌军。当时，他们采用的办法就是将袜子脱下来罩在靴子之外，因为雪地上英国人特有的靴子印记实在是太明显了。

补丁的时代

在现代社会，如果袜子破洞了，或者大小不一了，人们一般都会直接丢掉。但历史上，人们可是对袜子呵护有加，绝不会轻易丢掉的。

袜子大概是被清洗得最频繁的衣物了。在1838年的《女工指南》中，编辑罕见地将注意力投射到了男性针织衣物上：“正确清洗男人们的袜子的方法，是将袜子丢到冷水中，加入肥皂再炖煮或者烘烤加热。”然后夹住袜子的趾头处晾干。袜子上有些小洞也无伤大雅——“缝缝补补又三年”。为了让缝补的地方更坚挺，还有不少人用木质纤维来填补破洞。那个年代，人们穿的袜子基本都是经过修补的，有的缝补针脚几乎看不见，也有些补丁十分惹眼。

20 世纪的女性杂志会刊载一些修补建议指导人们修补袜子，另一方面，服装店里专业的补袜技工也是非常吃香，当然他们的补袜技艺的确十分精湛。20 世纪早期，监狱还将修补肮脏的袜子

“二战”时的英国皇家空军正在修补袜子。

作为对斗殴的女囚犯的惩罚。

袜子是否整洁，在很长一段时间内都是衡量一个人节俭或者邋遢与否的标准。比如，摄政时期，有一位很有名的爱尔兰女作家欧文女士总是在公共场合中以标新立异的发型和斗篷引人侧目，但只要她露出自己的双腿，人们就会鄙夷地批评她那双“齐膝的肮脏丝绸筒袜，尤其是脚后跟的地方还有长长的缝补痕迹”！

总之，无论是对奢华风流的上流社会，还是对远涉异域的探险者而言，袜子都具有不容小觑的意义。人们不会忽视对袜子的打理，哪怕有时候他们会因为各种原因，尴尬地将之掩藏起来，正如下面这段 1931 年的小说《九月的两周》（*The Fortnight in September*）中描述的一样：

“在出发前，史蒂文斯最后扫视了一圈房间，发现自己那双厚重的灰色袜子正躺在床铺的一角。每年这样的情况都会发生，真是有趣。弯腰捡袜子的时候，史蒂文斯只觉得领口一紧，脸上充血。袜子上沾满了灰尘和绒毛，他必须把袜子在椅背后掸干净，才能将之放进自己的雨衣口袋里。”

第四章

塑形紧身衣

STAY LACES

贾维斯太太给了我一个嗅瓶，然后剪开了我的紧身衣。

——《帕米拉》（***Pamela,or Oitue Rewarded***），
塞缪尔·理查逊，1740 年

人造的轮廓

人类的身体在工程学中是不可思议的存在。相互连接的骨架保护着我们的内脏，同时提供给肌肉以支撑，皮肤又包裹了肌肉。但是很神奇的是，在长达 5 个世纪的时间里，人们却没有考虑人体的特殊结构。在 16 世纪至 20 世纪早期，西方女性被要求穿上违反人体工程学的服装——紧身衣。

“紧身衣”（corset）一词其实是根据法语中“身体”（corse）一词演化而来，而这个词确实很好地解释了紧身衣的功能——它就是一具人造的人体轮廓，是身体之外的“身体”。在说英语的地区，“胸衣”（stays）其实是与“紧身衣”同义的词，只是到了 18 世纪晚期，法国在争霸战争中获胜后，“紧身衣” 这个词才流行起来。

服装可谓是人类的第二层皮肤，它们为我们的身体保暖，并提供保护，但是人类会穿上另一层具备骨架和肌肉功能的服装，到底是出于什么样的考虑呢？紧身衣的存在似乎是一个悖论：当你长期穿着紧身衣，那么身体的核心肌肉力量就会减弱，这时候，你就更离不开起支撑作用的紧身衣了。溜肩、背部受伤以及有疝气的人穿着紧身衣的确是有医疗矫正功效的；在打斗中，护胸甲及紧身马甲确实也能对人体起到保护作用。但是，历史上大规模地穿着紧身衣仅仅是出于好看和时尚的理由。紧身衣可以帮助女性穿着者营造一个令人满意的身体曲线，让她们看上去更加有女人味。

绑带式紧身衣

带蕾丝的女式紧身衣在中世纪之前就开始流行了。渐渐地，服装演化得越来越贴身，结构越来越复杂，再也不是仅仅用带子绑起来的布片了。服装渐渐具备了新的廓形，每一片坚挺的布料都是对人体骨骼结构的模拟，尽管它们并非真的人骨或者动物骨骼。芦苇和藤条是最早的廓形加工材料，很快，猪鬃、动物软骨、鲸须等来自动物的材料也因其坚韧的特点，被应用到了服装制作中。

到了16世纪晚期，女式紧身衣达到了空前的硬挺，而且造型也开始立体起来。制造者将多层织物用鲸须以竖直方向固定，塑造出圆锥形结构，而腰部更是被挤压得夸张。这种紧身衣可以被穿着在任何贴身的服装下面，它们是塑身内衣的雏形。

粗麻布[1]和帆布是当时最常见的紧身衣制作材料，用这样硬挺的布料制作的紧身衣完全可以媲美一件盔甲。这款紧身衣会完

1 粗麻布衣是用粗糙的纤维或者亚麻布用胶水黏合以后制作的衣服。

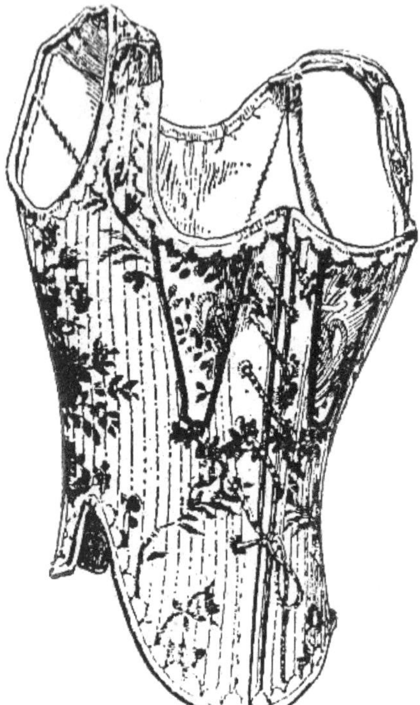

18 世纪 80 年代的紧身衣将身体塑造成倒三角的形状，却没有覆盖臀部。

美包裹女性的躯干，而且会托住双乳，让胸形更好看。在 19 世纪以前，紧身衣通常还带有穿过双肩的皮带，前身满是蕾丝装饰，主要靠系带调整松紧。系带的地方一般都是在背后，看起来有点像现代的高筒靴，细长的蕾丝成了紧身衣上的“鞋带”。这种蕾丝带随后还催生出了一个新短语——“to be strait-laced”，直译的意思是“系紧你的蕾丝”，但人们其实是用这句话来提醒女性坚守妇道，由此也可以看出，在那个年代，紧身衣其实是与“守贞”

的观念紧密联系在一起的。

事实上，要脱下紧身衣确实很麻烦，最快解开蕾丝的方法就是剪断它们。有一次，在一场18世纪女性服装的展览上，一位女士被一件现代复原的紧身衣吸引住了目光，她近距离地盯着被紧身衣收得夸张的细腰及紧身衣背后复杂的蕾丝系带看了许久，然后冒出一句:“亲爱的，我有个问题，我很想知道这个怎么脱啊？”[1]

19世纪，紧身衣的材料随着工业技术的进步而发生了改变。鲸须被金属取代，前开式的紧身衣也出现了。弹簧因为扭曲性能强大，能给穿着者提供更大的活动空间而被广泛应用于塑形内衣。蕾丝带也逐渐被20世纪的橡皮筋取代，随后再次被尼龙弹力蕾丝取代。系带的位置也从整个背部缩小到腰部，但是，紧身衣的性质还是没有变，它们仍然是女性塑造完美身体轮廓的不二选择。

约定俗成

将女性的身体裹缚起来的做法，看起来有点像中世纪将婴孩裹起来的习俗。在早期的欧洲，人们会用布片将新生儿包裹起来，这些布就是襁褓的雏形。襁褓不仅会包裹婴儿的身体，还有他们的四肢，虽然这与现代强调让婴儿自由活动的护理理念不一样，

1　在一番争议之后，他们一致同意直接拉到腰下是最便利的方法。

但在那个年代，这样的裹缚的确可以帮助婴儿免受佝偻病的困扰，减少孩子骨骼的畸形。

对于孩子的父母而言，将孩子包裹起来的确是省事的做法，但对婴儿来讲，一动不动地躺在襁褓里却很不舒服。用襁褓包裹婴儿的习俗在 19 世纪迎来了改变。社会活动家伊丽莎白 · 斯坦顿在 19 世纪 40 年代记录下了襁褓中的孩子的煎熬：“当我取下固定襁褓的扣子，孩子立刻撑开了手脚，就像香槟酒的塞子被弹开一样。”

在 16 世纪，父母们去掉包裹孩子的襁褓之后，立即又将带扣子或者蕾丝系带的衣服套到孩子身上。我见到过一套 1730 年左右的儿童紧身衣，它属于一个 1725 年出生的叫作佛朗西斯 · 哈默的男孩。这套紧身衣是粉红色的，由羊毛制成，还有一层花棉布里衬，这说明那个年代不只是女孩会穿着紧身衣。

在孩子四五岁之后，性别的不同才逐渐显现出来。一般来说，男孩们会穿着行动方便的衣服，大人们喜欢看到男孩活力四射地到处跑动，而对于女孩，无论是衣服还是行为举止，都要显得更为拘束。

16 世纪和 17 世纪的贵族少女，无论是出席正式场合还是现身肖像画，都会规规矩矩地穿上少女用紧身衣。其他社会中上阶层的女孩，也会在青春期来临时陆陆续续穿上紧身衣。

第一次穿紧身衣就穿全套的话，几乎都会受伤，所以淑女们的第一套紧身衣其实是“半紧身衣”——衣服和身体之间会有半英寸的空间。伊丽莎白 · 哈姆在 1792 年描述自己第一次穿这种半紧身衣时说："我简直是进了炼狱。"70 年后，路易莎·梅·奥尔柯特也在《小妇人》（*Little Women*）中用文学的方式抨击了穿紧身衣的陋习。在另一部小说《盛开的玫瑰》（*Rose in Bloom*）中，奥尔柯特还描写了罗斯[1]爱时尚的婶婶以及自由派的叔叔关于紧身衣的争论。艾里克叔叔轻蔑地称那些鲸须的紧身衣为"刑具"，形容克拉拉婶婶穿紧身衣的行为荒谬至极——"你自己身上的肋骨还不够吗？干吗要穿鲸须？"[2]

积极向年轻女孩推销紧身衣的，一般都是家中的女性长辈，在七大姑八大姨的口中，紧身衣是一种既时尚又健康的衣服。一位生活在维多利亚时代的年轻女孩曾经抱怨紧身衣又硬又不舒服，她还说自己只有在晚上洗紧身衣时才能获得片刻解放，可这番言论引起了她家阿姨的惊讶和反对："安静！安静！你现在忍一忍。"阿姨还说："很快，你就离不开它了！"

不过不是所有女孩都甘愿接受这些陈腐习俗的。19 世纪 80 年代，当达尔文 13 岁的孙女玛格丽特第一次穿上紧身衣时，她简直要疯了，不断在花园里狂奔、惊声尖叫。玛格丽特的姐姐格温直接扯掉了紧身衣，大人们再给她穿上，她再次脱掉。格温的家庭老师简直对此绝望了。后来，格温还回忆说："那种东西简直就是刑具。穿上它，我不仅不能呼吸，而且那些硬邦邦的材料还会

1　罗斯在英文中同玫瑰。——译者注

2　在小说中，这段对话发生在艾里克叔叔企图烧掉婶婶的鲸须紧身衣时。当时克拉拉婶婶哀求道："不要烧紧身衣，它们是用鲸须做的，烧了它们会惹人咒骂的！"

卡着我的胸，以及我身上每块软软的肉。我敢保证，没有什么衣服比紧身衣穿着更难受了！”

在紧身衣风行 5 个世纪以后，社会风气开始有了改变，让肢体自由活动得到提倡，女孩们越来越倾向于穿上方便活动的“自由紧身胸衣”。尽管 20 世纪初期，改良式的紧身衣已经出现，但这些新式紧身衣真正流行却是“二战”时期的事。改良后的紧身衣更加松弛、柔软，内层还常常加有羊毛里衬，这样可以为穿着者的腰部保暖。虽然新式紧身衣的好处显而易见，但夏天穿着时

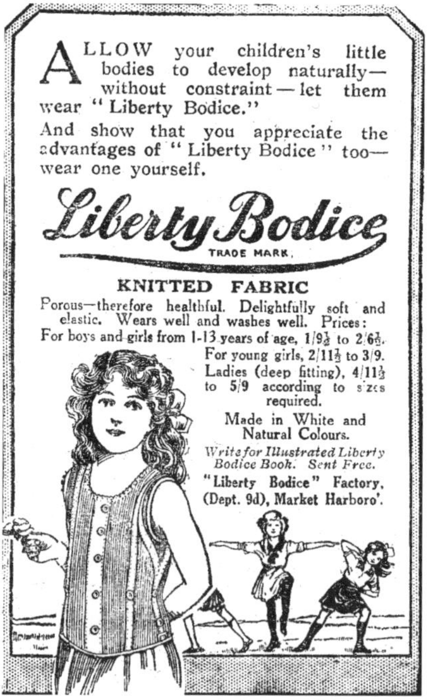

新式紧身衣诞生于爱德华时代，一直到 20 世纪 60 年代都很风行。这幅图就是 1917 年新式紧身衣的广告。

还是会很热，冬天穿着时肩带和纽扣也会硌着皮肤。扣子一般在衣服前面，用以固定内裤和背心，但对孩子来说这些橡胶扣子未免有点重。早期的改良塑身衣就像紧身衣的简化版，但很快，老式紧身衣原有的鲸须结构就被淘汰了。在20世纪30年代晚期的紧身衣广告上，制造商骄傲地宣布这些衣服“可以容许穿着者弯腰摸到自己的脚趾，穿上它是如此舒适，你会感觉自己没穿衣服一样。”不过，女孩们的感受是否真如广告所言就不得而知了。

完美的轮廓

虽然少女们第一次穿紧身衣时多会感觉不习惯，但对成年淑女来说，紧身衣确实必不可少，这种紧身衣文化甚至在18世纪引起东西方世界的文化碰撞。

在1717年4月，作为英国访问土耳其的大使，玛丽·蒙塔古夫人参观了阿德里安堡的土耳其浴场。土耳其女人们不仅不穿紧身衣，甚至不穿任何衣服就聚在一起交际、聊天的场景让蒙塔古夫人倍感新奇——“直白点说，完完全全地赤身裸体，一览无余。”她拒绝了脱衣的邀请，一个人洗了澡，并指明她的胸衣是她拒绝的理由。有趣的是，相对于西方的女人，土耳其女人的社会自由无疑是相对有限的，蒙塔古夫人回忆自己的洗浴经历时说道：“那些土耳其女士一定以为我被关进了‘人形柜子’里，如果没有丈

在西方，很长一段时间里人们都认为紧身衣对矫正人体畸形有好处。如图所示，这是 1915 年人们理想的女性形体轮廓。

夫打开柜子门，我都出不来。”

对蒙塔古夫人来说，穿上紧身衣是再正常不过的了，但对土耳其人而言，他们会觉得“西方女人都被丈夫用‘小柜子’锁了起来”，很可能这些‘小柜子’前面还会有一根牵引绳，类似牵引牛马的那种。

女人们偶尔不穿紧身衣就外出的行为，就像现代社会有人在周末时，穿着睡衣去超市采购——这种例子不是没有，但确实很少，而且这很可能遭到周围人的嘲笑。[1] 在 19 世纪 90 年代，百科全书在介绍紧身衣时还会说：“这是大部分女性都会穿着的、标志着文明进步的服装。”

宽松的服装，也是一种宽松的社会氛围和道德标准的体现。而无论是身体上的自由还是精神上的自由，都是爱德华时代的女性权益运动家争取的——西尔维娅·潘科赫斯特在为争取女性选举权而坐牢时，也努力为废除女性紧身衣抗争着。女典狱官为她这样的诉求感到愤怒和奇怪，她认为潘科赫斯特和其他女囚犯不接受这些从脖子延伸到膝盖的紧身衣实在是不可理解。

在 19 世纪到 20 世纪初期的那段时间，强化女性化轮廓的紧身衣再次变得流行起来。紧身衣还多了一层内衬。在紧身衣里面，女人们还会穿上女式衬衣或者其他什么内衣，绝不会贴身套上紧身衣，尽管这样会在身体上留下难看的红色印记。衬衣搭配紧身衣的穿法也有一点好处，就是衬衣会吸收身体分泌的油脂和汗水——这

---

1 在 2010 年 1 月，特斯克超市已经禁止了人们穿睡衣购物，“以免引起其他客人尴尬”。

一点十分必要，因为紧身衣非常难清洗，需要把鲸须结构从布料上取下来，再用肥皂和钢刷清洗。在20世纪50年代以前出生的女性，无法想象贴身穿紧身衣或者类似的塑形衣服的情形。

20世纪40年代，一个女孩发现自己母亲仅仅穿着透明硬纱上衣去参加舞会，她为母亲没有穿紧身衣而感到惊骇。她劝说母亲穿上紧身衣，这样舞会上的男士才不会被吓到。她的母亲还会在上班的时候脱掉紧身衣，仅仅在出门和傍晚回家时套上这硬邦邦的塑身工具，这也让女儿倍感压力。

在20世纪，即便背心逐渐取代了女式罩衫，紧身衣却没有退出历史舞台，女人们还是会在内衣之外穿上它。再后来，虽然只包裹腰腹和臀部的束腰取代了全套式紧身衣，但保守的女性们还是会在背心之外，再穿上胸罩和束腰。甚至到了20世纪90年代，一些年长的女性仍保留这种穿着习惯，这让年轻人感到无法理解。[1]

有趣的社会环境

让我感到很惊讶的是，以前的妇女甚至在怀孕时也会穿着紧身衣。在18世纪的摄政时期，这样的例子并不鲜见："当女性因为发胖、怀孕之类的原因导致身材变形时，有必要用紧身衣来重

1 少数保守的年长妇女甚至把穿紧身衣的习惯带到了21世纪，据一些家庭护理人员回忆，许多老一辈女性仍把紧身内衣当作体面而且必要的服装。

塑女性身体轮廓。”到了19世纪中期，孕妇专用的加大型紧身衣也越来越常见了。这种孕妇用紧身衣不仅加强了背部的挤压程度，还在腰部左右侧增加了绑带，以贴合穿着者隆起的肚子，这有点像现代的孕妇装。或者至少，这种衣服会将膨大的肚子挤压到腰部两侧。无论是为了掩藏变形的身材，还是因怀孕而感到羞愧，这种羞于让孕肚示人的习俗，一直延续到近代。不过，历史上也有一些反对这种荒谬习俗的声音。艾达·巴林在《服装的科学》中批评道："一些女性不想成为母亲，出于无知或者虚荣，甚至仅仅是不好意思，就会用束腹带或紧身衣来挤压腹部，这对婴儿的发育十分有害。"

值得庆幸的是，1913年，大众的思想有了积极的变化，葛兰素公司还出版了一本指导孕期准母亲生活的小册子《宝宝出生前》（*Before Baby Comes*），鼓励大家在怀孕期间丢掉紧身衣，他们还说："母亲肚子里的婴孩应该要有足够的空间发育，不应该被母亲的器官所挤压。"

运动紧身衣

从19世纪末期开始，社会中女权意识逐渐兴起，那些"新女性"们声称自己也有自由生活、探索世界的权利。当女人们外出散步，或者玩板球、棒球、爬山的时候，她们当然也会穿着全套的外出服，这里面也包括运动紧身衣——虽然紧身衣的功能没变，但是相对来说，它更宽松，不会妨碍穿着者进行体育运动。[1]

棉质或者缎面的紧身衣被当时的人们认为是更适合骑马或者骑自行车的穿着，因为这些材料更柔软、更亲肤，而且有一定弹性，不会妨碍臀部及大腿的运动。

这个时期，格尔夫斯也发明了一些用弹簧取代鲸须的紧身衣，他认为这种紧身衣能赋予穿着者更多活动空间。虽然所谓的运动紧身衣给了女人们一定的活动空间，但是这也说明了紧身衣仍是女人们离不开的衣物——哪怕是在运动的时候。服装制造商们也乐于制造这些不同功能的紧身衣，至少能保证女人们会一直穿着这玩意儿。1913 年，一些紧身衣制造商还为一种“适合划船、野餐时穿着的紧身衣”做了广告，声称这种紧身衣柔软，且能为肌肉提供支撑，这个广告当年可是打动了不少人。

热爱运动的女人对紧身衣的排斥引起了不少非议，其中，来自时尚界的指责尤为刺耳，因为他们可能会因此损失一大笔。保守主义也充斥着大众媒体。在 1917 年，著名的 *Vogue* 杂志就刊文指责那些企图脱掉紧身衣的女性“不要这么好的外援，真是昏了头”。

渴望自由的女性们当然也不会停止抗争。在“一战”期间，一些在军需厂工作的女工们组织了一场足球比赛，这场比赛中，女人

1　英国最早一批女子打棒球的记录出现在简 · 奥斯汀 1803 年的小说中，作品中没有具体描述女主人公的运动服装，但是我们可以推断应该是穿着棉质的轻便外出服。

们破天荒地脱掉了紧身衣，只穿了运动衫和短裤，不过这样的例子确实罕见。到了“二战”早期，情况才有了真正的改变，紧身衣被带有可洗橡胶扣子、松紧肩带的束腰取代，衣服的料子也更多地变成了白色和桃红色的法兰绒。

塑形的风尚

如果紧身衣真的如很多人相信的那样，是可以矫正穿着者身体缺陷、对妇女有益的功能性服装的话，那么它应该也有针对不同受众年龄和不同环境的亚分类。但是，如果紧身衣仅仅是一种社会文化产物，那么它就没有什么实际存在的意义。其实，紧身衣的风行更多的是时尚的要求，因此人们往往会忽略它对人体健康的影响，它们也不是衣橱中的主角。

也许很多人会觉得紧身衣所塑造出的形体是女性应该有的自然体形，但实际上这一点也不自然。仅仅是欺骗而已。穿着紧身衣的身体会在不知不觉间变形，这样才能贴合紧身衣的轮廓，与一般衣服只是覆盖在身体上不同，紧身衣是在塑造形体。制作紧身衣的裁缝，也可以借助紧身衣，塑造出自己认为完美的体形。1805 年的《贸易之书》（*Book of Trades*）中规定：“裁缝必须知道如何掩藏女性身体的缺陷，并且要有能力帮助穿着者用紧身衣矫正形体。”在紧身衣风行 4 个世纪之后的 1902 年，一本叫《淑女领域》（*Ladies' Realm*）的杂志这样总结道："对淑女而言，紧身衣是最重要的衣物了，一个不穿紧身衣的女人就不懂时尚。"

每一季都会流行新款的紧身衣，每一代的流行趋势也都有些许不同。是在腰部做些改善，还是加宽臀部；是将穿着者的身材塑造成沙漏形，还是直筒形，这些都是随当时的时尚风格而定。时尚决定什么是"美"，而紧身衣塑造"美"的身体。紧身衣的时尚确定后，礼服和上衣的流行款式也会被其影响，诞生新的款式。这一切的最后才是身体——刚开始穿着时，女人们的身体并不适应这些奇形怪状的紧身衣，于是只能硬把自己塞进紧身衣中。看吧，那些所谓"自然"的体形没有一样是真正自然的。

正常的人在年纪增大之后，身体就会开始佝偻，而紧身衣在这个时期大有用处。在 19 世纪晚期，紧身衣上又多出了两条肩带以帮助改善身体的佝偻。本来，丰腴甚至肥胖的身体被认为是富态的，这个观点继承自传统，因为以前的人们会觉得这样的身材性感且健康，或者好生养，但过多的肥肉显得有点有伤风化，于是紧身衣就更显得必不可少了。举个例子，在乔治时代晚期，流行的女性轮廓是圆柱状，于是紧身衣成为"改变肥胖女人体形的必要工具"。而在维多利亚时代，一个不穿紧身衣而显得腰部滚圆的女人会被形容为怪物。

在紧身衣风行的 5 个世纪中，绝大多数流行的款式都是细腰款。这种身材很像在枕头中间拴一根绳子，把枕头吊起来的感觉。那些狂热的时尚粉丝会用束腰带拼命将腰勒细，过段时间会放松一会儿、喘口气，然后再接着勒，勒得更紧，直到自己的腹腔被

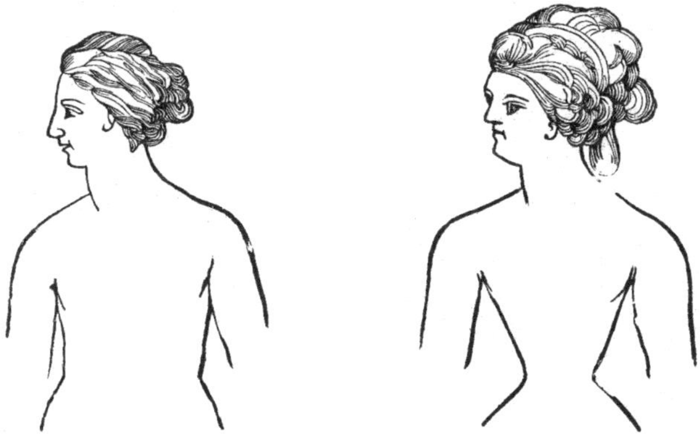

19 世纪 90 年代的图画显示紧身衣对人体形的改变。

完全挤压变形，内脏被挤到一边，膈膜被压缩。

很多近代人关于紧身衣的认识，多来自穿着者纤细的腰围，或者不愿穿紧身衣的女人们的抱怨。这样的认识未免有点肤浅，但的确，不管紧身衣的流行款式如何变化，那纤细的腰都是不变的要求。在 19 世纪 40 年代的维多利亚时代，虽然细腰风潮达到夸张的程度，但是那些所谓的医疗专家却选择无视这种时尚带给人身体的伤害，甚至一些假医学家还会宣称这些紧身衣对女人有好处。时尚捍卫者和“蜘蛛腰”的反对者针对紧身衣争论不休。反对者们列举了细腰的坏处：会引起消化不良、癔症、脊柱变形、肺痨、肝病、心脏病、癌症甚至早死。格温 · 拉弗拉在 19 世纪 80 年代拜访自己的姨妈时这样记录道：“我一到埃蒂姨妈家，她就会过来检查我的紧身衣系带，确保我没有系得太紧。她以为每个女孩都爱时尚，会把腰带勒得很紧。她还跟我讲了一个让人惊骇的故事，说一个女孩的腰带系得太紧，把自己的肝生生勒成了两半，就这样死了。”

不管这个肝裂成两半的故事是真事还是耸人听闻的传说，它已经足够引起那些穿紧身衣的女孩的忧心了。那些传说中的十六七英寸的细腰似乎并不是遥不可及，只要你敢勒，腰就会变细！[1]

19 世纪 50 年代的时尚摄影中，摄影师也鼓励性地展示了粗腰女人的美。照片中的很多模特都膀大腰圆，甚至会把紧身衣的腰部撑破。

紧身衣的结构

紧身衣的结构必须很精致讲究，才能塑造出各种时尚的轮廓。在基本轮廓决定以后，不同时期的时尚还是有一些细微的差别。为了让紧身衣看上去更美观，制作者在硬麻布之外，还会加上厚棉布或者缎子、丝绸。在 19 世纪中期，现代纺织机诞生以前，制作紧身衣的裁缝可不是一份让人羡慕的工作，手工艺者必须用手将这些布料一层一层缝在一起。一些买不起紧身衣的穷人，也可以自己在家用棉布或者亚麻布制作。

1 《服装的科学》一书中，对这种细腰时尚展开了批驳：“把腰勒得这么细的女人几乎都不能把背靠在椅背或者沙发上，要真的这么做了，她们可能会窒息。”这本书同时还说，正常不勒腰的女人腰围应该在 27 到 29 英寸。

这种在家自制的紧身衣也许没有专业裁缝制作的精美和讲究，但也需要花费制作者不少的工夫，对制作者的技术也有不少要求。弗罗拉·汤普森的小说《雀起乡到烛镇》（*Lark Rise to Candleford*）中对此有不少描述："她会自己制作紧身衣以保持腰脉纤细，为了让衣服更舒适，她还从窗帘之类的东西上剪下了印花棉布缝在腰部。在完成了肩带和纽扣之后，紧身衣也接近完成。劳拉总是穿着紧身衣，不过那些都不是她自己做的。很快她就会发现即将完成的这件会小得自己都穿不上。"

那些体格魁梧的女人穿起紧身衣，会有点像穿着盔甲。事实上，16 世纪的紧身衣设计的确会参考锁子甲。凯瑟琳·美帝奇在 1547—1559 年曾是法国王后，人们传说她会穿着带网孔的金属紧身衣，外面用天鹅绒覆盖。[1] 关于紧身衣，在奥地利的伊丽莎白皇后身上还发生过一个悲剧。1898 年 9 月 10 日，皇后在日内瓦湖旁散步的时候，被一个来历不明的男子撞了一下，皇后随即跌倒在地。当最终划开紧身衣后，发现一块铁片戳进了她的身体，这最终导致了皇后的死亡。这一次，紧身衣没能成为一种护甲，它没能挡住刀片，不仅如此，紧身衣还遮住了伤口，让皇后忽略了受伤的痛苦，延误了治疗的时间。[2]

在爱德华时代的伦敦，还有一群人在政治抗议游行中穿上了

1　在《女工指南》一书中，有这样的描述："不同的人体型不同、年龄不同，紧身衣也需要根据这些区别作出调整。有必要为不同需求的人提供不同的紧身衣模板。"

2　在日本京都学院藏有一套 16 世纪的欧洲金属紧身衣，这种紧身衣要么是在正式场合穿着，要么仅是一种金属样品。

硬纸板做的紧身衣作为护甲。一个叫格蕾丝·罗的曲棍球狂热爱好者也参加了这场在威斯敏斯特举行的游行，当时，她在浴缸中用硬纸板制作了一件特殊的紧身衣，还包上了一层羊毛和棉布，以保护自己的胸部。

更轻、更积极、更进步

在紧身衣风气略减弱的摄政时期，巴克利夫人仍然乐于将紧身衣标榜为“淑女们首要的荣耀”，据她说，穿紧身衣对人的健康有益，方便又舒服。她说的那种紧身衣，应该就是用棱纹织物或者薄帆布制作的，但是关于其制作细节现在不得而知。在 19 世纪早期，伦敦科芬园的裁缝玛莎·吉本为自己的宽松型紧身衣大打广告。到了 19 世纪中期，洛克希·卡普林夫人又（为唱歌的夫人们）发明了一种在身体前面增加弹力的改良紧身衣，她另外还设计了一种为脊柱提供支撑的紧身衣（而且从外面看不出来）。[1]

19 世纪末的紧身衣的大规模生产显示，在那个年代，紧身衣是女人不可或缺的衣服。每一款新式紧身衣诞生的时候，制作者都声称它与以前的旧式衣服大有不同。在 19 世纪末，著名的沙漏

1　玛莎·吉本的 1800 件胸衣中也有专为“大自然不那么眷顾的人”做填充效果的款式。洛克希·卡普林的书《女性和她们的需求》（*Woman and Her Wants*）对骨骼进行了理性的剖析，并讨论了它和紧身衣的相互作用。

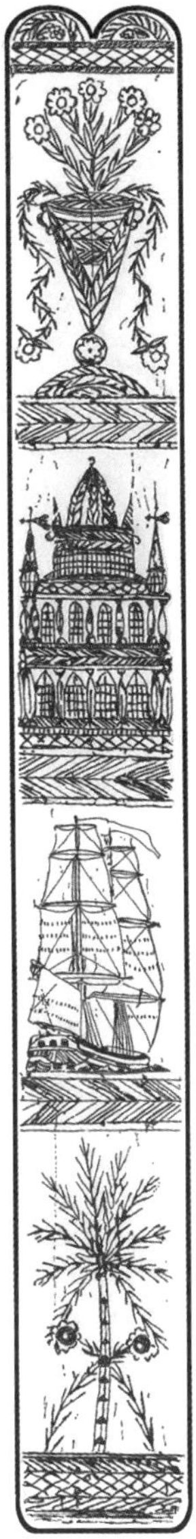

19世纪的手工女式胸衣，胸衣的形状和型号是严格规定好的，加有木材、动物骨骼、象牙等材料，以确保胸衣穿起来后硬挺。

形紧身衣因为不利健康而被人们摒弃，新的流行款将胸线往下移，穿着者的身形在这种紧身衣的塑造下会呈现一种特别的、扭曲的S形状态，被人们称为“希腊式曲线”——其实这种造型和之前的沙漏形一样，对人体伤害很大！在爱德华七世时代的新式紧身衣的广告中，广告商信誓旦旦地宣称这些衣服是基于人体解剖学设计的，因为“它只会挤压腹部”。

爱德华时代的广告商通常会宣称自己的产品精美、小巧、迷人——这些形容词确实很好地说明了那个时代紧身衣的特色。更有甚者，伦敦紧身衣公司在1902年宣称：“现在的紧身衣已经不仅仅是女人必备的衣物，更是精美的艺术品；它不再是可怕的、扭曲人体的工具，而是用轻薄的丝绸、亚麻、织花锦缎制作的服饰，上面只用了很少量的鲸须。”

在“一战”期间，就算要干活，女人们也舍不得脱掉紧身衣，因为她们觉得穿紧身衣更舒服，也更有利健康。于是，坎尼公司借用战争标语的形式，为自家的加强型产品做了广告。在1916年，他们为一款所谓的“磁力紧身衣”做宣传时，这样说道：“只要穿上这款紧身衣，从脑袋到膝盖，你的身体就会被磁力环绕。新生的喜悦、健康和活力将震慑你的神经。你将宛若新生。你的生活也将焕然一新，更加快乐、更积极、更进步！”——要达到这样的效果，你只要花6先令。

弹力束腰带

紧身衣本身并不是刑具。真正专业的紧身衣在制作时，需要收集大量的身体数据，也需要制作者对人体构造有全面的了解。在20世纪中期，一些大公司比如斯普瑞或泰芙缇会让训练有素的服装工人在店中为顾客测量身体，或者专门到顾客家里拜访。客人们会根据身体的不同测量结果，选择不同款式的紧身衣。这样细致的服务也培养了顾客对于该品牌的忠诚度。只不过，服装杂志和紧身衣样品册中那些模特性感的身材和自己体形的巨大反差，应该会让许多人难过吧。虽然社会审美已经改变，但人们对于光滑胴体和细腰的推崇在某种程度上也被继承了下来，那么问题来了：多粗的腰才算真的粗?

20世纪二三十年代，随着女人们越来越多地从紧身衣中解放出来，上述的问题也越来越多地引起了人们思考。越来越简化的时尚需要一种新的功能服装，于是，束腰带出现了。

原本，束腰带这种东西是中世纪男女皆穿在外衣外面的配饰，既具有装饰性，又有实际功能。到了20世纪之前，具有弹力的束腰带开始被当作简化的紧身衣，受到了女性的欢迎。这一时期的腰带一般也是采用从后面系带的方式收紧，很多也带有蕾丝装饰。在战时，各种生活物资开始紧缺，于是1916年的《女士指南》（*Ladies' Fancy Workbook*）一书又开始向“身材壮硕的女性”介绍一种针织的束腰带，穿着这种束腰带的女人的腰没有被过度收紧，

20 世纪 20 年代的紧身衣强调掩盖女性身体曲线。

而是放松到 24 英寸左右。

在“一战”期间，紧身衣经历了第一次造型上的变化，女性玲珑的身体曲线不再被强调，但这并不意味着臃肿和松散的身材得到了提倡。束腰带或者紧身衣仍然是女性必不可少的衣物。20

世纪20年代中期，塑身的新风潮是强调收紧腰部、突出臀部，但是尽可能地掩盖女性的胸部。

紧身衣或者束腰带是借助弹力材料包裹穿着者身体的，这有点像做香肠的过程。20世纪30年代，革命性地出现另一种弹力橡胶紧身衣。这种紧身衣第一次出现时可谓非常摩登，比如有人在日记中记录道："我家的格兰是非常爱时尚的，她可算是第一批穿上乳胶紧身衣的女人之一。不过她总是说穿这种衣服让自己看起来就像一片培根，每天脱掉紧身衣的时候，她总是要长长地舒一口气。"

尽管新时代的紧身衣变得更轻巧了，在弹力纤维的作用下也更贴身了，但紧身衣赋予女性的性感魅力也减少了。弹力衣的带子皱巴巴的，看起来很不好看。一些更轻型的束腰的出现，逐渐淘汰了这种弹力紧身衣。在"二战"期间，穿着复杂、耗时的紧身衣显然很不适应战时人们的生活——在"二战"的伦敦闪电战中，一个男人抱怨自己的太太在空袭前转移时，总是拖拖拉拉："看到了吧，她总是为穿紧身衣而磨蹭，真烦人，要绑好衣服上的带子太费时间了。""真烦人"——的确，这位丈夫对紧身衣带来的麻烦深有感触。[1]

尽管"二战"中的弹力或者金属的紧身衣有这样那样的缺憾，但女人们还是对其情有独钟，往往会存些私房钱来购置紧身

1　兰开夏郡的一位主妇记录了战争时的生活，她在战争结束时戏称自己的紧身衣该进博物馆了。她写道，自己最后一次买紧身衣是在1940年，而那时候买一套浴帘都要等两三个星期。

衣。英国政府也将紧身衣列入了服装储备名单中，并将其标注为CC41——“实用穿着”。

CC41的标准在1945年之后仍在英国实行，但这一时期的紧身衣已经不再过度收窄女人的腰，这导致她们穿不上法国设计师迪奥设计的新女装。1947年，迪奥再次创造出类似维多利亚时代的漏斗形女装，这就是闻名后世的“新风貌”风格。迪奥声称，与战时简练的女装相比，这种极富女人味的造型才是女装该有的样子。为了塑造出这种“自然”的身材轮廓，少不了硬挺的内衬和复古紧身衣的帮助。这种时尚在一段时间内再次让紧身衣受到追捧，尤其是一种广泛使用黑色网线的“风流寡妇”款紧身衣。

从20世纪40年代开始，各种纺织工艺开始突飞猛进。人造纤维在“一战”前就开始出现，但那时的人造纤维主要是指尼龙和聚酯纤维，它们主要被用来制作功能性服装。橡皮筋是用橡胶做芯材，外面包裹棉布、真丝或人造丝的服装辅料，在1925年被发明之后也曾风靡一时，直到被弹力针织品取代。弹力针织品起初也多是有弹性的蕾丝，在各种功能性服装中它们都大有用处。贝勒公司在20世纪50年代用这种材料制作了一款新式连身紧身衣，据说穿着它们“极其舒适、极其方便，而且上面不带任何坚硬的骨骼类结构”。在1961年，市面上还出现了一款用莱卡制作的紧身衣，号称无线缝合的“生日套装”。[1]

1　莱卡是在1958年由美国杜邦公司发明的，当时被称作K纤维，1959年才开始在国际贸易中将其称作“莱卡纤维”。

Thirty —the age when
unwanted fullness in the figure
can be disturbing yet so
easily is this coaxed into
comforting graceful
curves by . . .
THE
Gossard
LINE OF BEAUTY
FROM TEEN-AGE TO MATURITY

1946 年的紧身束腰带广告，据说很适合在办公室工作的女性穿着。

20 世纪 70 年代，连体紧身衣几乎都采用了最先进的弹力纤维，它们轻便、灵活，就像人身上的第二层皮肤。这种全套式的紧身衣一般从脖子一直包裹到膝盖，将胸罩、紧身衣、紧身裤集合到了一起。这种连体紧身衣的诞生，其实体现了人们保健观念的提升。在当时的社会，人们普遍希望拥有健美、紧致的身材，这多半是受电视明星“绿色女神”戴安娜 · 莫兰或者影星简 · 方达的影响。而连体紧身衣就是塑造健美体格的最快捷径。

从那个时候开始，健身的风潮一直伴随我们，不管你是通过节食、普拉提还是运动减肥来达到目的。不过，那些有钱去健身的人们，肯定也有钱去尝试各种好吃的、好喝的，所以总的来说，就算你热衷锻炼，身材也很难达到 T 台上模特的那种纤瘦程度。对于那些想进一步塑造完美体形的人来说，现代功能性塑形衣就必不可少了。大部分的人不需要穿以前那种带人造骨架的紧身衣，先进的现代纺织物已经完全可以实现有效的塑形。不过，不管是旧式系带紧身衣还是现代弹力紧身衣，穿着者都是希望在这些功能性衣物的帮助下拥有纤细的腰，尤其是那些随着年龄增长身材走样了的人。我们是被我们的文化规范所限制和塑造的，那么有一天会流行粗腰和大肚子吗？也许真有那样一天，人人都会以拥有“苹果腰”为傲。

支撑与诱惑

在内衣的历史中，胸罩是相对后期才出现的，尽管与之类似的衣物雏形在很久以前就出现了。在古希腊，女人们穿着的羊毛或者亚麻的束胸衣就是一种简易的胸罩，另外，考古学界最近也在奥地利发现了一些中世纪的胸衣实物。同样地，我们还在京都服装协会的收藏中，找到少量 19 世纪早期的胸垫实物，这些胸垫有点像现代的运动胸衣。事实上，古代的胸托会支撑住胸部，而紧身衣会盖住胸部，有了这两样，胸罩就没有必要存在了。

在爱德华时代曾经一度流行像枕头一样的胸部，这时的紧身

1915 年的法式胸罩，前开口，穿着轻便。

衣也出现了一种将胸线下移的设计，只覆盖横膈膜和臀部之间的身体。这样，胸部就被释放了出来，只有用罩衫或者内衣套装遮挡。而网格布和人字斜纹布的带骨架胸衣起到了支撑的作用。这种宽大塑形胸衣都有着厚厚的肩带，有时候还是专为每个乳房塑形——基本上就是现代胸罩的雏形了。

“Brassière”（胸罩）这个词来源不明，也许源自英文的“裹胸（bust bodice）”，看起来，还是法国人的称呼更优雅一些。胸罩第一次传入美国是在 1893 年，那时候的美国人流行穿高腰裙，正需要这种内衣来搭配；胸罩在英国开始流行则是 1912 年。直到“一战”期间，胸罩才开始被单独售卖。

早期的胸罩有各种各样的设计。“一战”前的小册子上，曾有教导孕妇如何在家用未漂染的棉布自制“9 英寸宽的胸衣”的指南，这种简易胸罩从背后系带，肩膀处有肩带，前胸处还加有胸垫托住乳房。小册子上还说：“要在双乳处切开两个小洞，以免胸罩压迫乳头。”同时期，在美国还诞生了一种更先进的胸罩，由缎带串联两片三角形的布料构成。这项设计被美国人玛丽·菲尔普斯·雅各布在 1913 年申请了专利，后来被卖给了瓦尔纳胸罩公司，并成为闻名世界的款式。不过，其实早在 1889 年，德国人克里斯丁·哈尔特就发明了类似的内衣，只是没有将其应用于商业生产。

在 20 到 40 岁的女人中，还流行过一种叫克斯托斯胸罩的内衣，这种胸罩由罗斯林·克斯托斯女士发明，同样是由两块三角布以及肩带组合而成。

和紧身衣一样，胸罩的样式也一直随着时尚的趋势而改变。

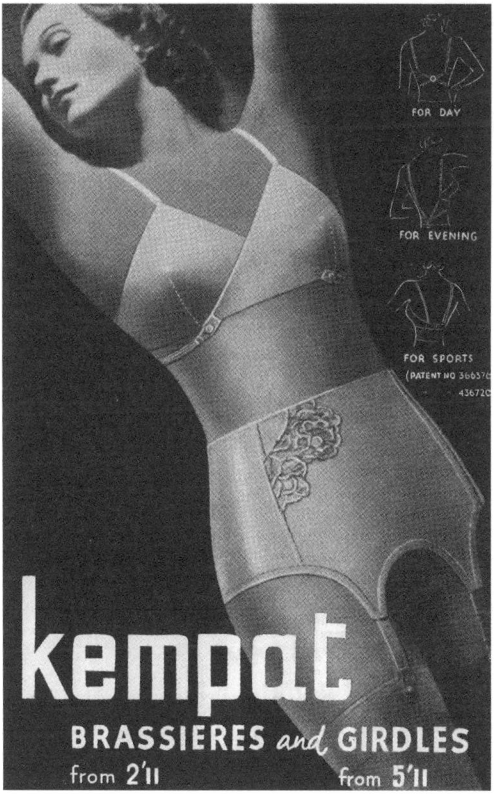

20 世纪 30 年代的克斯托斯型胸罩，当时穿这种内衣显得十分时髦。

在 20 世纪 20 年代以前，社会上流行着平胸的审美，不穿胸罩的女士们还发明了一种简化的裹胸的方法，即将乳房压向胳肢窝，再用布带绑定胸部。我的外祖母就是使用这种方法，她一辈子都没有苗条过。但到了 20 世纪 20 年代末，社会对丰满胸部的偏好开始兴起，裹胸逐渐被专业的胸罩取代了。当时流行的胸罩与现代胸罩还是有不少结构上的差别，是两个罩杯以螺旋交叠的形式缝合在一起的。

过去的胸罩裁缝会用一些特定的词来指代特定的胸围大小，比如“公主杯”“皇后杯”，不同胸围的客人可以用这些词来告诉裁缝自己需要的胸罩尺寸。在20世纪30年代，随着人们对胸衣更加挑剔，相应的测量数据也变得更加细致了。马歇尔及斯内尔格罗夫百货公司(Marshall & Snelgrove)生产了一系列不同大小胸围的胸罩，随后，他们将这套胸衣型号标注为32号至38号。

当时和现在一样，胸罩号数多是一种主观的判断，就像将胸围单分为“小号”“大号”“特大号”一样。渐渐地，32号到38号的标记已经不能满足人们的需要了。在1935年，瓦尔纳公司第一次明确了胸围大小和双乳大小的区别，他们第一次提出了罩杯的概念。他们生产了A罩杯、B罩杯、C罩杯一直到D罩杯的胸罩，大受欢迎。20世纪50年代，瓦尔纳公司还这样为自己公司的产品刊登广告：“亲爱的，对我们来说你的胸永远不能被称为‘均码’，瓦尔纳知道自然赋予的身体永远不可能用一种标准衡量，我们的三重数据胸罩就是为你设计的，只为独特的你。”

从那时开始，胸围分类继续细化，不仅出现了双字母罩杯的胸罩，大至L罩杯的胸罩也出现在市面上。这一切都是女性地位提高的表现。

罩杯的大小是有严格标准的，但是对胸形的塑造仍然在跟随潮流而变。有一种金字塔形的胸罩曾一度风靡大街小巷，这种胸形后来又被称作“子弹形”或者“少女鱼雷”——它们的形状真是让人过目难忘。这种胸罩在20世纪30年代到50年代大受欢迎，但是也有一个明显的缺点：胸罩尖端会被衣服压塌。于是，一些制造商开始在胸罩尖端加入棉花或者羊毛作为填充物。

增加胸垫将胸衬得更丰满并不是什么新鲜事，早在 18 世纪，就有人在紧身衣中加填充物了。

一个世纪之后，在紧身衣的胸部加垫的技术已经很成熟，据说可以“将所有瘦小的乳房衬托得更加丰满、自然”。在 20 世纪 20 年代早期（还未兴起裹胸的风潮前），觉得胸部不够丰满的女人们穿着粉红或者白色的尼龙胸托让丈夫们脸上有光，而且这些胸衣“非常坚固，穿着时很舒服，即使是运动时也没有任何不适”。

20 世纪 40 年代，一些公司又为“平胸少女”生产了一种加厚的胸罩，他们为这种胸罩增添了细带、皱褶和胸垫等填充物。还有些少女会自行用袜子填充胸罩，不过由于袜子没有固定，很容易偏移到一些奇怪的地方。赫尔城曾有一个叫海伦的年轻女孩，在第一次坐缆车之前兴奋地把袜子填到胸罩里，希望自己看上去更完美，结果缆车一升高，她一低头，居然看到袜子掉到了地上。真是太尴尬了。

充气胸罩确实在 20 世纪 50 年代流行过一阵，不过许多人都因它闹过笑话。

烧掉胸罩

20 世纪 60 年代是一个微妙的时代。传统的紧身衣和束腰与新式的胸罩并行不悖，是常见的日常穿着。但是，对于传统的紧身衣拥趸来说，在晚礼服里面穿造型固定的紧身衣很难营造出当时流行的“洋娃娃形”轮廓，或者赶上性解放运动而诞生的性感潮流。于是，网纱和轻薄棉布制作的胸罩成了年轻女性的首选。

随后的 1968 年爆发了女性解放运动。这项运动的源头是美国亚特兰大市爆发的反对种族歧视、反对消费主义、抗议“美国小姐”选美游行，很多女权主义者都加入这场游行，并象征性地将胸罩、紧身衣等传统女性服装扔进垃圾桶。这样的画面出现在电视屏幕上，

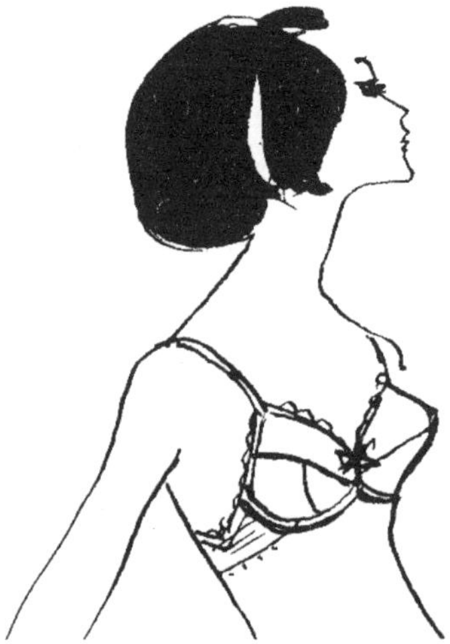

20 世纪 60 年代的女性开始排斥传统紧身衣，图中为女孩穿着轻薄型胸罩。

成为女性解放的信号，一些评论家甚至把这样的运动与战争反对者烧掉越战宣传单的行为相提并论。这一场运动让西方社会意识到了女性的觉醒，但女权主义者一定要烧掉或者扔掉胸罩吗？主流媒体对此感到不解和反感。

你好，男孩们

传统的胸罩是完全内穿的胸部支撑，为了不被察觉，有些胸罩被设计成无背部的形式，在 1938 年，无肩带的胸罩也诞生了。从 20 世纪 50 年代开始，一些前卫的年轻女孩开始故意穿上透视装外套，露出里面彩色的胸罩，不过真正让主流社会接受内衣外穿风潮的还是美国女星麦当娜。麦当娜在 1990 年的巡回演唱会中，身着让 · 保罗 · 高提耶设计的圆锥形胸罩登上舞台，据说这种设计正是受 20 世纪 30 年代的子弹胸罩的启发。在那之前，薇薇安 · 韦斯特伍德也在 1987 年的发布会上，推出了将紧身衣外穿的服装款式，不过这些设计都不及麦当娜的亲身示范让大众印象深刻。正是从麦当娜开始，外穿胸罩成为一种潮流。服装设计师们也很快加入这轮新的风尚，他们设计了许多低胸外衣，让穿着者可以露出部分胸罩或者胸罩肩带。

各种外穿胸罩中最著名的莫过于英国哥萨德公司（Gossard）推出的“神奇胸罩”。这种胸罩首次出现是 20 世纪 50 年代，近

40 年后，在超模伊娃 · 赫兹高娃的演绎下，这款胸罩再度爆红。伊娃 · 赫兹高娃身穿这款胸罩的广告照片铺天盖地，海报上还有一句充满诱惑的广告词——“你好，男孩们”。尽管胸罩外穿的性感不是每个人都能接受，但是在麦当娜等人的影响下，胸部和胸罩已经成为可以被公开谈论的话题。商店里，胸罩的展柜越来越醒目了，那些为平胸或者曾切除过乳房的顾客服务的特殊胸罩也可以被放到外面了。

在现代西方，对胸部的文化期望和过去对女性的其他部位——比如腰部——的文化期望一样。从 20 世纪 90 年代开始（如果算上色情小报上刊载的露点的照片，时间更长），胸部一直是最具色情诱惑力的人体部位。对于穿了上衣的女人，追求的是乳沟，因为女性的乳头被相当隐蔽地藏在无痕内衣里。在 21 世纪的第二个十年里，大概是受夸张的色情图片或者网络游戏的影响，那些没有完美腹部、美臀和大腿的女人至少可以用自然下垂的双乳展示自己的性感。要塑造美胸，可以用加了胸垫的胸罩，更甚者，有些人还会选择隆胸手术，将硅胶垫植入身体。曾经，人们用服装来塑造完美体形，但现在，你可以直接在自己的身体上动手脚了。最近，隆臀的手术也开始流行，尤其是在一些明星的引领下，丰满的胸部和坚挺的臀部似乎人人渴求。

男士塑身衣

历史上，男士也并非从未为身体塑形而烦恼。甚至在 16 世纪到 17 世纪的那段时间，男人中间也曾流行过一阵大肚子时尚，膨大的前腹被认为是强健且时尚的，所以用锯木屑或者马鬃制作的假肚子也应运而生。军人、搏击运动员，以及骑马的男人也会穿着用硬棉布、皮革做的昂贵的男士塑形衣。

那些揶揄女士穿紧身衣是爱慕虚荣的男人没想到，生活在 18、19 世纪的贵族男性也穿上了塑身用的鲸须塑身衣，让自己看

“二战”时期里尼亚公司利用人们的爱国热情，为自己的产品打广告。

起来更年轻、更健康。这些男士塑身衣有一些颇为霸气的名字，比如“阿波罗款”“坎伯兰郡款”“布鲁梅尔款”——最后这一款是以著名的花花公子布鲁梅尔的名字命名的。针对这些穿塑身衣的男子，市面上可没少过相关的讽刺漫画。历史上的布鲁梅尔当然也会健身，不过，据说他还用了一种昂贵的羊绒塑身衣来强化自己的体形，不过没有证据证明他当年的塑身衣和后来的“布鲁梅尔款”是一种款式。另一位乔治[1]——19世纪的摄政王——在审美上也受了布鲁梅尔的不少影响，而且他那50英寸的腰围，也确实需要鲸须塑身衣来收紧一下。他的这款塑身衣还有个有趣的名字——“鲸须的巴士底狱”，看来巴黎的这场革命对他影响颇深。当乔治王子脱下塑身衣，他那夸张的身材免不了沦为人们的笑柄。

20世纪初期，男士们广泛采用的塑身衣是一种塑身绑带。这种绑带是带有医疗保健功能的，虽然名为塑身绑“带”，但它在本质上还是一种塑身衣。在“一战”中，希望增加塑身衣保暖性的男性客户，还可以向针织女工定制一个羊毛保暖层与塑身衣搭配穿着。这些羊毛塑身衣也可以花钱在服装店里买到，一些公司在销售这些纯羊毛保暖衣的时候这样打广告：“这是战壕中士兵们的必需品。”

“二战”中的塑身衣制造商也努力向男士们推销这种功能性服装。里尼亚牌（Linia）男士塑身衣在打广告时，专门选用了英国皇家空军的帅气飞行员来当模特，直接将大众对产品的联想与

1　布鲁梅尔全名为乔治·布莱恩·布鲁梅尔。——译者注

健美身材联系到一起——这家公司后来还宣称自家产品可以帮助穿着者减肚子。[1]一款来自对手公司的产品则被包装得更完美，它的广告词中说："我们的塑身衣可以瞬间让你回到年轻岁月，只要花21先令就能拥有——邮递免费"！

美体塑形

如果说紧身衣的历史与人类文明的发展密切相关，那么人们对这些功能性服装的态度也昭示了社会中个人的自由程度。你可以不穿，但是你也可以选择穿，而且可以正大光明地穿。同样在这段时期，紧身衣已经从体面的身份象征慢慢转化为了增加性感魅力的衣物。现代紧身衣已经被当作一种性感内衣，或者是哥特风格或者蒸汽朋克风格的时尚象征。现代社会，展示自己的身体已经不再成为忌讳，内衣外穿已经越来越普及了。

令人震惊的是，现代基础服装的所有技术辉煌几乎都是为了塑形和遮挡赘肉，所以在现代，裸露的身体需要更多的塑造。但是，大部分人首选的减肥、美体手段是健身、运动。相较于历史上用塑身衣来塑形的风潮，现代人更愿意选择加强核心肌群的力量。在一些极端例子中，一些人为了从暴饮暴食、缺乏自我管束的生

1　里尼亚公司的产品是用纯丝绸制作，售价昂贵，黑色款售价高达7基尼。

活状态中解脱出来，也会将塑造完美体形作为自己的生活目标。现代人也许会嘲笑历史上人们穿鲸须紧身衣的行为太疯狂，但是另一方面，现代也有不少人选择整形手术改变自己的形体。很难说，哪种美体手段更极端。

一位维多利亚时代服装的专家曾这样总结美体风潮："维纳斯也会在寒冷的时候披上浴帘，我们毫不怀疑她也会穿上紧身衣来塑造完美的体形，如果没有紧身衣，身材肯定会走形。"也许，现代的维纳斯们不会穿紧身衣，但是可能会去做美体手术，然后再次在公众面前展现自己美丽的胴体。

第五章

裙 装

DRESS RAIL

温斯坦利船长说：“什么！花 60 基尼买了一条裙子，这太傻了！你知道吗？我穿的西装虽然花了 9 英镑，但是一穿就是好多年。”

温斯坦利夫人说道：“亲爱的康纳德，男人是不一样的，没人会注意你的衣服。”

——《泼妇》（**Vixen**），
M.E. 布拉登，1879 年

女士与先生

有好几项证据表明，男人和女人们的服装从史前时代就开始区分了。尽管我们没有图画或者文字记录告诉我们这些区分的原因与作用，但是，事情就是这样的。在这一章中，我们将集中讨论专属于女士们的那些长长短短的裙装。

在西方的文化里，裙子无疑是女人们的专属，这种观念已经根深蒂固，以至于人们看到有男人穿裙子会本能地排斥。

从全球范围来说，其实有很多国家的男士也会穿裙子这种舒适的服装，不过在他们的文化里，这些类似连身裙或短裙的服装另有区别于女装的名称。在北非，一种带风帽的外衣（djellabas）从古代到今天都是标准男装；在中东，阿拉伯罩袍也是极具特色的男装。即使在英语国家，男子穿的罩袍或长袍也是类似裙子的服装。[1]

随着人们对性别的区分越来越强化，男装和女装也不可避免

1　在欧洲，长罩衣的原型其实是男性农民从铁器时代到 19 世纪一直穿着的工作服，所以要说其是女装，肯定是不符事实的。根据历史记录，这种衣服有米白色、蓝色、暗红等颜色，在发展过程中，缝纫罩衣的技术也越来越精密。

地被区分得越来越明确。人们区分女装、男装的需求更多地是出于社会文化的需求，而不是实际用途。比如我们简单将史前女性归类为“采集者”，而不是“狩猎者”，罩衫加绑腿的装束就成了这种社会定位的标准“工作装”。同样的例子还发生在用人、农民等职业定位上。其实清扫房子、挤牛奶或者收割庄稼时穿什么衣服都无关紧要，只是在过去，这些工作被认为是女性的专属。

服装按性别分类，大概就是出于上述这些原因。这样的文化跨越了国境线，在大致长达 15 个世纪的时间里，逐渐形成了我们熟悉的服装性别分类。以服装划分性别是如此明显和简单，以至于现在全世界都通用，比如一般在厕所的门上就用穿裙子的人像表示女厕，而用穿裤子的人像表示男厕。

女厕所门上的人像是一个穿着齐膝长裙的女人，其实这种裙子诞生的时间并不长。女装和短裙在几个世纪以来发生了明显的变化，也诞生了各种新式造型。在本章中，我们将看到裙子是如何构造的，裙子的造型和长短是如何随时尚潮流以及社会文化改变的。

时尚的廓形

不管是出于爱慕虚荣还是文化要求，女人的时尚总是在保守和张扬之间摇摆——有时候，女人需要用衣服掩盖身体轮廓，有时，女人又会用各种手段为身体塑形。就像前一章所谈及的那样，实用并不是选择服装的首要原则。

各时期流行的服装款式会根据时代背景、缝纫技术和衣料而定。因此，最早期的西方的长罩衫都是宽松且是直角裁剪的，直接从长块布料上剪下衣片缝合在一起可以减少对布料的浪费。但是，少量高档服装却是例外，这种服装的裁剪和缝纫都有意识地被简化了。当时的布料多是用家中的织布机织出来的，而且都是手工缝制。服装的裁片多是三角形，这些三角形竖直地被缝纫在一起，就构成了裙子。早期的衣物裁片仅是用别针别在一起，这样可以省去缝纫的麻烦。日耳曼人还会穿一款继承自罗马时期服装的直筒长袍，从任何角度看都是一样的结构。

当一个家庭有了足够多的闲钱，可以选择去买衣服，这时社会上就出现了制作更复杂的服装。从中世纪开始，服装的结构、造型开始变得更加复杂，也是从这时期开始，衣服有了修身的功能。时间来到伊丽莎白女王时代，女装发生了更细的分化，长罩衣分开成了上衣和裙子的两件套。从 16 世纪开始，人们已不满足于穿进衣服，特别是难以穿进去的紧身衣。专业的裁缝——尤其是女装裁缝——必须为如何将顾客的身形修饰得更加时尚而花费大量心思。

随后，上衣加女裙的套装成为女士的主流着装，这种规范一直持续到 20 世纪前 20 年。在 17、18 世纪，上衣和裙子虽是分开成两件，但仍是用同样的布料制成，给人一种连身套装的错觉。在乔治时代晚期，也流行过一阵连身式套装，当然穿着者里面还

15 世纪身着长罩衫的女人，衣服带有宽大的袖子和裙子，不过这不是劳动阶层能穿的。

18 世纪 40 年代的女装套装。

是会穿紧身衣。有些时候，由于流行的紧身衣款式不同，穿着者也可以用别针对外套女装作适当改造，以此呈现不同的服装廓形。但总的来说，女式套装仍是复杂、造型繁复，因此远远谈不上舒适。旧时的家庭裁缝会比照旧衣服的尺寸制作新衣服，这一习惯一直持续到 19 世纪。19 世纪晚期，女性杂志上开始附上裁片纸样。

无论任何时代，女人都是时尚的拥趸。在摄政时期的《优雅的镜子》（*The mirror of the Graces*）一书中，作者宣称长罩衫可以遮挡人体缺陷，“而不会妨碍穿着者展示自己的美”。同样在这本书里，还有一段挖苦：“对那些女装裁缝来说，她们的顾客从不会轻易满足。”

通常来说，套在紧身衣之外的上衣是非常贴身的衣服。19 世纪的所有女式上衣都会把穿着者的肩膀往后压，束紧腹部，收窄腰围。19 世纪 40 年代到 20 世纪，女式上衣中还会加入一些鲸须，帮助穿着者塑形。这些上衣的里层通常还会有一些绑带，可以防止衣服在人身上移位。[1]

在腰部之下，欧洲女人的裙子从 19 世纪 20 年代开始流行起巨大的裙摆，然后又从 19 世纪 60 年代开始返璞归真，甚至在十年之后开始流行起收窄的裙摆来。和维多利亚时代的夸张女裙比起来，摄政时期的纤长、收窄的裙子显得很节制。1893 年出现的黑色缎子晚礼服也被叫作“膏药服”，因为这种裙子是如此贴身，甚至像是第二层皮肤。但是这种时尚受到了 1898 年的一家时尚媒

1　从 19 世纪 60 年代开始，一些女性尝试穿着衬衫和裙子的搭配，而不是紧身胸衣，这就是现代女装正装的前身。

1912 年的女装，裙摆非常窄，穿着者走路时也得小心。

体的抨击：“这种衣服太紧身了，要是女士们坐下了，该怎样优雅地起身呢？”

接下来的爱德华时代的窄身裙时尚被叫作“督政府风格”，这是受 1795 年开始的法国革命的影响（当时的法国政府被叫作督政府）。这种风格的服装需要和长及大腿的紧身衣搭配，走路的时候需要有装饰性的杆或折叠伞的支撑。督政府风格裙装中最具代表性的裙子叫作“裹脚裙”，这种滑稽的短命时尚只存在于1906年到1912年。这款裙子裹紧了大腿，以致女人走路时都迈不开步子。为了强化收窄的裙身，裙子里面甚至会加一些束缚小腿活动的绑带。多达8条的吊袜带连着小腿，势必大大影响腿部的运动。[1]英国著名的女裁缝露西尔也曾设计过这种滑稽的裙子，她在回忆录中透露：“我曾在巴黎推出过这种最奇怪的、最滑稽的女装。”

如果从搞笑的角度来看，这种衣服倒不是一无是处，穿这种裙子的女人在追公共汽车时那滑稽的样子尤其让人印象深刻。时尚作家伊迪斯·罗素不幸搭上了1912年启程的泰坦尼克号，在逃跑的时候，身着裹脚裙的她一步只能迈开半码的步子！碰巧的是，露西尔当时也在泰坦尼克号的头等舱，不过她当时穿的衣服可比伊迪斯的方便走路多了。令人感到讽刺的是，裹脚裙的流行与女权主义者争取选举权的运动同属一个时期，在这个矛盾的时代，女性为了自己的自由和社会地位的提升而努力抗争，但另一方面，时尚却将女性束缚得更紧了。

时尚就是这样善变，几年后，大裙摆的裙子再度卷土重来。这股短暂的时尚发生在“一战”时期，这时候的女性承担了更多体力劳动，工作环境要求她们穿上更易活动的服装。在1918年，女装中开始流行直身裁剪的服装，这就是所谓直桶廓形服装。这

1 一条在曼彻斯特展览的裹脚裙，据说只有26英寸的裙摆。

1917 年的晚礼服。

些服装造型相对简单，并且没有任何塑身结构。这一时尚迅速演变成了 20 世纪 20 年代的低腰宽松女装风格，也就是现在我们说的摩登风格。在此基础上，修长的、宽松的斜裁风格女装又成为 1930 年的女人的新宠。

并不是所有的设计师都喜欢这种窄身设计。当女裁缝梅因布彻在 1939 年为逃离德军入侵而来到巴黎时，她说："这里的女人大多穿着窄身裙，这让她们的大腿轮廓清晰可见。"20 世纪

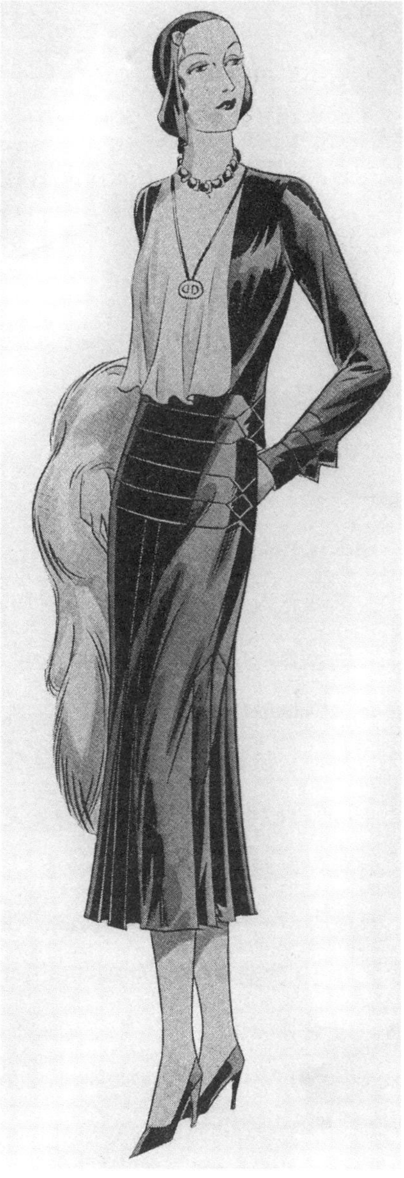

1930 年流行展露修长、光滑的女性轮廓，营造出优雅、纤瘦的形体。

四五十年代流行的“铅笔裙”也如英王爱德华时代的裹脚裙一样贴身，以至于必须要在裙摆上开叉，穿着者才能正常走路。有些开叉里面还增加了一块裁片来遮挡走路时露出的大腿。这种款式的裙子又被叫作“皮卡迪利[1]裙”，因为在皮卡迪利大街上的站街女很喜欢这种性感的款式。

这是最好的

在“二战”期间（1941年至1945年），物资紧缺，布料也是按配额供给，这意味着人们没法挥霍布料制作款式复杂的衣服了。在这样的背景下，连身裙上的褶皱、裙摆和装饰都减少了很多。四四方方的肩带倒是给了穿着者更大的活动空间。修长的晚礼服也不再流行，反倒是经过缝补的衣服开始风行起来。在英国，各种节省布料、加工程度较低的服装款式成为主流。

但在战争结束后仅仅两年，一些花哨的服装设计迅速回到了人们的生活中。一种类似“一战”时期风行的长裙的裙子又流行起来，同样的款式在19世纪60年代也风靡过一阵子。这场诞生自巴黎的时尚革命由服装历史上响当当的设计师克里斯汀·迪奥引领。

1　伦敦的一条繁华大街。——译者注

美国杂志《时尚芭莎》（*Harper's Bazaar*）的编辑卡梅尔·斯诺参加了迪奥 1947 年 2 月 12 日的首场发布会。尽管当时的巴黎还在遭受燃料和食物短缺的困扰，但这座城市急于恢复其时尚中心的地位，并希望以此击溃纳粹统治的阴霾。当第一个模特走上展示台，斯诺便忍不住在迪奥的耳边轻语道："这是最好的。"

这是最好的，这是无与伦比的。当英国版《时尚芭莎》的编辑欧内廷斯·卡地亚看到这场发布会中的服装，立即将这种斜肩、

战后百货公司销售的新风貌连身裙，这种华丽的时尚是对战时艰苦生活的颠覆。

收窄腰身、裙摆膨大的款式称为“新风貌”——真是名副其实的名字。这类新的服装款式掀起了新一轮的华美着装风潮。*Vogue* 杂志编辑奥德利 · 威瑟斯在身穿这种裙子挤上公交的时候，发现自己需要用双手把裙摆提起来，就像自己母亲当年的动作一样——那还是在两次世界大战之前。在战后初期，布料仍是紧缺品，如果能有条来自巴黎的新风貌裙子，无疑可以在人前好好炫耀一番。一位来自巴罗因弗内斯的家庭妇女为这突如其来的奢华时尚遍布大街小巷而感到吃惊：“我发现无论是年迈的老奶奶、青春少女还是中年妇女都没有放弃过战前的时尚，她们都爱窄腰、裙摆巨大的裙子。”[1]

买不起华丽的大裙子的人，还可以自行加长、加宽连身裙裙摆。战时，家家都会用厚实的窗帘来遮蔽阳光，或者在空袭时为人们提供掩护，这些窗帘布往往都经过了染色或者印花，这简直是最佳的连身裙原材料。这些料子也可以做成衬裙，增加裙摆的挺括程度或者长度。就算花色和原本的连身裙不一样也没关系，可以用外套把上身遮起来，或者将多种布料拼贴起来使用。

新风貌的裙子随后发展得越来越精致，越来越修身，设计师迪奥称这种服装轮廓为“最自然的女性轮廓”，但事实上，他用了大量腰带、胸垫和臀垫才营造出了这种“自然”的沙漏形轮廓。

有些人说新风貌风格的衣服让穿着者看起来更有女人味，在

1　她在 1948 年 1 月 8 日的日记中还记录到，当时女人们聊天时还会谈起煤炭紧缺和糟糕的天气。

男人堆中更亮眼、更独特，“梯子上的工人们一看到那些身着华丽裙子的女人，差点从梯子上跌落下来。那些以前被盖起来的脚踝，又重新展现出了新的魅力。”但另一些人会觉得长裙子把腿遮起来并不是什么好事。英国政府将这种服装款式定义为“浪费”，但是他们鼓励设计师多做这种款式的服装去出口，因为这可以增加政府税收。英国工党的莱德琳夫人对这种来自法国的风尚嗤之以鼻：“你能想象主妇还有白领女性穿着这样冗长又膨大的裙子去追公交、挤地铁吗？这太疯狂了。”除了她以外，好莱坞的著名服装设计师艾德里安也拒绝在自己的作品中采用相关设计。后来成为世界级设计师的薇薇安·韦斯特伍德在那时还只是个小女孩，她的母亲带她去德比郡峰区中心地区探望一位当地女性，这位女性穿着的新风貌裙子在她母亲眼里甚是“糟糕”，不过却对后来韦斯特伍德的设计产生了重大的影响。

从另一方面来说，新风貌裙子的流行也是女性社会地位倒退的象征，经历过战争年代的女性已经习惯了轻便的短裙，但现在她们又穿回了那些束手束脚的裙子，真是一夜回到解放前。一本画报杂志也这样抱怨道：“我们的祖辈通过斗争让我们穿上了轻便的短裙，结果现在我们自己又捡回了那些大裙子。”

尽管批评声如此之多，新风貌仍大行其道，并且成为20世纪最重要的时尚事件。新风貌一直流行到20世纪60年代晚期，并且衍生出了一些新的流行趋势。迪奥在新风貌之后，又创造出了A字形、H字形和Y字形的女装。接下来，轮到英国设计师玛丽·奎恩特这位“迷你裙之母”创造出新的、撼动世界的时尚了。

超长的裙摆

要了解玛丽·奎恩特对于20世纪60年代时尚界的意义，我们必须再一次回顾那之前的服装历史。如果我们回顾一下过去2 000年的服装史，那么可以看到女装中有一个始终如一的原则：女性的腿始终被掩盖在衣服之下。

在古典时代的西方，无论男人还是女人，都会在穿长罩衫的时候遮住双腿。无论是古希腊还是古罗马，男装和女装的衣料、款式以及穿戴方式都十分相似，只是男装的罩衫会长至小腿，而女装则更长。

但随后，男装和女装的差别变得越来越大了。中世纪的男性会穿上五颜六色的长筒袜，展示自己结实、轮廓分明的小腿，相比之下，女性却要提起裙子才会露出自己的脚踝。几个世纪之后，法国红磨坊中的舞女在跳康康舞时，露出的穿着吊袜带和长筒袜的大腿极具吸引力，因为当时社会保守，女性不能露出大腿。

长裙并不只是那些追求时尚的人的专属。在西方历史中，曾多次出现“外出服”，主要供女性在购物、外出和散步时穿着。其实，这种服装还是会限制女性的活动，保证女性的举止符合端庄和优雅的社会规范。在前文中，我们已经谈论过裙摆极窄的裹脚裙，这是女性第一次让大腿的轮廓示人，而第二次突破，就发生在玛丽·奎恩特的时尚革命中。

穿上华丽夸张的衣服，其实是富裕阶层的女性区别自己与劳

1828 年的女性外出服仍包含长及地面的裙子，其实这种衣服仅仅适合散步。

1470 年的法国公主需要用人帮忙才能展示自己的拖尾长裙。

动阶层的一种方式，她们想用这种方式说明，自己并不需要穿合体的工装去干活。长及地面的裙摆在爱德华时代的裹脚裙出现之前已经流行了好几个世纪，宽大的不仅是裙摆，15 世纪的女罩衫的袖子也是又长又大，和裙身相映成趣。与之类似的是英王乔治时代的拖尾长裙，这种衣服的裙身里面还会附带一个金属裙撑，当裙撑被打开，裙摆就会像波兰连身裙般优雅地撑开——这种款式在一个世纪以后迎来了大范围的流行。在 18 世纪中期，还出现了一种华丽但穿着麻烦的礼服——后背披肩式礼服。这种礼服的后背脖颈处有一条长长的拖尾，沿着后背一直拖到地上——真像是扫地的扫帚。

从中世纪到现代的多个历史时期中，女装中曾多次出现了在身后的裙摆处加上拖尾的潮流，这样的装饰虽然好看，却会给穿着者和周围的人带来诸多不便。发生在摄政时期的一个小故事就描绘了这种不便。伊丽莎白 · 哈姆小姐是位爱好时尚的贵族小姐，一天她兴奋地来到舞会，在那她会遇到她心爱的人。她穿着一条蓝色缎面的裙子，后裙摆处还用印着花卉的印度棉布做了夸张的拖尾，这将为她赢得不少艳羡的目光。这条拖尾还可以在她跳舞时从地面提起来。伊丽莎白按时入场，她妹妹玛丽就跟在身后。没过多久，伊丽莎白就央求她的朋友—— 琼斯太太 ——帮她把拖尾别在腰部。她讲述了这个小插曲——

“这是怎么回事？”琼斯夫人问道。

“被玛丽踩了。”伊丽莎白说。

“那你没有转过身去给她一巴掌吗？”

显然，就连许多爱好时尚的女孩也不能适应这些麻烦的裙子，但即便如此，爱好奢华的风潮也并未因此淡去。拖尾的盛行愈演愈烈，19 世纪 60 年代在维也纳还诞生了一个秘密社团，力图压制这种奢靡的时尚。社团的成员们宣称大裙摆会扬起灰尘，这些灰尘会对人们的眼睛和肺产生伤害，而且女人们穿着这些臃肿的裙子在街上行走，还会妨碍公共交通。他们的策略包括踩和损坏任何在公共场所看见的拖尾。根据他们的指导方针，他们要装成“像不小心一样”，然后向女士真诚地道歉。[1]

DUST HO! THE LONG DRESS NUISANCE.
(WE CAN ASSURE THE DARLINGS IT BY NO MEANS IMPROVES THEIR DEAR LITTLE ANKLES.)

1863 年的一幅讽刺漫画中写到“好多灰尘！拖地长裙真讨厌”！

1　同样地，在 1896 年，纽约的雨天俱乐部号召所有女人将裙子改到离地 4 英寸的长度，因为“这可以防止女人们的裙子把传染病源带进自己家里”。

查尔斯 · 达尔文在 19 世纪 70 年代发表的《进化论》中关于灵长类动物的进化获得了认同，这些理论也在那个年代被大众熟悉。于是，一位维多利亚时代的服装学者干脆将长裙拖尾和尾巴联系起来，他甚至说，穿这种衣服是为了还原人类始祖的样子。19 世纪末期，时尚编辑们总算承认臃肿的、带拖尾的礼服只适合出现在画室中，而不适用于户外，尤其是那些道路条件不好的地方。批评的声浪促进了流行趋势的改变，但即使在女人们的裙子变短之后，长拖尾仍苟延残喘了很长一段时间。其实这也可以根据达尔文的理论来解释——“美者生存”。

在 1954 年，时尚作家贝蒂 · 佩奇再次对服装上的拖尾提出了批评：“夫人，如果你不穿拖尾的话，走路会方便很多。要么收起你的裙摆，要么你就等着别人来踩你的衣服吧。”

即便到了现代，在婚礼或者加冕之类的正式场合中，女性仍会穿带有拖尾的礼服，这种拖尾一般由伴娘或者随从帮忙提着，以显示穿着者与众不同的地位。比如戴安娜 · 斯宾塞在 1981 年 7 月 29 日与查尔斯王子的婚礼中，身披拖尾长达 7 米的婚纱步入圣保罗大教堂，当时，7 位伴娘都跟在她身后整理着华丽的配饰。

现代的新娘可能已经很不适应穿那些长及地面的礼服了，但大多数人还是不介意在重要的场合穿上这些复古礼服。我们可以看到即便女性经过艰难奋斗才拥有了今天的自由和地位，但爱美之心仍可以在一夜之间让旧时尚卷土重来，那些需要牵起裙摆、小心打理的复古裙子大概永远不会消失于我们的生活之中。

裙子变短了

当了解到几百年前的裙子有多么冗长和臃肿，我们就能很容易地理解现代短裙出现的意义是多么重大了。

值得注意的是，西方历史上有那么几个时期，女人们的脚踝也曾大方地露出裙摆。在 18 世纪早期，曾出现过一股在裙子下露出靴子和长筒袜的风潮；而 19 世纪初到 19 世纪 30 年代，女人们为了把用缎带系的凉鞋露出来，也会穿相对短的裙子。但是，直到第一次世界大战期间，将裙摆减短至小腿的裙子才成为主流，因为只有穿这样方便行动的服装，女人们才能参加战地工作。同样是因为战争，女人的上衣也变得更简化了。但战争一结束，引领潮流的设计师们便迫不及待地重新为女性打造传统的、精致的服装了。在 20 世纪 20 年代之前，服装的款式可以用极简来形容，脖子、背部和袖口都有大量开口，以尽可能多地露出穿着者的皮肤。

为了迎合这股节省布料的风潮，20 世纪 20 年代的裙子也变短了不少，一些款式仅长至膝盖，这无形中也为女性增加了一些魅力，尽管对老一辈的人来说，仅仅露出脚踝都是伤风败俗的。在 1916 年，一支战地志愿者护士队的制服前所未有地被缩短到离地 9 英寸的长度，随后的十年，这种短裙却成为社会主流裙装。据说当时社会上还有些轻浮的女性会把膝盖染成粉红色，以增加自己的吸引力。1926 年的一部卡通片甚至拿这个细节打趣：一位少妇在家中等待客人，而丈夫却因妻子的裙子太短而对访者的身份产生

20 世纪 20 年代的女装极具革命性，对那些复古华丽服装的爱好者造成的冲击很大。

了怀疑，对此，妻子回应道："嗯？我不知道，他们是来探望我的，不是吗——不是裙子。"

裙子变短了，这也意味着女人要花更多的钱去买筒袜、去毛膏，还要花更多时间和金钱去健身，因为再也没有宽大的裙子可以遮住她们发福的下肢了。但是，新时尚仍是如此势不可当，那些没有穿上短裙的女人都会被认为是邋遢、跟不上潮流的。据说在20世纪30年代，墨索里尼还在给希特勒发去的信件中谈论了时尚的威力："威权在时尚面前都算不上什么。如果时尚要让裙子变短，那就没什么力量可以让它变长，哪怕断头台都不行。"但是，据一位20世纪50年代的服装专家说，英国人在跟随潮流方面有些迟钝："当潮流改变，敏锐的法国女孩不会穿上一季的裙子，但是英国女孩嘛，她们的品位似乎有点难改变。"

在20世纪30年代，裙子一般长至小腿，但是很快又随着战争的到来，以及欧美国家布料的限制供应而再度变短。再接下来，我们就看到1947年迪奥颠覆了极简风格的衣服，创造出了传奇的新风貌。但即便是迪奥，也不是一成不变的，他随后也设计各种长度的裙子。虽然迪奥的作品有长有短，但都在努力展现女性成熟、优雅的风采。没有什么潮流比裙子的变短更具革命意义了。

接下来，我们必须要说一说玛丽·奎恩特和她的迷你裙风潮了。

迷你裙革命

在 1958 年，迪奥突然离世，同时，玛丽 · 奎恩特在伦敦切尔西街的时装店也开始推出与迪奥优雅熟女装截然不同的少女风格裙装。另外值得一提的是，同一时期的女性西装也是偏简洁风格的，这让穿奎恩特衣服的少女首次穿得和自己的母亲类似。奎恩特设计的女装多是无袖的样式，有些甚至短至 12 英寸。奎恩特在 1960 年发表的一系列设计更是超现代的极简风格，衣服松散地从脖子延伸到大腿，胸部、腰部和臀部的曲线都被掩盖了起来，让穿着者的身体呈现出洋娃娃般的轮廓。对于英国时尚界来说，1963 年

20 世纪 60 年代流行的女装款式。

注定是不平凡的一年，因为这一年奎恩特推出了迷你裙。

迷你裙不光是造型独特，更在尼龙、霓虹灯、块状图案和塑料材料的拼贴下，成为新潮、年轻、现代的文化代名词。迷你裙穿着方便，搭配将脚趾和腿部包裹起来的连身袜更是新潮无比。和那个年代诞生的避孕药一样，迷你裙成了年轻女孩追求自由生活的象征，这是对保守的传统文化的颠覆。和新风貌经典服装形成对比的是，迷你裙板型简单，很容易批量生产。甚至有生产商在周日早上将布料带去市场，只要客人选定材料，只需一个晚上一件新迷你裙就诞生了。

让女孩子们趋之若鹜的迷你裙在那个年代是如此新潮，常常会引起路人侧目。走在这股迷你裙时尚潮头浪尖的是还没到青春期的少女模特，这些少女身上的青春气息和迷你裙时尚真是相得益彰。20 世纪 60 年代的当红超模崔姬（原名莱斯利 · 霍恩比）就是少女系模特的代表，她年轻、消瘦，甚至好似还没发育，而且看上去还有些呆。这种模特风格与迪奥推崇的熟女风格形成了鲜明的对比。

质量好、耐用、完成度好，这些都不是 20 世纪 60 年代服装商们主要考虑的因素，入时才是最重要的。一些服装和配件是纸做的或者是其他一次性材料，有些甚至是用擦干净的 PVC，这些材料还非常便宜，只要你穿腻了，就可以在下一波流行袭来时将旧衣服扔进垃圾箱。腈纶和塑料之类的材料出现在服装中是相对较晚的事了，而且并不是很好用——在那个时期，女孩们自己在家做的超短裙因为材料太差，在迪斯科舞厅中跳舞时拉链损坏之类的尴尬是很常见的。

法国设计师皮尔·卡丹从奎恩特设计的上衣中找到灵感，并将之与意大利品牌璞琪设计中的迷幻元素结合起来，创造出了一种新的风格。这种抓人眼球的套装可以外出时穿着，也可以在家穿，适合所有年龄和身材的女性，直到今天，仍被认为是20世纪60年代最具代表性的女装。

但是，并不是所有的顶级设计师都青睐这种新的潮流。英国顶级设计师赫迪·雅曼就对简练风格的迷你裙不屑一顾，她觉得这种设计完全不能显示设计师的水平。这是当然了，要知道，赫迪·雅曼的客人中最著名的就是女王伊丽莎白二世，她当然不可能接受迷你裙。尽管女王的裙子当时也变短了不少，但是她仍坚持裙子要在她坐着时也能盖过膝盖，这样才符合皇家规范。

到了20世纪60年代末期，迷你裙风潮终于走到尽头，超长裙作为新一轮流行进入了人们的生活。超长裙，顾名思义，就是长度达到地板的裙子，完全是相反于迷你裙的另一个极端。时尚来了次大反转，制造商们需要使用更多的布料才能造出符合新时尚的衣服了。那些热衷传统着衣风格的人终于得见爱德华时代的优雅女装回归，这一次，新式的服装还在领口增加了翻领，在裙摆底部增加了荷叶边。

引领超长裙时尚的人物是一名威尔士的职业女性——劳拉·阿什利。阿什利的设计不光在造型上颠覆了之前的短衣短裙形式和超现代风格，更是用她自己最爱的复古印花棉布赋予了超长裙不一样的特色。这些布料上印的多是田园风格碎花，唤起了人们关于旧时生活的回忆。从那时开始，阿什利一直引领着英国时尚，直到 1985 年离世。不过即便她离世之后，她的公司仍在销售各种复古的服装。

迷你裙一度退出历史舞台，但这只是暂时的。20 世纪 80 年代，迷你裙变成了迷你紧身裙，配合船形高跟靴，再度卷土重来。到了 90 年代，迷你裙变得更短了，有点像苏格兰裙的缩小版。

所有的设计师、服装商恨不得每周都掀起一轮新流行，让女人们赶紧将衣柜里的存货换掉。女人们一直被潮流左右，直到 20 世纪 70 年代，才史无前例地获得了自由选择裙子的权利——无论是迷你裙、短裙还是长裙，都可以由穿着者自行选择，而且无论穿什么都不会再遭到非议了。在 20 世纪之初，裙子是如此之长，不过只要今天的女性喜欢，她们随时可以再次穿上这些古董。也许今天，流行趋势仍会影响裙子长短，但是穿着者更多地是按自己的喜好去选择各种裙子，而不是为了遵从社会要求了。

假臀装饰

我们总是认为过去的女人会在衣服里面穿上紧身衣，就算裙子变短了也只会露出小腿，因为过去的服装风格都十分保守，但事实不全是如此。历史上，某些女性会强调身体的一些特定部位，极具色情意味的暴露曾吸引过许多人的眼球。

让我们从故事的背景说起。

和现代人一样，过去也总有女人会问："我穿这个看起来屁股大不大？"不过在历史上的某几个时期，大屁股是很多人梦寐以求的，她们甚至会在裙子里面增加衬垫来突出屁股。当时垫臀的材料和技术可谓层出不穷，其中最著名的当属臀垫和裙撑垫。臀垫又叫"假臀部"，一般是用粗糙的布料做成管状，里面塞满羊毛或者马鬃（也有人说 14 世纪时用狐狸毛填充）。臀垫相对来说比较小巧，女人们可以将之套在肩胛骨之下作保暖用，也可以拴在臀部将屁股垫得更大，甚至可以将之弯曲，在腰部环绕一周。这种臀垫可以用扣子扣，也可以用绳子系住。

主妇们可以自行在家制作臀垫，也可以在市场上买到一种软橡木制作的臀垫。18 世纪，淑女们会频繁地光顾专业的臀垫商店。一些报纸还宣称橡木臀垫可以当救生圈使用——在 1778 年 7 月号的《圣詹姆斯编年史》上刊载了一个故事，说一个住在亨利镇的女人不慎掉入了泰晤士河里，因自己宽大的橡木臀垫浮在水面上而捡回一命，"她抓住一位男士的手杖，漂回了岸边，除了衣服湿了以外没受任何伤。"

裙撑垫是裙撑中的一种，是用羊毛等物填充的布垫，结构和形状都与臀垫类似。另外一些裙撑则是层叠起来的上浆的打褶布片，或者精美的金属丝网层。一些当女佣的贫穷女孩，买不起商店里的精美裙撑，也会把抹布一层一层缝在一起，充当简易的裙撑。在 1847 年，一位上了年纪的妇人曾将 12 码的法国天鹅绒、24 码瓦朗谢讷蕾丝、1 打手巾、3 打白手套、9 双丝袜、一套紧身衣，还有一顶假发藏在自己的裙子里面冒充裙撑，以此逃避进口税。这些走私品到底有多重？历史上没有记载，不过你可以想象可以抵过这么多东西的裙撑，体积有多大。

这个时期大概是裙撑发展的巅峰。在 19 世纪五六十年代，裙撑曾短暂地退出历史舞台，但在 70 年代，它们又回来了。这一时期的裙撑主要是用金属、木头或者鲸须制作的，呈风琴状，会在穿着者坐下时松散地垮在臀部周围。接下来的十年左右，裙撑的造型更夸张了，以至一本杂志专门刊载了一张漫画讽刺这种夸张的时尚。不过盛极而衰，在这之后，裙撑很快变小并退出了历史舞台。

USEFUL AND ORNAMENTAL.

19 世纪 70 年代的一幅漫画，讽刺性地表现了裙撑的新用途。

要嘲笑过去的荒诞时尚并不难，但臀垫和裙撑真的比现代的垫臀技术更疯狂吗？现代垫臀的方法有很多，比如用提臀裤提臀，在裤子、裙子里垫上廉价的泡沫垫，还有植入硅胶的美臀手术——整形手术植入的硅胶还有发生偏离的可能性，有可能会引发奇怪的身体肿块，甚至是脊椎麻痹，和这样的危险比起来，垫个臀垫、穿上裙撑真没有那么可怕了。

笼形裙撑

我们已经看到了各种长度的裙子，也探讨了裙子的廓形臀垫，接下来，让我们再来看看历史上不同宽度的裙子。

已知的最早的裙撑诞生自 16 世纪，它的结构和制作手法一样精巧。有的裙撑是用木条搭出支架，也有用藤条和鲸须编制的裙撑。无论哪种，都是用绑带系在腰间，将臀部撑得巨大。伊丽莎白称自己的裙撑为“鲸须圆环”，同时期，还有个来自西班牙语的词汇“绿色木头”，其实也是指西班牙宫廷服装中的木头裙撑。有了裙撑的支撑，裙子就会附着在裙撑上，从腰部一直垂到脚踝。在巨大的裙摆之上是极其贴身的上衣，被紧身衣收束的腰在裙子的衬托下更显得纤细，十分醒目。从这一时期的王后和贵族女性的肖像画中可常看见这种，但它并未成为一种普遍的女性风格。

随后的几个世纪中，裙子变小了不少，直到 18 世纪复古的大

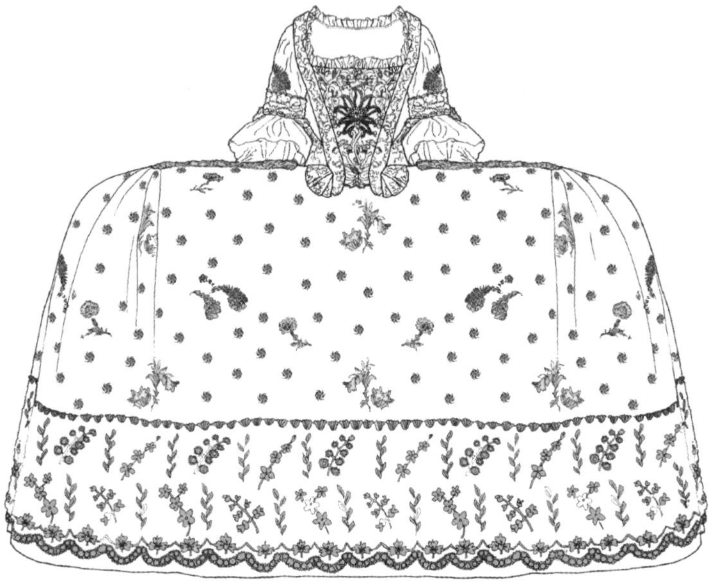

18 世纪 50 年代的宫廷礼服，用极其奢华的材料打造，宽度达到了令人叹为观止的程度。

裙摆再次成为流行，而且这一次，奢华的审美爆发得更加彻底——这一时期的裙摆撑起来甚至和穿着者的身高一样宽。穿着的臃肿，给优雅的淑女们增加了不少麻烦，甚至会让她们在穿过门廊时都要花一番工夫。在所有的礼服中，最奢华、最膨大的礼服只会在宫廷活动之类的正式场合穿着。到了 18 世纪 70 年代，膨大的礼服稍微偃旗息鼓了一阵，但裙撑的时尚并未完全消失，它们只是变化了一些样式。

很明显，要打理这些裙摆麻烦无比。“一个人怎么可能把裙撑打理好？”在玛丽 · 艾奇沃斯写于 1801 年的小说《比琳达》

（*Belinda*）中，德拉库尔女士如此说道。说这番话时，德拉库尔女士眼见自己的朋友穿着这夸张的裙子穿过门廊，虽然举止尚算优雅，但她的步子蹒跚得犹如学步的孩子。《比琳达》这本小说出版的时候，正值宫廷风的宽大裙撑风行之时，当时的宫廷活动多由乔治三世的王后夏洛特主持，她坚持在宫廷上穿着如此复杂的裙子是为了彰显自己尊贵的身份。不过，到了19世纪初期，膨大的裙撑被相对纤细、轻便的罩袍式礼服所取代。

19世纪50年代，裙撑重回历史舞台，而且这一次，全社会不分阶层都加入了这场时尚狂欢。维多利亚时代的裙撑，以马鬃和羊毛制作的笼型裙撑最为著名。裙撑“crinoilne”这个词可能有两个来源，其一是马毛织物（crin），指一种用马鬃和马尾编织的黑色硬挺织物，在这种织物中常常会加入羊毛纤维。不难想象，与更轻便的帆布裙撑相比，这种织物穿起来并不会舒服。金属箍也是制作裙撑的一种理想材料——轻金属箍一般只作横向支撑，竖直方向上一般是用帆布条、亚麻布条或者皮革连接，当腰部的绑带松开，裙撑会径直落到地面上，不占空间。

工业革命不仅给人们带来了量产的各种工业化制品（让各种产品的价格更便宜了），也让工业印花被广泛应用于纺织业，人们想要得到漂亮的印花织物更容易了。供给催生了需求。收入增加让工人阶层的女性也可以购买更漂亮的服装，哪怕这些衣服的质量会差一点，或者是二手的。经济的快速改善促使了带裙撑的礼服的时尚复兴，到了19世纪中期，金属裙撑更是迎来了兴盛期。金属裙撑被大量生产出来，销售量甚至达到了数百万，这让制造

1858 年杂志上刊载的画像，穿着者使用了金属裙撑。

商们赚得盆满钵满。这一时期，平板玻璃之类的新材料被大量应用于商店展示柜，在路上行走的人们可以在走路时顺便一窥商品，逛街成为那个年代安逸生活的代名词。

虽然夸张的裙撑终将被淘汰，但作为一个时代的时尚产物，这些宽大、复杂的服装配件还是值得被我们记住。在 19 世纪 70 年代，裙撑的时尚逐渐淡去，一位稍上年纪的主妇也脱掉了自己的金属笼裙撑，她在多年后回忆自己穿裙撑的岁月时，言辞间仍充满怀念：“裙撑让我的腿免于被裙子裹住，让我在走路的时候感觉更方便、更舒服。”生活在维多利亚时代的女人也觉得穿蓬蓬裙更方便隐藏怀孕的肚子——要知道，在那个时期，无论姑娘们是已婚还是未婚，都不能随意在公众场合中暴露自己发福的肚子，怀孕是羞于启齿的事。

不过，除了这为数不多的优点之外，宽大的蓬蓬裙其实也和其他华而不实的时尚一样，没有什么可取之处。当门廊没有加裙撑的裙子宽时，女士们只得用手将裙撑压扁，拖在身后才能通过；穿蓬蓬裙的女士要坐到带扶手的椅子上时，也常常遭遇尴尬；女士们要挤上公共汽车、火车时，也会给周围的乘客带来麻烦。一些车辆还会事先声明，要求女士们脱掉裙撑再上车（她们可以把裙撑挂在车外）。一些剧院或音乐厅，会设置一些加宽的座位供女士堆叠裙裾——不过男士们也喜欢这种座位，因为他们可以把自己的腿伸得更远。

尽管我们不知道那个年代的女性是不是在运动时也穿蓬蓬裙（据说有些人还会穿裙撑登山），不过想也知道，裙撑是运动的大敌。令人感到讽刺的是，一位男士在回顾维多利亚时代的时候，也正是因为这个原因哀悼裙撑的消失，他认为“穿上裙撑至少可以避免女性参加一些不淑女的运动，淑女们应该最多玩玩槌球戏或者箭术”。他十分厌恶20世纪“穿着臃肿裙子的女人们跌跌撞撞穿行在英美两国的运动场上，还毫无意义地挥舞着球棒和棍子。”[1]

1　1864年的小说《女侦探启示录》（*A Lady of Detective*）中，女主人公柏斯卡夫人就在追逐凶手进入下水道时，“我脱下了那件讨厌的衣服，把它扔在地上，自己钻进洞里，从梯子上下去”。

男士们对于裙撑的抱怨还来自舞池。男人们想在舞池中接近一个姑娘时总是被她的裙撑顶开，还很容易被刮到小腿。

另一方面，裙撑还是出了名的难掌控，很可能在微风吹起裙裾时露出来，这常常让周围的人情不自禁地侧目。日记作家威廉·哈德曼爵士就曾在1863年的日记中记录了这一幕："女士们乘上了汽车，女仆们忙着清扫门前的台阶，年轻的少女们站在迎风的排水口上，裙裾被风吹起，一切都是那样井井有条。"

在维多利亚时代，能登上报纸和杂志头条的消息往往不是幽默趣谈，而是恐怖故事。这其中，也有几个关于蓬蓬裙的——有时候，蓬蓬裙不光会带来不便，甚至可能让穿着者毙命！曾经有好几份报纸都报道过女性因为裙裾不慎卷入车轮或机器的齿轮中而一命呜呼的事例，这些意外在大众中广为流传。验尸官的解剖报告也附在报道之中，更是引起了读者们的担忧。受害者中包括一个年仅17岁的女孩卡洛琳·马歇尔，她因在印刷厂给机器上润滑油时被卷入了机器；还有22岁的哈利特·穆迪，也是在工厂上班时被卷入了利兹的碾布机械。[1]

在这些故事的影响下，裙撑时尚开始遭到反对。尤其是那些在工厂上班的工人和他们的雇主，他们对于潜在的危险感到十分担忧——1860年，在一家丝绸厂的告示栏中就刊载了这样的批判："那些所谓时尚的裙撑和蓬蓬裙，十分不适合我们的工人穿着。

1　与这些恐怖意外不同的是，报纸上也有些因裙撑而获救的故事。比如1735年有人掉进河里，因为裙子庞大而浮在河面；还有人从50英尺高的城堡上掉下来时，因为裙子钩住了砖头而捡回一命。

在轰隆作响的织布机旁，这些衣服极有可能被卷入机器，十分危险。在装有发动机的走廊里穿这种裙子也会妨碍他人。总之就是十分不方便。我们的工人是要站在纺锤前和滑块上工作的，穿蓬蓬裙不仅不方便，还会有走光的风险。”

当时的工厂的衣帽间里普遍设有裙撑专用的挂钩，女工们必须脱掉裙撑才能进入车间工作，要不然，就干脆不要穿它。

在 1870 年左右，夸张的裙撑进一步缩小，形状也有了改变，身体两边的群撑被压缩到身体后面，让穿着者看起来有点像个驼背的犰狳。到了 19 世纪 80 年代，裙撑变得更过时了，尽管它们还没有被完全淘汰。在艰苦的第一次世界大战期间，一些追求时尚的女孩又穿上了裙撑，她们不光是用蓬蓬裙来昭示自己的个性，更是用这种方式对抗战争带来的压抑。这种出现在战争时期的裙撑被德国人叫作“战时蓬蓬裙”。

在“二战”前，社会上也短暂地复兴过一阵裙撑，这一轮的复古其实也寄托着人们对于旧时光的怀念之情。在 1939 年上映的彩色胶片电影《乱世佳人》中，身着蓬蓬裙的演员费雯丽也是这种怀旧之情的象征。这种美国“南方女孩”的穿着原型其实是 19 世纪 60 年代的女装，不过电影的服装师又结合了一些新的设计元素，使之更贴合当时人们的审美。其实在 1939 年这部电影公映之前，已有一位时尚作家开始追念起有裙撑的女装，他形容“蓬蓬裙从任何角度看都如此优雅、极具魅力，那些精美的荷叶边充满着浪漫的情调和生命气息”。

女孩们大概都想穿得像斯嘉丽 · 奥哈拉吧，但是从 1939 年末开始，战争再度袭来，物资紧缺再次成为生活常态。直到战争结束后的 1947 年，迪奥的新风貌设计席卷欧洲，裙撑才再次重回人们的视线——如果不考虑薇薇安·韦斯特伍德在 1985 年推出的带裙撑的复古服装，那么 20 世纪 50 年代的这场新风貌革命就是裙撑最后一次大规模出现在时尚中了。在这一轮的流行中，裙撑多是用塑料做的，远不及维多利亚时代的裙撑那么优雅。据说那个年代的女孩们常在晚上外出娱乐，当她们坐在巴士后排的座椅上时，裙撑甚至会翻起来戳到她们的耳朵。同时期还有一种用轻型塑料制作的配合大衣穿着的衬裙，在运输的时候，这种结构类似六角手风琴的衬裙可以被收起来塞进帽盒里。

在经历几百年的起起伏伏之后，未来，裙撑的时尚还可能重新回来吗？从现在西方人追求自由的生活观念来看，这样的可能性已经微乎其微，更不要提人们害怕蓬蓬裙会再次将她们卷入车底了。

袒胸露肩

我们聊了裙子的长度、宽度和造型之后，接下来要聊聊连身裙领口的高低了。历史上的不同时期，领口高低与礼节密切相关。在今天的西方世界，身着低领服装不会引起任何非议和责难，但在历史上，女性袒胸露肩的程度却必须严格遵守文化传统的规定。

有些时期，比如18世纪早期，袒胸露背是受到鼓励的。另一些时期，比如19世纪晚期，女装风格则保守无比，领口一般都高至喉咙，肩膀、胸部都被衣服严严实实地包裹了起来。

应该露出多少皮肤，这确实是一个值得探讨的话题。历史上，女性的着装规范与穿着者的地位、着装场合，以及社会背景都有莫大关系。从17世纪到20世纪中期，一般的规范是，白天女性的服装都应包裹胸口和肩膀。但在维多利亚女王时代，这种规范却有些变化——女人们一天中会换多套服装，早间和下午的衣服会盖住手臂、肩膀，仅露出双手和脖子（室内装）；但是晚礼服会让穿着者酥胸半露，袖子也会缩短到肘部。

无论女装的领口是低至双乳，还是高至喉咙，女人们总是被社会文化裹挟，在露出皮肤、展现性感魅力或遵守含蓄的风气之

1813年的一本女性杂志展示了两套服装：左边的是包裹严实的日礼服，右边的是相对袒露的晚礼服。

间摇摆。未婚的年轻女性大概会想适当露出一些身体部位，以吸引男士的目光，但是又要保持一定的矜持。同样地，在维多利亚时代的舞会中，如果有人想展现诱惑力，穿的衣服过于低，也可能会让旁人联想到在大街上站街的低阶女性——如何把握好分寸，的确是有些难度。

日礼服规范一直被严格执行，丝毫不受场合的影响，无论是逛街购物、运动，还是在婚礼中，盖住手臂和肩膀才是合乎规范的。一直到21世纪早期，新娘步入教堂时的标准婚服，都是一种无肩带的罩袍式婚纱。

要穿得合乎规范可不止一种办法。有的衣服本来就是想将穿着者包裹得严丝合缝的，但有些却不是，这样的话，穿着者也可以自行在里面搭配其他内衬——虽然料子不同看起来会有些尴尬。除了内衬，女人们还可以用长围巾和三角披肩来遮盖身体，围巾和披肩在人类2 000年的历史中出现了多种新款式，一直十分风行。在近代西方，女性在穿着外衣的基础上，再把围巾缠绕在脖子和头上，或盖住外衣也是一种经久不衰的流行。无论是长条状还是三角形，是素色的还是缝有荷叶边的，披肩直到20世纪仍是女人们衣柜中不可或缺的服装配件。有些披肩是用硬实的棉布或亚麻制作的，也有些是用轻薄的丝绸和薄纱制成，总之，任何衣料都可以用来制作围巾和披肩。

除了披在衣服外面的披肩，还有一种套在衣服里面的假领也十分流行。这种假领也被称作领部、领垫衬垫，甚至是“胸部之友”，从18世纪晚期到20世纪30年代一直风靡西方。这种服装配件的结构很复杂，有点像一件没有袖子的上装，胸部之下用绳子打结固定，领口还有两个活褶。在乔治时代晚期，服装的领口普遍开得很低，这大大增加了人们对领部的需求——它不光可以保暖，还可以防止走光。

不过有些时候，穿假领也是不保险的。前文中曾提到的摄政时期的伊丽莎白·哈姆就在跳舞时，不慎把蕾丝假领钩在了舞伴的军装上。为了将假领子扯下来，两人可是抱在一起费了一番工夫。

爱美的天性促使女人们孜孜不倦地打扮自己。19 世纪的女人们不仅会在领口里面穿上假领，还会在外面再披上三角形披肩。在爱德华七世时代，女人们还会把带有荷叶边的披肩穿在齐脖子高的衣服外面。这个时期的女人大概是最习惯穿高领服装的了，她们的衣服领子里面甚至还有金属或胶片衬里。到了 1912 年，彼得·潘式的领子震惊了时尚界——这种在戏剧《彼得·潘》中出现的领子其实是一种圆领，宽大得会露出锁骨。这种领子一经问世，立即风靡西方，只剩下一些老太太和极其保守的人继续穿高领衣服。1914 年，第一次世界大战的爆发无意间又引起了一轮新的流行——节省布料的 V 形领出现了，随后一种松弛的船形领也受到了人们的欢迎。

“一战”后的女装日礼服和爱德华七世时代的女装相比，可是简朴了不少。长方形的、色彩柔和的围巾上只有少量荷叶边装饰，一般会套在 V 领外套里面，用纽扣或者夹子固定。对于经济拮据的穿着者来说，选用不同款式、花色的围巾来搭配外套也不失为一种省钱的穿法。

是哪些人在发扬简朴的穿衣风格？简单地说，在20世纪30年代，几乎人人都在。但是当然了，穿着者年纪不同、时尚品位不同，他们的披肩还是有些不一样的。穿着应该低调简朴些是当时人们的共识。保暖是另一重需求——当时的社会，肺炎和结核病泛滥，甚至在20世纪抗生素发明之后的一段时间里，仍是致死率最高的顽疾，这种背景下，低胸服装显然不利于穿着者的健康。穿着者的个人舒适需求也是一重因素：正是18、19世纪的女性想在外套里面加一个温暖的保暖罩的初衷，才促生了法兰绒或羊毛的假领。这些假领可以起到很好的保暖作用，正符合当时人们的健康观念。[1] 在1890年流行的一种“卫生礼服”中，穿着者还会多穿一层轻型皮革制作的紧身马夹来保暖。1899年，社会上开始出现低胸的礼服会引发感冒的论调，而且很多人认为感冒会进一步引发肺炎甚至死亡。

更多时候，美观是大部分女性选择穿上披肩的原因。一位18世纪的评论家曾这样说过：“暴露喉部，不仅是不雅，更重要的是十个女人中九个的脖子都不好看。”他说的这种情况确实是很多老年妇女遭遇的尴尬——很多人认为年长者的肢体要么圆滚滚的，要么就是皮肤皱巴巴的，在公共场合暴露脖子或者手臂很不雅观。很多女性会因为自己的皮肤被人看到而脸红，但历史上有一个时期例外——维多利亚女王在位期间，坚持要求所有出席宫

1　维多利亚时代的服装专家道格拉斯夫人认为，穿胸垫可以修饰身形，不过女人们还是得当心穿着不当，会显得自己身形怪异。女演员兼作家梅·韦斯特用一句尖刻的俏皮话最好地总结了填塞的问题：“上帝忘记的东西，我们就用棉花塞进去。”

廷活动的女性穿上低胸露肩的礼服，不管她们的年纪和外貌如何。这种承袭自18世纪女装规范的宫廷着装规范，与当时严谨、端庄的着装要求格格不入，曾引起了很大争议。这项规定被置于议事厅门口，督促女士们摘掉假领，而且直到1903年才被拆除。

时间来到20世纪，在这个时期，即便最个性的女性都得穿上高领服装。好莱坞的女星在电影中穿着的优雅长袍也起到了很好的示范作用。1930年，在好莱坞的电影制片商圈中诞生了一套电影道德示范规定，也被叫作“海耶斯规范”（海耶斯是规范的发起人）。这套规范规定好莱坞的电影必须与法式淫秽文化区分开来（无论电影中，还是演艺人员的生活中），并为此制订了一系列具体规定，包括禁止“暗示性的裸体”出现在电影中。这意味着肚脐、手臂、臀部和乳沟等都不可能在大荧幕上看到，哪怕是暗示性的也不行。在1968年美国实行电影分级制度之前，手帕、泡泡袖、裸色服装配件都是电影中遮蔽人体皮肤的主要道具。

女演员们认为适当的遮掩也有益于自己的公众形象。这种对尺度的把握也曾见于历史中，前文中说到的女孩们对性感或保守服装的选择尺度，也是一样的道理。

女演员琼·柯林斯就对一套戏服纠结了半天。这套戏服胸口处有一个1.5英寸的开口，制片方犹豫是否要用一个花朵装饰来遮盖一下。“真是讨厌的花。”柯林斯说道。其他的女演员也对自己的礼服抱怨不断，不过出发点却是跟柯林斯相反的——“为了吸引眼球，我必须穿这种低胸礼服吗？”简·哈洛如是说。在1977年轰动性的电影《星球大战》中，凯丽·费雪也有过对于胸部的抱怨："他们竟然叫我缠胸！太空人就不能有胸部吗？"

在刚刚过去的20世纪，服装规范和社交礼仪有了明显的放宽。在20世纪70年代，女装的领口可以低至肚脐，也可以高至下巴；到了80年代，领子的造型和高低也变得更加多种多样。白天穿的衣服往往有着高领、宽肩的设计，从领口到膝盖，将身体严实地包裹起来；与之相对的是用莱卡制作的展现身体曲线的服装，通常有着低矮的碗形领口，没有袖子，衣身也很短。21世纪带给女人最大的财产，大概就是可以尽情选择服装的自由吧。无论高领、低领，无论什么款式，无论你的年龄、地位和穿着时间，你都可以根据自己的喜好穿衣。现代的穿衣礼仪仍然存在，只是变得更加微妙和精细了。

显而易见的浪费

裙撑、裙摆拖尾、臀垫、迷你裙……我们已经回顾了几个世纪以来，影响裙装变化的几个重要元素。无论裙子的造型怎样改变，强调穿着者的性别特征一直是主导改变的主要出发点，其他影响裙子发展的因素有个人品位，以及不同的经济背景和纺织技术。服装是一个人经济实力的极好展示，也是几个世纪以来反映商品贸易状况的一个观察面，从裙子的大小还可以看出穿着者的社会等级。无论是哪种原料稀少、难以织造的昂贵织物，都可以在皇家以及贵族中得见。

这里我们来说说丝绸。众所周知，丝绸在许久以前就沿着丝绸之路被带到欧洲，但直到9世纪西西里引进了养蚕技术，丝绸才开始在欧洲本土生产。由于丝绸美丽且稀少，长期以来一直受到追捧，在中世纪与天鹅绒混纺，在文艺复兴时期与缎面混纺，在18、19世纪更是人人渴求。把这么珍贵的材料用在裙撑、衬裙和臀垫上，真是显而易见的浪费。

在20世纪以前的所有时期，宫廷都是贵族们展示、攀比自己奢华服装的绝好竞技场。穿着者的身体不过是一具衣架子。王后和贵族的情妇也许拥有几百套长裙，而每件衣服她们一辈子很可能只会穿一次。这些长裙不光用最好的丝绸和缎子制成，还手工缝上了珍珠、宝石、金银线、缎带和彩色刺绣图案。丝绸上还可以用其他面料缝上提花和各种花边，祖传的蕾丝也可以加在领口和袖口上。18世纪中期的裙撑和19世纪的衬裙的使用，使裙子被撑得巨大，更增加了面料和刺绣的展示机会。

即便法国大革命之后，服装风格一度转向简朴，但这仍避免不了有钱人选择更昂贵的面料做衣服，并在服装细节上进行装饰。当法国皇后约瑟芬在1809年与拿破仑离婚的时候，她拥有900件长裙。在19世纪的英国，为不同场景准备的服装更是细分到无以复加，比如：人们在吃早餐、散步、拜访朋友、骑马、喝茶、坐马车、看体育比赛、非正式晚餐、正式晚餐、玩球、打牌、看戏的时候，都要换上相应的专用服装。其实从另一方面来说，鼓励女性多买衣服、雇用更多制衣工不失为一种推动经济发展、促进工业生产的策略。这股奢华之风影响着全社会，即便经济条件稍次的女士，也会对那些华美的礼服心生向往，用相对廉价的衣料模仿那些夸张的款式。

先不谈那些超级富豪，即便是一般富裕的家庭也会在打理服装上花大量工夫。老实说，现代人可能会对历史上那些极尽炫耀、奢华之能事的织物欣赏不来，更会对那些极其麻烦的打理程序感到烦心。但是，现代人习惯穿着的休闲类服装的诞生其实是很晚的事情了。在 20 世纪晚期以前，购买奢华服装也是一种投资。衣服上所有的面料会物尽其用，没有什么浪费之说。过去的人们会将旧衣服进行改造以适应新的时尚，或者改成更小件的衣服，衣服的面料还可以拼贴起来做成被单，最后还能做成抹布，或者直接卖给回收商。女仆们垂涎着女主人的旧衣服，这些旧装的面料经常会被当成赏赐，送给她们。没有子嗣的女人去世之后，也会将自己的衣服作为遗产馈赠给别人，这并不是贵族专有的习惯——约克山谷的简 · 斯凯尔顿在 1800 年公布的遗嘱中就十分细致地写道："我将赠予我的嫂子汉娜 · 贝内特我的灰色丝绸长裙、条纹丝绸长裙、黑色丝绸斗篷、家传丝绸斗篷、半打白色布围裙、一打我最好的帽子、一打荷叶边、一打手巾、两个茶叶箱。"

不幸的是，19 世纪对服装需求的螺旋性上升，也意味着服装店、纺织工厂、制衣厂必须加倍努力赶工才能满足社会的需求。在 19 世纪 70 年代以前，缝纫一般由家庭主妇或者手工作坊完成，但随后纺织机械随着工业革命普及，这大大提升了服装生产的效率。随之而来的还有工人工作量的提升，以及服装、饰品生产的过剩。

女工们尤其害怕伦敦上流社会的社交季来临，因为这期间会有许多顾客急匆匆地向她们定制长裙，为了按时完成订单，工人们只得连夜加班。那个年代，服装花费仍然占了家庭花费中很大的一部分，不过，因为服装的生产和购买都变得更容易了，所以它们也失去了隔代相传的价值。

19 世纪是过去各种服装礼仪融合统一的时期。如果女士们没有在合适的场合穿着合适的衣服，或者在度周末的时候忘记带上相应的服装装备，都可能会招来嘲笑。在维多利亚时代，女士们的服装礼仪法则是："早晨，她应该穿得如晨曦般清新、充满活力。少量的缎带、蕾丝很适合点缀在早上的衣服上。"

对那些服装经费有限的穿着者来说，一件裙装最好能在白天穿完后，稍加修饰，又能在晚间聚会中穿着。[1] 直到 20 世纪中期，家庭主妇们即便整日待在家中，也会在服装上有所调整——白天她们会穿上围裙，或者被称作"盥洗服"的工作服；下午，她们则会换上更鲜艳一点的衣服，因为她们希望丈夫回家时能看到更明艳动人的自己。

20 世纪，那些严格的着装规范有了一些松动，人造纤维比如人造丝、尼龙成为真丝的廉价替代品，这是那些经济相对拮据的人的福音。社会氛围的改变，服装礼节的放宽给了女人们更大的选择服装的自由，这意味着女人们用服装来展现自己社会地位的需求也将逐渐下降。这样的趋势也对 21 世纪的服装发展产生了影

1　即使对现代女性来说，如何在白天工作时显得精明干练，又在晚上显得妩媚多情，仍是一个需要留心的问题。

20 世纪 80 年代，荷叶边和不对称设计大量出现在女装中。

响。如果我们打开一个现代女人的衣柜，就会看到服装面料已经变得相对单一和廉价，对服装品质的追求已经从对服装面料的挑剔，转化到了对设计师、服装品牌的选择上。20 世纪 60 年代，款式简单的超短裙的流行，迫使服装制造商们在成衣上印制自己的商标——因为服装面料已经相差无几，所以品牌成了服装的附加价值。这一点，一直延续到今天。

如果我们能靠品牌来展现自己的购买力和品位，那么为什么一定要将范围局限在裙装？几十年来，西方女性已经习惯穿上裤子，过上更自由、积极的生活，这一点与过去大有不同。尽管直到今天，裙子仍被认为是更能展现女性魅力的服装种类。虽然宽松的长裤穿着舒服，但是许多女性还是愿意在工作时穿上短裙或连身裙。和很多职业女性一样，撒切尔夫人也在 20 世纪 80 年代为自己找到了精明干练和优雅的平衡点——“作为一个职业女性，我会选择一些颜色素净、剪裁合体的服装。像其他的政治家、官员一样，服装是展现穿着者专业性的工具。我那套蓝色丝绸套装是我的幸运装……那是在 1982 年定做的。我飞到美国纽约解决福克兰群岛事件的时候，一直穿着这套衣服。”

20 世纪 80 年代，办公室中的标准着装仍然是女套装或者短裙。那之后，裤装也开始被许多人接受。在工作之外，除了一些有着装要求的运动场合，现代人在出席一些特定场合时还是需要考虑相应的服装。

特定意义的裙装

在20世纪60年代的英国设计师赫迪·雅曼的眼中，裸露是展现穿着者性感魅力的未来趋势，他如此说道："女性在家可以穿上宽松的连衣裙，这表明她们遮住了裸体。女人们知道如何操纵这样一件衣服来达到她的目的：引诱她的男人或留住男人。"

雅曼其实很天真，他认为裙装的意义就是吸引男人，他低估了女人们对衣服的需求和感受。裙装可以保护穿着者的身体，可以安抚她们的情绪，可以展现穿着者的魅力和个性，还可以提供一系列动感，传达情感。这些衣服可以是用缎子做的，也可以是光滑的PVC材质，或者优雅的薄纱的。抛开礼仪不说，很多女性自己也爱穿裙装。在出席重要晚会时，很少有女性会穿裤子踏上红毯。在杂志刊登的名人照片中，大部分女性也更愿意以优雅、美丽的裙装示人。

"公主裙"是一个现代的概念，让人联想起童话故事和迪士尼动画。这种类型的服装诞生之时可是在社会上掀起了一阵热潮，它具有变革性，是一种渴望性，展现了人们希望变化的心理，以及对传统的厌倦。

女孩们参加舞会时，总是会为穿什么礼服而烦心，她们纠结于礼服裙的面料、造型和风格，不过总会为最后魔术般的上身效果而骄傲。杂志也很乐意刊登女孩们的变身照片，用神奇的变身效果吸引读者。1950年的迪士尼电影《灰姑娘》大受欢迎并不是偶然，这映射了战后人们迫切希望改变生活的心理——整个世界都在期待魔法的火花。

不是每个灰姑娘都可以在舞会上找到自己的王子的。女演员黛米·托拉·赫德回忆了自己第一次参加一个地方舞会的场景，当时她才16岁。她穿了一件淡绿色的礼服裙，带着荷叶边的裙摆——这在1927年算是十分时尚的装扮了。她的时尚之旅却被一个侍应生打断了——对方不小心将汤泼到了她的衣服上。比这更戏剧的是另一位20世纪40年代的女孩第一次参加舞会，就在路上遇到了一位喝醉的司机出了车祸，在为这个司机做急救的过程中，她的硬纱礼服裙沾上了不少泥巴和血渍。后来她还是去了舞会，不过全程都蜷缩在角落，不想引人瞩目。

最后，我们还要来说说婚纱。对很多女孩来说，婚纱就应该像华丽的公主裙一样，缀满精美的缎带，配上闪闪发亮的皇冠。但是对另一些人来说，她们的选择却有点不一样。

对于精英阶层来说，婚礼的意义不同寻常，因为很多婚姻都是有政治、商业目的的联姻，新衣服就能彰显场合的重要性。但是，从15世纪开始，婚姻不再适合于合作关系，因为婚姻在基督教中有着庄严、神圣的意义。在这些背景因素的影响下，婚礼的形式意义重大，而婚礼服装无疑是体现仪式庄严性的重要一环。另一方面，非精英阶层的女孩结婚时可以穿着一件崭新的礼服裙，这条裙在婚礼之后也可以一直穿用。在20世纪之前，这类衣服一直是高领设计，连个肩膀头也不让露。

在18世纪，贵族阶层的婚纱都是用带银线的织物制作，后来才发展成了纯白色的礼服裙。这种白色的婚纱是到维多利亚时代才成为婚礼标配的（尽管和现代化学漂白的颜色不同），在那之前，纯白的婚纱并不存在。

奶白色、灰色、象牙白、黄色也是婚纱的可选颜色。在某些地方，蓝色的婚纱也寓意不俗。人们还发明了这样的顺口溜：“结婚穿蓝，真爱永存。”这句俗语还有下一句：“结婚穿绿，羞于见人。”出于这样的迷信，很多女孩会避免在婚礼上穿着绿色的服装。“送给女孩一件绿裙”代表嫉妒对方，这可能源于一个古老的习俗——新娘结婚前应该避免从事农事，但绿色象征青草、庄稼，因此赠送给新娘一件绿衣服十分不妥。而红色因为太过热情，似乎也不适合作为婚纱的颜色。俗语的第三句是：“结婚穿红，祝你早死。”

通常来说，婚纱只会在结婚的时候穿一次，它是特别的象征。在 20 世纪 20 年代以前，女演员和皇室的婚礼引领了整个社会的婚礼时尚，那些华丽的礼服裙和人们日常见到的服装如此不同。尽管礼服是用华美的面料制成，上面还有无数精美的刺绣和装饰，但是这种衣服毕竟只能穿一次。婚礼之后，人们一般会将礼服折叠起来，用油纸包裹，放到储藏室里去。即便家族中的年轻女孩到了结婚年龄，她们可能也会嫌这种老式礼服太过时，而拒绝穿着。那怎么办呢？主人可能会将婚纱重新漂白，再做适当修改，将之改成一件舞会礼服。还有一些新娘，会在结婚之后将礼服的裙摆或者拖尾剪下来，做成自己新生孩子的受洗礼服。

在“二战”期间，那些想穿上传统洁白婚纱的女孩们可是很具创造性的。彼时布料都是按配给供应，如果你想穿长裙，很可

1952 年的婚纱，展现了战后人们对浪漫生活的向往。

能只能租借。心灵手巧的女孩们还能找到一些丝绸或者尼龙的降落伞，用上面三角形的裁片巧妙地缝制出自己的礼服。

婚纱的制作还涉及很多迷信的习俗——至少在过去是这样的。过去的女裁缝在缝制婚纱的时候，还会在缝线里加入自己的头发，希望自己沾点婚礼的喜气。服装店里的幸运物也不少——可能是一把蓝色的弓箭，可能是一只别针，可能是一枚银币，这些物品的一角均沾有工作坊里的处女的血，据说可以辟邪开运。

现代的女孩在结婚的时候，大概都是通过网络向专业的定制店定制婚纱。即便你亲自去婚纱店里挑选的婚纱，大多也是缺乏特色的量产货，由海外某家不知名的小公司制作。婚礼和婚纱是现代多数人展示自己生活的重要环节。21 世纪还兴起了一个奇怪的时尚，很多准新娘会在婚礼中，以及拍婚纱照时故意弄脏自己的婚纱，这股带有叛逆风的婚纱时尚被称作“消灭婚纱”。

大部分婚礼中的婚纱都是美丽端庄的，但也有些例外。有些新娘结婚的时候可能已经怀孕了，于是她们会定制加宽、加大的婚纱。历史中，孕妇装的发展一直是缓慢、谨慎的。在20世纪以前，日礼服通常有宽松的腰肢设计，礼服裙的腰也收得不多。现代的一些博物馆中仍藏有一些以前的哺乳服，我们可以看到收口的地方也是用褶裥或者缎带收紧的。维多利亚时代晚期的茶会礼服也是宽松形态，从穿着者的肩膀一直垂到脚边，几乎不会收腰，适合遮挡穿着者丰腴的身体。第一次世界大战期间，杂志上首次出现了面向准妈妈的孕妇装的广告。从那之后，孕妇装的市场一直持续扩大。早期在杂志上出现的孕妇装多是苗条的形态，让人看不出穿着者挺着大肚子，这反映出当时社会上仍有怀孕时不宜见人的偏见。当时，就算是女人的肚子已经大到临产前的水平，仍会尽量用宽松的大衣或者斗篷来努力掩饰自己的身材。直到20世纪90年代，人们才接受了展示孕肚的观念，意识到时尚、别致（有松紧带）的孕妇装与斗篷完全不同。

苏格兰短裙

从中世纪开始，苏格兰男人的着装就是用苏格兰斗篷包裹身体，再用皮带扎紧。这种衣服被叫作“苏格兰裙”，这个名字后来还被用来称呼苏格兰裙子上的活褶。

苏格兰裙和苏格兰格子印花一直是苏格兰民族的代表。在1707年，苏格兰和英格兰根据《联合法案》（*Act of Union*）合并之后，一直到1745年苏格兰独立运动期间，苏格兰人都被禁止穿着自己的民族服装。禁令直到1782年才被废止，因为当时的君主自己也深深沉溺于这款裙子中。维多利亚女王在巴尔莫勒尔堡中储存的苏格兰式格纹呢一直堆到了天花板，随后的19世纪早期，英国的“威尔逊与儿子”公司将这些格子面料定义为英国传统文化的一部分，

现代苏格兰短裙。

阿尔伯特亲王更是在此基础上创造出了皇家专用的“德国式”苏格兰短裙。

穿着这种裙子并不意味着男人们是柔弱的。在第一次世界大战期间，苏格兰高地警卫团第25团即便在战场上，也是以这种裙装作为军服。对手德国军队将这支部队称为“来自地狱的女士”。苏格兰人以身着这种裙装而自豪，他们认为这样穿才是“真正的苏格兰男人”——标准穿法是裙子里面不穿短裤。当然，现代的苏格兰裙也会搭配同花色的衬裤销售。

一些穿苏格兰裙的男人坦承，穿这种裙子走动的时候很方便，裙子不会束缚住腿，上厕所时也方便得多。20世纪时，一些针对男性的裙子也诞生了，比如“Utilikilt”就是在2000年时，用剩余的军裤面料改造而成的一款男士裙子。

如果没有苏格兰裙的流行，主流世界要接受男人穿裙子恐怕还需要时间，更别提在军队和婚礼上也穿裙子。即便足球运动员兼内衣模特大卫·贝克汉姆在1998年穿上纱笼[1]出现在公共场合，也没能带动男人穿裙子的时尚。传统文化对裙子的性别定义实在太过明显，这种影响即便今天也难除去。

作为女性，当我们展望未来，即便给赫迪·雅曼设计的全裸时尚打个折扣，适合妻子们迎接回家的丈夫的性感透视装仍有存在的必要。裙子与裤子、牛仔裤、绑腿等相比，仍具有独特的吸引力，未来还会流行什么新款的裙装，我们尚未可知……

1　一种服装，类似筒裙，盛行于东南亚、阿拉伯半岛等地区。

第六章

裤　子

THE TROUSER PRESS

嗨！吼！在雨中，在雪中，
穿裤装的人们稳步前行。
20 个裁缝在缝针，
20 个女人穿马裤。

——19 世纪中期的美国民谣

“野蛮人”的穿着

裤子是现代人最常穿的西式服装，是男人的标准下装，同时也是女人们常穿的衣物。无论是在体育运动中，还是在婚礼和工作中，裤子都是百搭的服装。羊毛、粗棉布、亚麻、皮革、人造纤维……无论什么材料都适合做裤子。但是，在2000多年前，罗马贵族们曾经很鄙视这种衣物，他们认为只有那些未开化的部落——比如远离“文明中心”罗马帝国的日耳曼人和凯尔特人——才会穿这种东西。罗马帝国的士兵在天气寒冷的时候也会穿着一些绑腿或套裤，但只有日耳曼民族的男人才会穿着我们现代认为是裤子的衣物（而且很可能是模仿凯尔特人的装束）。罗马帝国颁布的禁奢法令（为避免人们穿着过于奢侈和不雅，帝国对人们的着装作了详细规定）中就明确禁止人们在城市中心穿着裤子。

令人感到讽刺的是，在接下来两千年的服装历史中，裤子在大部分时间都成为代表穿着者严谨、专业形象，以及性别优势的服装。罗马男人的标准着装是上着罩袍，下半身光着腿，但随着帝国覆灭，光腿成了不正经的装扮，裤子成了西方男人的主流下装。尽管两千年来裤子都是男子的标准装束，但随着近代越来越多的

19 世纪创作的一个古代高卢人形象。“野蛮人”的裤子很醒目。

女人也穿上了裤子，裤装成为一种性别特征不明的衣物。无论男女老少，每个人肯定都穿过裤子。

西方最早的裤子是什么样的？考古学为我的裤子研究提供了一些证据，比如9世纪的维京带扣。有带扣，就说明有皮带，那肯定就是用来系裤子的。事实是否真的如此还未有结论，不过，确实有很多带扣是在人类遗骸的腰部被找到的。也有可能这些带扣是来自古人的罩袍带子上，正如在丹麦图伦发现的铁器时代的泥炭鞣尸的着装一样。这些古老的织物远比金属难保存，因此考古工作者很难解释清楚这些服装配件本来的形态，以及有什么功能。

尽管稀少，但还是有不少古代裤子实物被保存了下来。在德国和丹麦都出土过精致的羊毛裤子，时间可以追溯到公元3世纪左右。这些裤子做得十分精美，配有皮带和6个束带圈。裤子的部分裤管仍保存完整，有点像现代的紧身裤。根据推测，穿着者应该是一名战士。考古学家相信，后来的维京人也是穿着类似造型的裤子。

裤子的发展也可以从艺术画作和其他历史记录中一窥究竟。罗马人很爱记录自己征战异族的故事，我们至今仍可以看到许多表现罗马战士俘虏敌人的石雕。类似的石雕主题一直延续到维京海盗时代。另外，在公元4世纪左右的手绘稿中也有描绘穿裤子的人的形象。

通过上述实物和资料，我们可以一窥裤子的原型，并且得知裤子是穿在罩袍之下的。尽管现代的裤装通常只分长裤和短裤，但是在历史上男装裤子有很多分类。早期的男裤的裤腿都很细，但臀部的部分比较宽大。古人穿裤子时，常常在膝盖以下的地方用布条或者皮带打上绑腿，这样做不仅可以在奔跑和运动的时候减少阻力，还可以在走路和工作的时候防止泥点的浸渍。[1]

裤子在当时也被叫作马裤，当然和现代的马裤不一样，现代的马裤多是比膝盖略长的裤子。尽管在罗马时代不受待见，但后来的事实证明，裤子确实比短马裤更实用。中世纪和文艺复兴时期，社会上兴起了一股男士美腿的时尚风潮，男人们除了喜欢穿裤子，还喜欢穿其他一些造型的下装，比如我们在前文中提到的男士长

文艺复兴时期极夸张的男士短罩裤。

1 绑腿也被有些人叫作套裤，北英格兰人直到19世纪还在穿着。英格兰和苏格兰边境的农民也会用稻草做绑腿。

文艺复兴时期的男士下装，前裆部有一只口袋盖在筒袜上，后来口袋演变成了带扣子的前裆片，再后来又变成了拉链。

筒袜。不过，16 世纪、17 世纪的男士裤袜更富有创造性。

文艺复兴时期的齐膝、贴身的筒袜是男士们必不可少的下装，常与华丽的宽松短罩裤搭配穿着，这种装扮大概还是男式泳裤的雏形。短罩裤一般是用华美的面料制成，上面装饰有刺绣和缎带，还可以根据穿着者的喜好调整结构，包裹住穿着者的臀部和大腿根。这种装扮是都铎王朝时期的绅士的标准着装。有些贵族男人还将自己的短罩裤加大，装饰得更加华美，让圆滚滚的裤子和裤子底下修长的腿形成鲜明的对比。由于罩裤里面填充有麸糠、马鬃或者破布，所以看起来会圆滚滚的，据说 16 世纪曾有一位男士穿着这样的裤子与女士们聊天，由于聊得太开心，竟没有发现自己的裤子被凳子上的钉子挂住了，钉子扯破了罩裤，麸糠露了出来。女士们笑得前俯后仰，不过这个男士却无比尴尬。

17 世纪的男士也可以选择穿着马裤。这种宽松的裤子尤其受到海员的喜爱，因为他们觉得这种被称为“slops”的裤子很适合和松垮的上衣搭配在一起，顺便说一下，他们的行为举止也和衣服一样随意，由此产生了“马虎”(sloppy) 这个词。同时期的裙裤也极其宽大，跟短裙不相上下，齐膝的下摆还装饰有条纹饰物。这种裙裤一度是精英阶层的最爱，但很快就被淘汰出历史舞台，男士下装还是由长裤和马裤占据了主导，不过这可不是因为什么流行趋势导致的，而是因为裙裤太不适合在打斗中穿着了。长裤和马裤，有时候会成为不同政治阶层的象征，在一些极端的情况中，甚至会涉及犯罪。

阶级和国家象征

在 16 世纪的爱尔兰，服装中仍有很多受挪威旧式服装的影响，裤子尤其如此。英国君王曾多次颁布限奢法令，规定治下的爱尔兰居民只能穿着“符合英国文化的服装”。这意味着马裤比长裤更受推崇。遭受同样命运的还有苏格兰，当地的人民曾一度被禁止穿着苏格兰紧身格子呢长裤。在文化的战争中，服装其实是一种有力的武器。通过推崇马裤，英格兰人也试图用服装为不同的人打上“文明”或“野蛮”的标签——就跟曾经的罗马人一样。坚持穿长裤的人不光是在反对禁奢法令，更是在用这种方式展示自己的文化和民族认同。讽刺的是，无论是“文明的服装”还是“野蛮人的穿着”，说的都是男装，女人们的穿着仅仅只会和奢华、简朴联系起来。

马裤和长裤的争斗持续了 200 年，它们最后的对决一直持续到 18 世纪晚期的舞厅和俱乐部中——受法国革命的影响，穿错了裤子的人很可能被扣上其他罪名，甚至被送上断头台。

华丽的丝绸马裤是法国国王路易十六（1774 至 1792 年在位）的最爱，但其实他穿的都是女款短裤。类似的服装也成为贵族和平民的区别。在 1789 年的法国大革命前夕，这种作为贵族的身份象征的下装，被赋予了巨大的政治和社会意义，成为划分敌我双方的标志。

长裤汉——不穿马裤的人，即当时社会上激进的左翼工人们。常常身着木屐，头戴红帽，更重要的是穿着长裤，他们成为法国新的掌权阶层。路易十六在革命中首先被罢黜，随后被处以极刑。那是个恐怖的年代，许多暴力事件接踵而至，裤子再一次成为划分阶层的工具。

但是，革命是背景复杂的政治运动，长裤汉群体后来也迅速被其他利益集团驱散。当拿破仑在 1799 年成为皇帝——正是在长裤汉挥舞三色旗崛起不到 10 年之后——为推动里昂市丝绸工业的发展，他再次引领起了丝绸套装的流行风潮。拿破仑在出席新宫廷的活动时穿上了一条丝绸马裤，以展示自己的准贵族身份，这成为时尚的命运之轮再次转动的标志。

如同空气装

马裤的面料在这段时间也有了巨大变化。18 世纪的欧洲，兴起了一股复兴古典主义的时尚，富人们到希腊、罗马旅行时，购买了不少古董雕塑带回家。由于这些古董雕塑主要是纯白色或其他淡雅的素色，因此当时的人们也潜意识地认为古人的服装多为素色，为了模拟这种优雅的古典韵味，社会上开始流行素色的马裤。[1]这个时代的服装也加强了对于男性体格的塑造，反映了当时社会对运动、健美的痴迷。软牛皮耐磨又亲肤，用这种材料制作的马裤大受追捧。尤其是高加索山附近的居民，他们觉得骑马的时候穿这种材料的马裤舒适无比，软牛皮这个词甚至成了另一个指代皮肤的词。人们如此追捧软牛皮马裤，甚至称之为“空气装”——穿着它的感觉就像没穿衣服一样舒服。一些人自然而然地认为马裤也可以当作内裤穿，这就有点太性感且令人震惊了。他们用一系列委婉的、表示某种拘谨的词语来形容这种公开出现的服装:

1 21 世纪的电子切割技术大为进步，可以重塑古典时期的雕塑，不过设计师们为这些仿品雕塑涂上了大胆而华丽的颜色。仿制的热潮宣告了古典主义的再度流行。公元前 320 年的波斯雕塑和雅典卫城中的雕塑现在都有了前卫的黄、红、蓝、绿版本。

不可说、不能提、不好表达。

18 世纪的马裤变得紧身了不少，不过增加了胯部两边的袋状结构，这更方便穿着者骑马。这时期的棉布马裤是如此紧身，以致某些男仆在主人餐桌旁服务时，会尴尬地吸引住用餐者的目光——这裤子穿起来就像没穿一样。紧身马裤的前门襟处的结构确实有待改进。由于没有足够空间放置生殖器，穿着者只能将其塞到一边的裤腿里。在定做马裤的时候，穿着者也得告诉裁缝，他希望加大左边或者右边的裤腿，裁缝会依要求在裤腿处增加面料。

长裤的称霸史

就像罗马人做梦也想不到自己最终陷落于“野蛮人”之手，18 世纪 90 年代的人们也不会想到长裤将会成为颠覆西方穿衣文化的衣物。长裤是如何取代了马裤，成为接下来两百年西方最主流的经典男士下装的？这部长裤称霸史中有一位不得不提的人物：花花公子布鲁梅尔。

生活在 18 世纪末期的布鲁梅尔是英国第十皇家轻骑兵的中尉，同时也是一个富二代，穿衣打扮可是他的最大爱好——我们在讨论罩衫的章节里已经简单地聊过他了。布鲁梅尔觉得自己制服中的长裤很好看，于是终日穿着，为了保持裤子笔挺，他在脚上还穿了一套类似马镫皮带的配件，牵扯着裤子。他的长裤一般是黑色的，用和筒袜材质一样的面料制成，或者是用裸色的软牛皮制成。裤子一般长至小腿，里面配上筒袜，脚上再穿上靴子。

由于布鲁梅尔的外表、自信和影响力，很快，这种风格也影响了精英阶层的其他男士，长裤的时尚在很大程度上冲击了马裤的统治地位。拜伦爵士在很早的时候就穿上了长裤，据说是为了遮挡自己的跛脚。由于爵士的盛名，他的这种穿着爱好也在无形中得到了推广。拜伦的长裤通常是用棉布或白色斜纹棉制成，每次穿着后都会清洗。另外，资料显示在 1812 年，拜伦还定制了两条苏格兰格纹呢的长裤，分别搭配了同花色的鞋套。这轮流行影响了英国十几年，即使在盛大的皇家活动中，苏格兰格子呢也是上得了场面的时尚。一时之间，苏格兰绒呢裤风光无限，这一时期的沃尔特 · 司各特爵士所撰写的畅销小说更是锦上添花，为苏格兰格纹吸引了一大批粉丝。布鲁梅尔大概没有想到自己引领起的时尚这么快就变形成这样了。

可怜的布鲁梅尔，后来因为与时尚同好乔治王子——后来成为乔治四世国王——的恩怨和无节制的消费被迫流亡海外，而不是蹲债务人的监狱。曾经无比富有的布鲁梅尔后来穷困潦倒，据说在 1837 年他请当地的裁缝帮忙修改他最后一条长裤时，还请求裁缝收留他过夜。

虽然曾经被认为是异族和下等人的穿着，但从 19 世纪开始，男士长裤（比北美的裤子短一点）已经成为全社会普遍接受的男士着装，在字典中，裤子的定义是“文明社会男士的正规下装”。

虽然长裤成为主流，但马裤也在 19 世纪被保存了下来，尤其

英王爱德华七世时代的男式骑行服，图中人身着骑马裤。

是在体育运动和军队仪仗队中。德国国王的表亲，普鲁士的弗雷德里希·利奥波德的马裤都是量身裁剪，和身体贴得严丝合缝，据说有次在仆人们剪开裤子时他还昏了过去。在沙皇俄国，加尔德爵士也为可怜的尼古拉斯二世准备了出席宴会穿的紧身马裤，上面涂有肥皂以保持笔挺，尼古拉斯二世穿的时候还没有穿内裤。马裤和诺克福夹克也常常搭配在一起，这种组合可以帮助穿着者熬过糟糕的天气。1871 年，当亨利·斯坦利爵士站在坦噶尼喀湖岸边，说出那句著名的对白——“是利文斯通医生吗？”时，他身着一条“诺顿及儿子”品牌的定制马裤，这个牌子是专门为皇家和国家元首定制服装的。与此类似的还有卡纳冯勋爵，当他 1922 年打开图坦卡蒙墓的时候，也特意身着一条著名裁缝亨利·普尔制作的马裤。

骑马裤的臀部和大腿部十分宽松，但在膝盖以下却迅速收紧，这种马裤的替代品十分适合在骑行及运动时穿着。骑马裤以印度城市焦特布尔命名，因为这款裤子正是焦特布尔王公的儿子在 19 世纪 90 年代玩马球的时候穿出名的。这种叫“焦特布尔”的骑马裤在现代仍被骑马的人们穿着，只不过材料已经变成了莱卡。马裤还在其他一些体育活动中幸存了下来，比如户外射击时，马裤是首选服装。这种专业性的马裤是由专业的厂商提供，穿着者可以根据狩猎的环境选择各种深浅不一的棕色和绿色款。

除非一些特殊的场合，马裤这种服装在近代的衣柜中很少见。有些马裤的爱好者十分希望这种时尚能复活，比如爱德华七世时期的王尔德——一个彩色天鹅绒马裤的爱好者。不过，在 20 世纪

70 年代马裤最后一次在女装中复兴了一阵之后，就再没出现过，长裤才是下装的主流。

瘦腿裤和喇叭裤

在最近的两百年历史中，长裤担当了社会地位或族群认同的标志作用。在基础款式的基础上，各种新的长裤设计层出不穷。这其中，有不少设计的原型是某种工作服，只是被前卫的时尚爱好者引入了主流时尚。

在维多利亚时代，时尚的绅士们还流行穿一种上大下小的裤子，这款长裤的臀部很宽松，裤管先是收窄再撒开，其实就是喇叭裤的原型。还有些男人喜欢在体育活动时展示自己花哨、华丽的裤子，这种人一般被大家称作“绣花枕头”。

羊毛呢和亚麻制作的裤子在穿着者坐下时会随穿着者身体折叠，在前胯部和后膝部会产生袋状折痕，这给了 20 世纪初的爱德华八世灵感，故意在裤子上增加竖直的折痕。据说他的灵感来自一次骑行事故，国王碰巧看到对方——一个佃农身着一条两侧有折痕的长裤。这种长折痕一般是由裁缝用压裤器压出来的。所谓压裤器，其实是木头或金属制成的压板，裤子放在上面一整夜后就会被压得笔挺。但裤子折叠之后就会在两边留出自然的折痕，这反倒成了一种时尚元素。

爱德华时代的绅士们很喜欢穿窄腿裤。时尚这种东西，常常都是以创新之名在复古，正如窄腿裤爱好者的下一代又掀起了一股宽腿裤的流行，这股时尚在20世纪20年代流行了两年。物极必反，在宽腿裤流行达到巅峰的时候，著名的《裁缝与裁剪》（*Tailor and Cutter*）杂志又对这种复古的20英寸裤管发起了攻击，杂志中批判道："这完全就是过去那些奢靡的贵族的打扮。"

对于二三十岁的小伙子来说，裤子不太能吸引他们。不论是宽裤管还是窄裤管，裤脚卷边还是不卷边。棕色和蓝色是最常用的面料颜色。但到了20世纪40年代，年轻男子们开始掀起新的潮流。这一次，来自美籍非洲裔的阻特装成为社会的新宠。这轮时尚的先驱来自"二战"期间的法国，年轻人身着这种宽大的低裆裤，企图打破战争带来的刻板氛围。关于这场市场潮流以及复杂的社会背景，我们等下将在西装的章节中详谈。

20世纪50年代的直腿裤和80年代的窄腿裤，其实也是爱德华时代流行风尚的复活。在这两轮时尚中间还夹杂着扫地式喇叭裤的流行。喇叭裤的流行与当时充满叛逆氛围的社会背景是分不开的，这种风格对于老一辈人来说也是挺难接受的——这正合年轻人的心意。这时期还有一款裤子，以高腰为特色。这款裤子的腰部还会装饰很多扣子，一位高腰裤的爱好者后来回忆说："这种裤子的确挺夸张，最高腰的一款甚至有10排扣子，这迫使腰部被设计得很高，甚至达到了我的胸部。"这款裤子还得搭配多根皮带穿着。

时尚的反转有时候比人想象的还快得多。最近几十年，我们既能看到高腰裤，也得见超级低腰裤——腰部勉强能挂在盆骨上。裤腿的开衩可以很高，也可以低至膝盖。还有很多其他细节，比如拉链门襟、裤脚翻边、臀部印花都可以有各种不同的设计。裁剪精致的裤子可以衬托出穿着者精致的生活品位；迷彩的面料、多袋设计的裤子又可以穿出粗犷的韵味。迈着迷人猫步的模特身上的紧身连身裤或铅笔裤也很吸引人，只不过这类裤子对于普通男性来说过于时髦，目前，大部分的男裤还是相对朴素简单。

女扮男装

目前为止，是否穿裤子而衍生的身份偏见不光发生在所谓“文明人”和穿罩衫或马裤的人群之间，更发生在男人与女人之间。

“长裤是男人穿的，不是女人穿的”是几个世纪以来，许多人根深蒂固的观念。在这种成见的影响下，人们自然无法对穿裤子的女人熟视无睹。时至今日仍有一些西方男人认为裙子才是女人该穿的唯一下装，他们完全忽视了女人选择下装的自由。某位自封为服装专家的人甚至宣称，那些穿裤子的女人是故意的，为了减少自己的魅力，模糊性别。

像我们在之前的章节讨论的裙装一样，裤子也被赋予了强烈的性别定义。早在古希腊时期，职业女性在工作时也必须穿裙装，虽然针对具体的工作内容，女性工作人员的动作也需要进行调整——就像后来的女性要穿裙子骑马，为了不走光，女性会侧腿坐在马鞍上，而不是叉开腿骑行。其实，当时逻辑是这样的：如果女人穿裙子的时候不适合从事某种运动或工作，那么说明这项运动或工作本身就不适合女人。举个例子，在1788年，一位研究者观察维苏尔火山爆发时，发现同行的女人们聚集在火山口附近，他批评穿着长裙的女人们不该来这么危险的地方，说岩浆喷溅的时候她们可能来不及躲避，但是，他没有想过为什么不让女人们穿方便行动的马裤。许多文化的禁令都是与财产、性别、谦逊有关。几百年以来，女性穿衣服时都会把自己包得严严实实，只有特定的性感部位可以展露。

尽管如此，我们仍找到一些证据证明西方乡村妇女会把裤装当作工作服，尤其是9世纪的欧洲。农场女工们在工作时可能会借丈夫的裤子穿；或者，有些女人会在裙装里面再穿上裤套。这是出于实际需要，并非时尚需求而穿裤子的例子，这也说明在社会底层人民中，身份认同并非如此重要。不过精英阶层要穿裤子可就不是这么回事了。穿马裤或者长裤的女人被认为是有意识地颠倒性别。一部维京法典甚至说到，颠倒性别的穿着会带来诅咒，一个女人如果穿上马裤很可能会遭遇离婚的命运。裤子还被人们赋予了男性权力的隐含意义，比如“今天谁穿了裤子？”

关于女人是否可以穿裤子的争论在19世纪达到顶峰。在英国工业革命和北美西部大淘金的背景下，女人们也需要穿上裤子，加入社会工作中。在美国和加拿大的大片新开垦农地中，女人们为了更方便地在野外干活，必须穿上棉布衬衫和帆布裤子，就跟

1863 年美国杂志上刊登的图片，左边是穿女式灯笼裤的女人，右边是身着传统裙装的女人。

在北英格兰的矿坑工作的女人一样。在北方工作的女人——主要来自兰开夏郡——留下了不少照片，这些“矿工姑娘”在那些富太太看来是挺新奇的，在此之前，女性至多穿些装饰性的裤装，比如灯笼裤。

为了将权力牢牢控制在父权制手中（或腿上），抵制女性穿裤子是有必要的。许多女人因此承受了巨大的社会压力。在一些极端的例子中，19 世纪的法国社会上甚至出现了女人不能穿裤子的法规，不过这项规定在 19 世纪 50 年代有了一些放宽，因为克里米亚战争的爆发，女性运粮官们偶尔也被允许穿裤子工作（尽管她们的官方制服还是裙装）。这些漂亮的运粮官衣服对那些想要自由穿着裤装的女性有很大的启发。

19 世纪 40 年代后期开始，一项关于女性穿裤子的运动引发了西方社会的关注，甚至是嘲笑。这段时期，一种土耳其式的女性裤装在美洲风行，尽管女人们在穿这种齐膝的裤装时，上半身仍搭配着保守的上衣，但还是引起了争议。批评的声浪是如此之大，漫长且持续，以致最坚定的女权主义者如伊丽莎白 · 凯迪 · 斯坦顿也最终放弃了抵抗。

这种穿着的引领者是美国女权运动的激进分子艾米丽娅 · 布鲁默，因此人们也把这套装束称为布鲁默套装。事实上，布鲁默是这场裤装运动最著名的支持者，但不是最早的。最早穿上裤装套装的女人是伊丽莎白 · 米勒，她的换装得到她父亲的支持，这位思想先进的父亲认为女孩子穿裙装有被歧视之嫌。斯坦顿参与到裤装运动正是受米勒的影响——在 1852 年两人的相遇中，斯坦顿身着笨重的裙装干活，她看到米勒身着裤子，一手提着油灯、一手抱着婴孩，轻松地爬上了梯子，这让她感慨万分。有一次她自己穿灯笼裤时，这样记录道：“我穿这种裤子两年了，真是太方便了。就像一个卸下脚镣的囚犯，我感觉自己真的自由了，我随时可以在风雪中行走、爬山、跳跃，在花园里工作……事实上，我可以参加任何体育活动。”

这种自由的感觉大概是现代女性很熟悉的，其实它来得如此不易。实际上，我们很有必要回顾一下这个变化的过程，反思过去的人们为了自由选择衣服经过了多么艰苦的斗争，但另一方面，从服装衍生到人身上的歧视，直到今天都没有全面根除。

嘲笑女性穿裤子的人可不只是反对米勒和斯坦顿的年轻民众，19 世纪，大西洋两岸的众多“专家”和理想主义者也加入了口诛笔伐的大军。他们首先认为女人穿裤子不好看，两件套的裙装和所谓的布鲁默套装被反对者拿来和胖女人穿的宽大罩衫比较。接下来，反对者们又声称裤子这种结构的下装不适合女人穿着，会影响女性健康。然而，最严重的指控说女式裤子是社会身份混淆的标志。穿裤子有时候也是一种职业性的象征，正如西方男人们走出国境、巡游世界一样，维多利亚时代也有越来越多的新女性穿上裤子、走出了家门，随着她们的见识越来越多，她们对提升自身社会地位、参与政治的需求也越来越明确。这些新女性就算不被允许穿长裤，也会在运动时穿上灯笼裤。

荷兰马裤的光辉

“Knickerbocker”一词指代马裤源自 1809 年出版的华盛顿 · 欧文的讽刺小说《纽约的荷兰裔历史》（*Knickerbocker’s History of New York*），在这本书中，插画家乔治 · 克鲁克香克描绘了一位穿着荷兰特色的齐膝马裤的英雄人物。80 年之后，即便是克鲁克香克也不曾想到，这种裤装竟然成了女人们在公共场所中常穿的衣物。

在 1881 年，合理穿衣协会出版了一本据说“兼顾穿着者健康、舒适、美观”的穿衣指南，规范了繁复、厚重的衣物的穿着顺序。实际上，这部指南还对女装裤子做出了规定——任何模仿男裤形态的女式裤子都有伤风化，作为一个折中的办法，女士们可以在裙子里面穿上马裤，或者干脆穿裙裤。

裙裤从本质上来说还是裤管极其宽松的裤子，以前的人们在穿裙裤时，常将裤腰扣在紧身衣上。裙裤上往往还会有一层裙摆状的面料，可以遮挡裤管。据 19 世纪 80 年代的一位服装专家所说，穿裙裤“可以带来非凡的自由、轻便之感”。一本医学杂志《柳叶刀》(*The Lancet*) 却宣称“在很多方面，裤子都对穿着者的健康和道德有不良影响”——真是睁眼说瞎话，这完全不是建立在科学分析之上的结论。另一方面，一本名气稍逊的杂志《女性世界》(*Ladies'*

1896 年穿着两件套服装骑自行车的女人。

World）则宣称：“嘲笑女式裤子的都是些男人，他们从没感受过干活的时候穿裙子是多么不便。”

在 19 世纪 80 年代左右，“新女性”找到了更适合穿裤装实践的运动：骑三轮车和自行车。在世纪末，人们是如此痴迷自行车，这股风潮让专家也不得不承认，骑自行车时更适合穿马裤——只是最好女人们能将马裤穿在裙子里。以击剑和骑行为首的运动中，马裤已经是不可或缺的装备。[1] 在世纪之交的 20 年间，女人们终于可以正大光明地穿着布鲁梅尔套装了，尽管还是在裙装里面。虽然是一种进步，但是那不长不短的裙子、随风招摇的大裤腿，还有齐膝的裤子还是让人觉得有点滑稽。[2]

整洁与熟练

世俗对于女人穿裤子的态度大概是沿着这个逻辑发展的——最开始，觉得女人穿裤子是不雅的，他们开始嘲笑那些先锋者，接着他们批评的声音小了，开始忍耐和让步，最后他们终于接受了女人也可以穿裤子的事实，而且是理所当然。但这也没有什么

1　1902 年的女击剑运动员一般身着黑色缎子或丝绸制的荷兰马裤，外面再穿丝绸短裙，这样的服装“可以保证运动员的灵敏性”。

2　沃金的玛格丽特 · 科里为她设计的“护踝”申请了一项专利，专门用来保护骑自行车的女士们的踝关节，遮住她们的脚和脚踝，“避免它们被后面的人窥伺”。

值得深究的，毕竟，在几个世纪以前，社会连男人穿裤子都不接受。

1894 年，在《淑女穿着指南》（*The Gentlewoman's Book of Dress*）一书中，作者这样抨击女裤："想象一下吧，我们的奶奶在炉火边修补睡裤，仁慈姐妹[1]穿着两件套服装配发药品，还有护

"一战"时期的女子陆军部队，图中的女兵显然还不适应自己的长裤和靴子，但穿这身打仗应该不错。

1 天主教慈善修女团的成员。——译者注

士们穿着马裤照顾病人！”

这些描述组成了一幅荒诞的想象图，在作者的想象中，这样的场景简直犹如世界末日。20年后，第一次世界大战的爆发震惊了世界，女人们也真的穿上了长衣长裤——躲避齐柏林飞艇的夜袭时，穿这种行动方便的衣服最合适了。在前线工作的护士还是穿着长裙，但救护车驾驶员和骑摩托派件的女人们的衣服却有了改变，另外，马裤也成为新成立的女子陆军部队的标准制服。工厂女工们也以自己身着长裤工装而骄傲，她们还专门去摄影楼里照了自己身穿工装罩袍和帆布长裤的照片。战争将女人的形象改变得如此彻底——战前的女人们穿着雪纺长裙，还戴着不少饰品，显得楚楚动人，她们至多只会穿着土耳其式马裤；而现在，穿长裤的技工的身影埋在火车头的阴影中，显得那么认真。女人是战时至关重要的劳动力，在战争的影响下，女人穿长裤不仅不再是被人诟病，反而成了值得夸耀的事情了。

作家维塔 · 萨克维尔韦斯特在1918年记录下了自己穿裤子的感受：“尽管我还不习惯穿马裤和橡胶靴的自由感觉，但我还是感觉自己充满活力。我奔跑、嘶喊、跳跃、攀爬，我越过拱门，感觉自己就像一个放假的小男孩。”

记者桃乐丝 · 劳伦斯一开始对裤装也不感冒。在1915年，为了得到前线的一手资料，作为战地记者的她第一次穿上了工兵的军服，对这段经历，她回忆道：“我一个人费力地系扣子，系背带，要怎么把庞大的身躯塞进窄小的裤子里，可费了我不少工夫。事实上，为了穿上裤子，我一直在蹦跳，然后使劲牵拉，最后才系好腰带。”

与她相反的是弗罗拉·桑德斯，本是战地护士的她，在战争中参加了塞尔维亚军队，成了一名士兵。她穿着男式军服在战场上厮杀，后来还被授予了皇家奖章。桑德斯成了爱国名人，甚至还有个基金会用她的名字在社会上进行募资。她穿着全套军服觐见了玛丽王后——当然也是穿着裤子。可悲的是，在战争结束之后，桑德斯的身份标签还是引起了争议，她曾袒露：“这个世界一半的人认为你不该穿裤子，另一半的人则会为你穿裙子而责难你，真是矛盾的世界啊。”

谁在穿裤子？

偏见不会轻易消失。1918 年的战后欧洲相对平静，一切秩序有待重建，人们也想尽快重建家园，恢复过去的正常生活。尽管女性在战争中贡献巨大，但是战后的社会还是希望女性尽数回归家庭，担任相夫教子的传统角色。20 世纪 20 年代，女人们只会在舞会中穿着波西米亚风的长裤，或者外出度假时在海滩上身着东方式的套装。富裕阶层的女性在滑雪的时候也会炫耀性地穿上裤装。短短几年，世界就退回到战前的状态——表面上是这样，但是本质性的改变已经不可逆转了。

身着裤装的好莱坞女明星明艳照人，但让普通女人觉得有些距离，不敢尝试这些装扮。马琳·德特里希身着精致剪裁的宽松长裤的造型很有名，1933 年时，她曾说：“我更喜欢穿男装，这样做不是为了标新立异，而是我确实觉得自己穿裤子更好看。”凯瑟琳·赫伯恩的选择也与她类似，她说：“我走路很快，如果穿高跟鞋容易摔跤，但是穿低跟鞋的话和裙子又不配，于是我干脆穿上了裤子。”

当时的社会，仍有许多人看不惯女人穿裤子，但越是看不惯，反叛的女人们就越爱穿。兰开夏郡的主妇尼拉·拉斯特在战争期间写下了许多日记，其中一篇记录道：“我今晚突然想明白了，为什么女人爱穿裤子，这在某种程度上是在彰显自己的存在，裤子更多的是一种生活态度的象征。穿裤子的女人其实是在反抗男人的轻视。”

服装潮流被战争改变，这些影响也延续到了战后。20 世纪 50 年代，前卫的意大利卡普里式长裤和短裤成为一种时尚的休闲服装。这仅仅是个开始，整个社会，无论男女都开始反思服装的文化定义。随后的 30 年间，整个社会慢慢地接受了裤子的女装化，尤其是 20 世纪 60 年代标新立异的女装的出现，打破了服装传统的性别、阶层定义。传统裤装的文化定义已经彻底崩溃，再无复兴。如伊夫·圣·洛朗之类的设计师为女性设计了大量美轮美奂的女裤，这些女裤还往往带有未来风格，在接下来的“太空时代”扮演了重要角色，构筑了典型的现代风格。

无论是男人还是女人，穿上裤子都花了很长一段时间。那么接下来，裤子的普及效果又如何呢？答案是所向披靡。比安卡·加

20 世纪 40 年代的女式裤装剪裁非常时髦。

戈在 1971 年与男明星米克·加戈举办婚礼的时候，没有穿婚纱，而是穿了一条长裤和西装。这在当时引发了社会争议，但很快后继者就出现了。从那时开始，无论男人还是女人，在任何场合穿着裤装都无可非议了。

但是裤装还是有一些禁区。在 20 世纪 80 年代，还有一些职业禁止女性在工作时穿裤子。尽管英国皇家阿斯克特赛马会在 21 世纪废止了裤装禁令，但至今一些部队还是会选用裙子作为女兵制服，还有一些学校会选裙子作为女学生制服。

前沿裤装

有一种裤子超越了性别的界限，在全世界都获得了支持，这就是牛仔裤。

牛仔裤正是罗马帝国最蔑视的那种服装——它的原型是北美的矿工和伐木工的服装。19 世纪 70 年代，两家企业——雅各布 · 戴维斯和李维斯 · 斯特劳斯联合为一种由斜纹粗棉布（denim）、铜片铆钉和粗缝合线制作的裤子申请了专利。他们由此成立李维斯公司，开创了牛仔裤的时代。雅各布 · 戴维斯的贡献在于改善了缝合技术，加强了裤子的耐磨程度，并使用了铆钉——铆钉在以前只被用在马鞍褥带子上。李维斯 · 斯特劳斯公司的前身是一家旧金山的面料处理商，他们也将自己的强项应用于牛仔裤。

牛仔布其实是一种斜纹棉布——按照平行对角方向纺织，而当时“denim”这个词主要是指哔叽斜纹布。最早的哔叽是用羊毛制成的。以前一些干粗活的人，常常需要穿着这种粗面料制作的服装。哔叽与斜纹棉布混纺之后就有了现代人熟知的牛仔布。随着 18 世纪美洲棉花大量生产，纺织技术的发展，斜纹牛仔布成为工装的主要面料。最早的牛仔工装裤是带有围兜的连身背带裤，后来才变成了普通长裤。李维斯的客户从 20 世纪 20 年代起才开始叫这种裤子“牛仔裤”（jeans）。

牛仔裤最早是背带裤的样式，而且只作为工装穿着。

由于牛仔裤大受欢迎，于是其他公司也开始推出自己的牛仔裤产品，到 20 世纪初期，不同的品牌之间的竞争愈演愈烈。20 世纪 50 年代，Lee 牌的牛仔裤产品瞄准叛逆的青少年市场，迅速成为一匹黑马。实际上，老一辈人并不赞成孩子们穿上这种接地气的裤子，但是年轻人们要的就是这种懒散、叛逆、不拘小节的调调。“猫王”埃尔维斯 · 普雷斯利在舞台上从不穿牛仔裤，但另一位摇滚明星埃迪 · 科克伦却截然相反，他还掀起了一阵牛仔服搭牛仔裤的风潮。飞车党和好莱坞的“坏男孩”演员们，比如马龙 · 白兰度、詹姆斯 · 迪恩、保罗 · 纽曼则会用皮夹克搭配自己的牛仔裤。

最著名的牛仔裤无疑是李维斯的 501 号系列。这个系列的裤子是卷边的宽腿款式， 1890 年以工装裤批号 501 面市。1986 年，公司再次推出这系列裤子的时候，用了一个半裸的男模在洗衣店里的照片做广告，收获了大量好评。这系列裤子风靡全球，不过很快就过时了——当全世界的人都穿上了这款牛仔裤，那就不酷了。

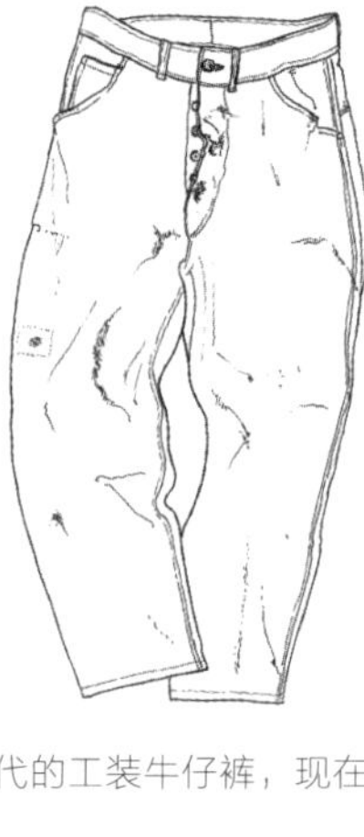

20 世纪 30 年代的工装牛仔裤，现在极具收藏价值。

老衣服具有极大的收藏价值。1870 年，第一条李维斯的裤子仅售 3 美元，但在 1949 年，有人在加利福尼亚州莫哈维沙漠的卡利科银矿发现了的一条李维斯 501 号牛仔裤——这是 50 年前的古董了，发现者联络了李维斯公司，后者最终以 25 美元的价格买下了这件经过修补的古董。2001 年，李维斯还收购了一条迄今为止发现的最早的牛仔裤——产于 19 世纪 80 年代——花费了 45 000 美元。

每一代人，或者说每一轮时尚，都有属于自己独特的牛仔裤款式。20 世纪 60 年代的英国，一款翻边的 501 系列牛仔裤与一款白色的 Lee 牛仔裤尽显风骚；随后的 20 年，超级紧身牛仔裤又广为流行，年轻人如此喜爱这款裤子，甚至愿意穿着它洗澡——因为浸过水的裤子更贴身。但这样做的弊端也不少，掉色的染料会损伤皮肤，一些人在脱裤子的时候还得找一个帮手。

牛仔裤的颜色也值得一聊。靛蓝的色素只会附着在牛仔布的表面，多次洗涤和摩擦之后难免不会掉色。不过，特定的掉色方式反倒赋予了牛仔裤别具一格的韵味。于是，现代的大量牛仔裤厂商开始用水洗、撕扯的方式加工牛仔裤，掉色、破洞都很好地还原了牛仔裤作为接地气的工装的本色。有趣的是，越破的牛仔裤价钱往往也越高。

牛仔裤面料都大同小异，但是针对不同风格的牛仔裤，加工方式也各有不同。20 世纪六七十年代的嬉皮风格牛仔裤往往带有印花和刺绣，而朋克风的裤子裤脚处往往被磨得很烂——一些人甚至亲自用剃刀来加工。90 年代兴起的个人主义风，又让服装店多了一项牛仔裤定制服务，这让每个人都可以拥有独一无二的裤装。2001 年，立酷派复活了 20 世纪 70 年代的胯部填充式牛仔裤。

牛仔服是一种平等主义，至少在一定程度上如此。牛仔裤可以便宜，也可以成为奢侈品；可以是宽松款式，也可以是紧身款式；而且，它还是一种男女都适合的中性服装。就像设计师维多利亚·贝克汉姆所说：“牛仔布不只是时尚的脊柱，也是脊髓、是脊肋。某些女人衣柜里的所有衣服都可以是牛仔布的。”

牛仔裤可以和几乎所有的服装类别融合，而且几乎每个现代人都穿过牛仔裤。虽然 2 000 年前的人并不接受裤子这种衣物，但在现代，裤子成为最主流的下装。无论穿着者的性别、阶层，裤子已经成了现代人密不可分的生活必需品。

第七章

大衣和斗篷

COAT HOOKS

“夜色渐浓，我们都将大衣裹紧，用围领紧紧裹住脖子。”

——《蓝色石榴石》，
柯南·道尔，1892 年

将身体包起来

一般来说，大衣不是最好看的衣服，但穿起来却很舒服。说大衣是具有保护功能的防护罩也不为过。我们会在寒冷的天气穿大衣，或者在潮湿的环境中裹上大衣保持身体干燥。多亏了大衣和斗篷，人类才能熬过严寒时节，或者躲过炎炎烈日。有了这层防护罩，我们才能去到一些极端的环境中，比如极地和月球表面。

即便是最朴实的大衣也有许多秘密和故事可说。在兰开夏郡腹地有一处废旧机场改建的古董大衣展览会，在那里我看到过一件“二战”时期的大衣，上面有三颗大大的纽扣、两只口袋，胸口处还有一张写了一排数字的白色布片。这件衣服造型简单、褪色严重，布料上沾满污垢，但这件衣服却大有来历。

这件衣服属于一个叫伊莉莎·马歇尔的德国女人，她于 1944 年在德国拉文斯布吕克集中营中穿着这件囚衣。拉文斯布吕克集中营是女犯关押地，尽管它不算是一个屠杀中心，但关押着大量政治犯、犹太人和其他“第三帝国的敌人”，这些囚犯的死亡率非常高。伊莉莎和母亲一起被逮捕，并被关押在这里，后来她们成功越狱，随被困的盟军飞行员一起逃出生天。当伊莉莎回忆起

伊莉莎·马歇尔在拉文斯布吕克集中营的救命外套。

得到这件衣服的经历时，她说："我们被带到放满盒子的桌子旁，盒子里都是从死人身上扒下来的衣服，每个人可以拿一件内衣、一条裙子和一件大衣。"

这件质朴的大衣让夜晚睡在冰冷石板上的伊莉莎获得了些许温暖，也陪她度过了下雨时寒冷的黎明。衣服胸口的数字取代了伊莉莎的名字，这是纳粹暴行的罪证。大衣袖子上有一个红色的三角形标志，表明了她政治犯的身份；大衣背后还有一个白色的十字，伊莉莎说，这是在犯人逃跑时让狙击手瞄准的靶心。伊莉莎在战争结束后仍保留着这件衣服，她说："这是我曾经的梦魇的活生生的证据，这件衣服见证了集中营中纳粹的罪恶。"一件再普通不过的衣服，却承载了非比寻常的历史。

伊莉莎·马歇尔的大衣在集中营中救了她一命，事实上，这就是大衣和斗篷的首要功能——在寒冷和潮湿中保护穿着者。在本章中，我们将会讨论大衣如何保护人们不被冻伤、晒伤，其中，我们将重点谈谈皮草大衣。

皮草大衣

皮草在人类历史中重要无比，一千年以来，皮草都是极好的保暖、防水面料。很多动物的皮毛会随着季节流转而改变颜色和厚度，比如貂——在夏季它的皮毛是棕色的，但是到了冬季，貂的皮毛会变白、变厚，这是貂为适应自然环境而进化出的一种伪装。

人类最早的衣服就是兽皮，或者是经过处理的动物皮革。今天，人们称这些原始皮草为“野生毛皮”。野生毛皮完全来源于野生动物，而不是圈养的家畜。史前的人类会将捕猎到的动物物尽其用，肉可以吃，兽皮可以用来做衣服，其他的骨头、脂肪、胶质组织也拿来做成了武器、灯油等用品。经过处理的皮草多被原始人围在脖子和肩膀处。

动物毛和动物皮肤是史前人类首选的保暖衣物。后来随着生产力进步，纺织品也加入了服装面料的行列，和兽皮混搭使用。在约 3 000 年前的波斯帝国，人类用纺织品缝制的有袖的大衣首次出现。皮草——尽管从未退出历史舞台——逐渐退居到人造面料之后的次要位置，但是皮草服装的加工技术、结构、设计都进步了很多。在人类历史的不同时期，几乎所有的贵族都拥有自己的皮草大衣，这些衣服是用切割过的兽皮拼合而来，它们能够充分显示穿着者的地位和财富。比如文艺复兴时期的白貂皮大衣（其实貂皮中都混有松鼠皮），极其华贵，穿得起的人并不多。直到19世纪，皮草首次迎来了全面繁盛。

这次皮草的兴起源于西欧社会的经济繁荣，当人们有了大量多余收入，对皮草的需求也迅速提升。同时，新的制衣技术也使皮草大衣的批量生产成为可能。交通运输技术的发展也推动了皮草贸易的繁盛，西伯利亚、阿拉斯加和加拿大的皮草商通过海运，可以将大量皮草原料带到消费者面前。

皮草猎人活跃在所有的大陆上，国际皮草贸易将各个国家连接起来，尤其是西伯利亚因为盛产黑貂皮得到了大范围的开发。几乎所有动物的皮毛都可以被制成受欢迎的大衣，狐狸、松鼠、兔子、海狸、水貂、狼和白貂的毛皮在欧洲供不应求。欧洲人还尤其喜爱一些相对珍稀的动物毛皮——黑貂、猞猁、南美狸鼠、花栗鼠、貂、猴子和熊。现在的乌兹别克斯坦还出产一种卡拉库尔大尾绵羊，这种羊的羊羔皮也受到了追捧，就是所谓的“波斯羊羔皮”，后来也被叫作俄国羊羔皮。它被广泛地应用于大衣、帽子和披肩的制作。

20世纪早期，人类对皮草的渴望达到了顶峰，就连家猫都不能幸免于难。根据一份1917年的概述，在每年的北美毛皮交易市场中，成千上万的猫科动物被屠宰，它们的兽皮被制成皮草，而且——“没人能说清楚在没有人工饲养的情况下，这么多皮草到底来自何方”。小说家、好莱坞剧作家莉诺·格林在1939年住在英国南部的多尔切斯特旅馆时，宣布自己拒穿皮草。相反，她让自己的爱猫蜷缩在自己的脖子上，替代皮草披肩。这一轮皮草的风行远远超过了人们对保暖、防水的需求，它演化成了精英阶层对自己地位的展示，而即便是平民阶层，也渴望搭上这轮奢华的风潮。

皮草时尚

物以稀为贵，任何人要是穿上珍稀的皮草，就会迅速掀起一股模仿热潮。皮草一经问世，就迅速成了地位和权力的象征。其实，钻石、鱼子酱的风靡也与之类似。尽管供应链的完善、运输科技的进步大大促进了皮草贸易的繁荣，但皮草仍是一种极其昂贵的奢侈品。此外，皮草大衣的加工成本和保养费用也很高，这意味着购买者还会持续在大衣上花钱。在夏季，有专门的护理工人会帮你保养皮草，防止蛀虫和化学元素对其的侵蚀。高质量和稀有性让人们对皮草趋之若鹜。显而易见，对于那些有钱又想炫耀的人来说，皮草确实不可或缺。

黑貂皮和水貂皮是所有皮草中最受欢迎的。巴黎的时尚领军人内巴特 · 斯派尼尔也对这轮貂皮的风行感到不可理解：“在全世界，水貂皮大衣都是一种地位的象征。为什么啊？还有其他的皮草，比如黑貂皮也是如此昂贵……算了，其实我也很想要一件

1930 年的时尚皮草大衣，这轮皮草时尚让几乎所有动物置身于危险中。

水貂皮大衣。”

有些商人还会用便宜的皮草染色冒充高价货（当然，好的皮草也可能染色以适应时尚需求）。最便宜的皮草莫过于兔子和麝香鼠的毛皮。在“一战”时期，这些便宜货受到了在工厂上班的年轻女性的青睐，因为她们的工资也只够买这种廉价皮草。但中产阶层显然看不起这种次品，一个住在伯明翰的女人就曾公开说道：“那些做军需品的女工和她们的皮草看上去一点儿也不优雅。我觉得给她们的工资开得太高了。”当时，一个在军工厂上班的女人抱怨自己一周工作 72 个小时，只能挣一英镑，“那么在生活之余，她们哪儿来的钱可以买皮草呢？”“这已经比她们以前挣得多了。”中产阶层那位女性说：“挣多了她们也不知道该怎么用。”工人反驳道：“那么那些富人就知道该怎么花钱吗？”

生活在19世纪后期到20世纪70年代的女性一般都买不起全套的皮草大衣，她们只能买羊毛衣身，袖口和领子带毛皮的大衣。这些皮草配件是可以拆卸的，可以搭配到其他大衣上。20世纪20年代，好莱坞女明星是名副其实的时尚领军人物，她们用毛皮大翻领搭配普通服装的穿搭风格极大地影响了流行趋势。其实在“一战”期间，就已经有用一整块狐狸皮做的披肩问世了，女人们通常将之围在脖子上或者胸部，用夹子固定。也有很多人将之包在头上，或坠在屁股后面，或者缠在小腿上，你还能看到皮草上连有那可怜动物的爪子，它的眼睛也乌黑发亮。

20世纪40年代，皮草披肩取代了蕾丝披肩，获得了女士们的追捧。皮草披肩一般都有宽阔的组合式肩膀设计，动物的爪子也在披肩边随风摇晃。50年代流行的时髦披肩一般是用小松鼠皮制成。在那之前，即便是中产女性也不会在特别场合穿着整套皮草，她们只会用皮草配件和普通衣服相搭配；与之形成对比的是上流社会的女士，她们即便身处战场也是全副皮草装扮。在1962年，杰奎琳·肯尼迪接见美国驻罗马大使时，很不合时宜地穿了一件豹皮大衣，后来的跟风者还有英国女王伊丽莎白二世和明星伊丽莎白·泰勒，这轮灾难性的时尚差点引致美洲豹灭绝。直到十年之后，非洲豹几近灭绝时，美国才宣布禁止进口这种皮草。

20世纪70年代的女人，经常外穿皮草大衣，内搭皮衣，这样夸张的穿搭十分夺人眼球。还有一种由嬉皮士引领的“阿富汗大衣”

就没那么时髦了——这种大衣由两种皮革混搭制成，里层是带毛的羊皮，外面还有一层皮罩子，原型是阿富汗的牧民服装。这种大衣在 20 世纪 60 年代中期就被引进英国，但直到披头士乐队成员穿着它拍摄了宣传照之后才流行起来。但是处理不当的阿富汗大衣的缺陷也是很明显的，在天气潮湿的时候皮革会散发严重的异味。

在经历疯狂的追捧之后，皮草时尚很快就退去了。在现代社会，穿着皮草是一件有争议的事情。在现代西方人的日常生活中，穿着皮草不再是为了保暖和防水，而仅仅是出于时尚需求。到了 1980 年，关于动物权益的争论越演越烈，反对使用动物皮毛的声音也越来越响亮。类似善待动物组织（PETA）之类的机构开始奔走呼吁，反对以获取毛皮为目的的动物饲养。更有甚者，诸如美国的动物解放联盟（ALF）甚至会用暴力手段对付皮草加工商和皮草时尚爱好者——他们表现得都有点像恐怖组织了。

皮草在现在已经成了公认的有争议的服装，即便在展览会或博物馆中也很少看到了。现在如果有谁穿着皮草大衣出现在公众场合，既会引起想穿不敢穿的人的嫉妒，也可能遭到反对者的暴力反击。皮草曾经是一种身份的象征，显示穿着者财力非凡、雍容华贵，但现在这些大衣都被藏到了阁楼上，或是挂在了衣橱最深处，上面沾满蛀虫，它们的主人将皮草的图片挂到网络上，等待被人买去或者慈善商店来接收。

不过世事难料，皮草的命运再次迎来改变。尽管皮草已经不再被主流社会推崇，但 21 世纪以来饲养貂和穿皮草的风气似乎又有点卷土重来的趋势。女人们无法挣脱对皮草的欲望，总有人不顾 20 世纪八九十年代以来形成的道德观，重新裹上了雍容华贵的皮草大衣。皮草市场重开，来自俄罗斯和中国的极度富裕的阶层继承了这项历史悠久的时尚，用皮草来显示自己的财富。

皮草引发了复杂的社会反响，动物权益保护组织强烈反对为获取毛皮而饲养动物，认为这样做极度残忍。同时，社会上又兴起了穿着假皮草的现象，这种假皮草首次出现在 20 世纪 40 年代，那时的人们因为战争原因而穿不起真皮草。让人惊讶的是，假皮草其实是一种石油化工产品，现代先进的技术可以惟妙惟肖地模拟皮草，这种产品确实比较环保。现代的很多设计师也很喜欢将皮草元素融入自己的设计，或者将皮草制作成特殊造型、颜色的配件，与其他面料搭配使用。至今，高质量的皮草对人们的吸引力仍然存在，穿皮草的欲望有时仍会胜过道德。

斗篷和阶层

抛开皮草，让我们再次回到用纺织品制作的大衣的发展史上。大衣是现代人必备的衣物，并且拥有漫长的发展史。早期的大衣并没有装袖，而是一种斗篷。斗篷一般仅仅是一块未塑形的面料，古希腊、古罗马的人们会用其包裹上半身，布料的肩膀处会收一些褶裥——这是他们的固定穿搭规范。在公元前 6 世纪时，古希腊人伊索写下了关于风与太阳的寓言故事，故事中风和太阳打赌谁能使得行人脱下衣服，谁就胜利。北风一开始就猛烈地刮，路上的行人紧紧裹住自己的衣服，风见此景，刮得更猛了。行人冷得发抖，便添加了更多衣服。风刮疲倦了，便让位给太阳，太阳用温暖成功让旅人脱掉了斗篷。这个故事也从侧面说明，对古代的人们而言，斗篷是必不可少的外衣。

最早期的斗篷也是用兽皮外套，正如我们在前文中提到的那样。随着时代进步，又出现了用羊的无卷曲毛和羊毛毡制作的斗篷。考古学家在公元前三四世纪的一个丹麦古墓中发现过一件斗篷，用黑羊毛制成，并用铜链固定。随着后来纺织技术的进步，各种羊毛、亚麻和丝绸的斗篷应运而生，有些是按照穿着者的身形裁剪的，另一些则是直接将面料盖在穿着者身上，然后用别针、胸针、皮带固定——看起来贴身又时尚。古希腊女人穿的外套又被叫作希马纯（himation），是一种宽松罩袍，这种衣服和古希腊的文化一起被罗马帝国继承了下来，甚至逐渐演变成了男性贵族的标志性服装托加袍。

托加袍其实是一块半圆形的轻型羊毛织物，兼具披肩、饰带、围裙作用，穿着时可以按照特定顺序折叠，挂在穿着者身上。劳动者和地主阶层穿着的托加袍大小差别很大。穿在罩衫之外的托加袍实际上是为穿着者增加了一个保护层，不过这也增加了穿着和运动的难度。较小的托加袍可以用皮带固定，如果太大，可以拉起来像兜帽一样，古罗马男性在需要遮阴、议事、服丧的时候都是这样穿的。尽管大部分的托加袍都是用纯奶油色的羊毛制成，但是下面的斗篷和长袍却是五颜六色的，哪怕卡利古拉皇帝和尼禄皇帝曾努力——基本没有成功过——将所有的紫色规定为只有皇室才能使用的颜色。

日耳曼和斯堪的纳维亚的贵族们不愿穿着托加袍，他们选择了具有地域特色的斗篷，这种斗篷里层是皮革，外层是精美的纺织纤维，还布满各种装饰。大概所有的低阶人群都爱模仿高阶人群的穿着，他们也会穿上廉价、厚重的面料制作的斗篷，或者为了方便工作而穿更小的斗篷。

文艺复兴时期的男装斗篷很有特色。男人们会在都铎王朝和詹姆斯一世时期出席宫廷活动时穿着剪裁精巧的斗篷，而在跳舞的时候则会摘去它。文艺复兴时，斗篷被系在穿着者的脖子上，平滑地从双肩垂下，长至手肘的位置——这样的设计会自然地把旁人的目光吸引到穿着者的双腿上。如果不想斗篷遮住上衣，你还可以将斗篷撩至身体一边。沃尔特·雷利爵士脱下自己华丽的斗篷，将其垫在水坑上，让伊丽莎白一世踩过去的故事大概只是传说，但是毁掉一件昂贵的衣物来表忠心确实是那个年代发生过的事。绘制于 1588 年的雷利爵士肖像画至今仍挂在伦敦国家肖像画廊中，这幅画中的爵士就是身披斗篷的。这件斗篷是黑色的，拼合了天鹅绒及黑貂皮，如阳光般漂亮的银线闪闪发亮，银线的末端还坠有三颗亮丽的珍珠。这件华贵的衣服应该不会常穿。

尽管大小不一、种类多样，斗篷还是成为彰显身份地位的绝佳展示品，因为穿斗篷时里层的华美衣服不会被遮住，这是大衣不能比拟的优点。还有些极端的斗篷长及地面，需要用人拾起衣摆才能走动——如此的华而不实的斗篷确实能显示穿着者非同常人的地位。18 世纪的国王和贵族还会在出巡时，穿着华贵的锦缎或天鹅绒斗篷，斗篷上面饰满穗带、亮片、玻璃珠、宝石和蕾丝。在出席加冕仪式、绘制肖像画，以及出席代表国家的场合时，斗篷也是他们必穿的礼服。

上述这些斗篷是都上流社会的专属，与之相对的，平民男女穿着的斗篷都是又厚又暖和，没有任何多余的装饰，仅做保暖护身之用。农人们穿的斗篷都不会很长，一般是用爱尔兰粗布、苏格兰格子呢或者猩红色的纺织物制成——你可以想象一下，童话《小红帽》中的小女孩就是穿的这种斗篷。斯堪的纳维亚的植物学家彼得 · 科姆在 1748 年访问了英国，他在日记中记录到："英国乡村妇女外出时会穿一件猩红色的斗篷。"他推测这是人们日常会穿着的衣物。乡绅们也喜欢在骑驴、做园艺、散步的时候穿红色斗篷，丝绸衬里的羊毛红斗篷更是婚礼中最常被赠送的礼物。在威尔士和泽西州还流传着一个关于英法战争的故事：据说拿破仑在 1799 到 1805 年攻打英国时，士兵们因为远远望见英国士兵身着红色斗篷而不敢登陆——现实中穿红色斗篷的往往是女人。

在工厂中，工人们直到 19 世纪仍穿着斗篷，不过也有不少人换上了宽大的披肩。披肩其实也是源于斗篷的服装配件，一般就是一块素净的布片，有长方形、矩形或者三角形三种，有些在边缘处饰有装饰。19 世纪的工人常常用披肩来包头，或者将之当成围巾使用。在天气冷的时候，披肩可以起到保暖作用，平时，将之围在身体上也能起到一定装饰作用。平纹羊毛披肩一般被平民阶层当作功能服装穿着，与之相对的丝绸、羊绒披肩由于价钱昂贵，而成了一种身份象征。18 世纪，欧洲与印度、埃及、波斯、土耳其等地的纺织品贸易量剧增，西方女性对那些充满异域情调的披肩情有独钟。那些精美的异域纺织品很好地衬托了那个年代的淑女气质。

披肩——淑女的标志

据说法国皇后约瑟芬对优雅的披肩的喜爱远超常人。据一个宫廷女侍米萨夫人透露，约瑟芬拥有两三百条披肩，如果她穿厌了，就会将之扔进火堆，然后买一条新的。

同一时期的人穿戴披肩的方法也是不一样的。简 · 奥斯汀的小说中的女主角们，就不会像同时期的工人一样，将披肩包在头上并在下巴处打结，以此挡风遮雨。相反地，她们会将之搭在自己的手臂上，展示着披肩上独特的印度松果图案。这种穿法也是在模拟古典时代的女性的穿着。这种设计后来被称为“佩斯利”，以一个苏格兰小镇的名字命名。从 19 世纪早期开始那里大量生产仿制的，印度印花披肩时还发明了另一种螺纹印花披肩，其迅速风靡英国。1784 年面世的诺维奇式披肩由棉布或者丝绸制成，上面有手工绣花，也很是风靡了一阵子。随着人们对披肩的需求增加，其他工厂也开始在羊毛披肩上印制各种图案，供客人挑选。披肩

1813 年的一位女士将披肩随意披在身上作为装饰。

的进口、生产和零售一度在摄政时期占据了服装产业的大量份额，这一点在 1818 年《纪事晨报》（*Morning Chronicle*）的披肩广告中就能清楚地看出——“披肩是最优雅、最受欢迎的服装配件。在街上行走的女人身上披着各种锦缎、薄纱、棉织的披肩，它们多

19 世纪 60 年代的女人们选择保暖的斗篷。她们把它穿在宽大的裙衬外。

是上好的英国原产货，当然也有印度货。特别适合去疗养地时使用。可以在‘豪威斯、哈特和霍尔的英国及印度披肩、亚麻和棉布商店’购买，舰队街 60 号。”

另外，披肩似乎还有一种有喜感的用法。1837 年有一位约克郡的公爵夫人，因有偷窃癖而声名狼藉，她尤其喜欢在吃饭的时候偷偷拿走主人家的银质餐具。在一次面见约克郡大主教的时候，对方的女儿决定戏弄她一下。主教女儿将父亲的宠物刺猬绑起来，用自己的披肩裹着，然后故意留在大厅里。一如既往地，公爵夫人情不自禁地偷走了披肩包裹，将之塞进了自己的行李里。在随从的提点下，公爵夫人终于在路过一家点心店的时候发现了那只刺猬，只得尴尬地将刺猬抓了出来。当时，她拉下车窗，对点心店的侍应说：“给我来一份你们最好吃的甜品。”侍应赶紧端出了一份点心。公爵夫人接过侍应拿来的托盘，将点心倒进了自己的披肩里，然后将刺猬放到了托盘上，递给了目瞪口呆的侍应。还没等侍应反应过来，公爵夫人就匆匆地命令马车出发，然后在车上美美地享用裹在披肩里的甜品了。

19 世纪是披肩的全盛期。尤其是 19 世纪中期的裙子非常宽大，这对斗篷起到了很好的支撑作用，斗篷上的螺纹纹理或者苏格兰格纹的优美被展露无遗。在那个时代，女士外套其实已经诞生，但是款式也与宽松的斗篷类似，因为外套也必须与宽大的下装相匹配。随后的几十年间，外套逐渐与披肩并列，成为备受青睐的上装，但这并不影响披肩的继续流行。尤其对于那些经济相对拮据的女性来说，披肩仍是相对便宜且百搭的服装配件。

在维多利亚时代最恐怖的一桩刑事案件中，披肩成为至关重要的罪证——没错，我们要说的就是著名的“开膛手杰克”一案。一条披肩已经被证实，属于1888年的系列凶杀案中的第四位死者凯瑟琳·埃德温斯。关于这条披肩也不是没有争议的——凶杀案发生之后，警察并未将这条丝绸的印花披肩列为埃德温斯的遗物，据说是因为大都会的警察艾蒙斯·辛普森在犯罪现场将其捡走了，直到2007年，由于苏格兰场（伦敦警察厅）下属的“黑色博物馆”（罪证陈列馆）规模缩减，这条披肩被列入了拍卖名单。购得这条披肩的业余侦探罗素·爱德华兹声称利用最新的DNA鉴别技术，在披肩上找到了属于当年的嫌疑人——理发师艾伦·科斯明斯基的DNA证据。不过，由于案发年代久远，开膛手杰克一案的真凶是谁至今仍未有结论。

19世纪后期，富有的女士们开始抛弃披肩，爱上了剪裁更复杂的外套，尤其是那种带着夸张立领的短外套。这些外套内衬有羊羔皮，边缘悬挂着黑玻璃珠，还装饰有众多的荷叶边、缎带和穗子。这种新式的外套彰显了穿着者“新女性”的身份和中产阶级的消费品位。

斗篷、外套、披肩的穿搭自有其法。在维多利亚时代，诸如《服装如何塑造我们》（*What Dress Makes of Us*）一书的作者之类的服装专家就曾提供大量详细的穿搭建议。作者认为年轻女孩穿着披肩会显得老成，而高个子的女人适合穿长款斗篷，同时，矮个子的女子应该避免穿着带着宽大领子的短款斗篷，“免得看起来像一只鸡”。曾有一个想象力丰富的女学生这样形容自己穿着不当的母亲："她就像一只受惊的、快要窒息的交趾鸡。"

在"一战"前夕，女装的穿着规范逐渐完善，女人们已经不会单独穿着斗篷出席正式的宴会，要穿也要搭配上羊毛外套，就像女子校服或者护士装。

在20世纪六七十年代，一种源于中南美洲的披风进入了西方人的生活。这款披风的样式并不复杂，就是一块在中间开洞的针织面料——开洞的地方是供穿着者套头用的，有些还连有一个帽子。这是一款极具南美游牧民族特色的服装，它的原型至少可以追溯至公元前500年的印加文明。在19世纪中期的美国独立战争中，用防水材料制作的南美斗篷还成了军装——因为这种斗篷不仅可以当雨衣穿，还可以用作防潮地垫或者防雨层。这款斗篷在20世纪60年代最为流行，用尼龙棉编制的精致版还一度作为礼服，被女人们穿到了宴会中。不过这种趋势并没有流行很久，随后的几十年间，这款斗篷多次零星地回到过人们的视野，但再也没有大范围地流行过了。

斗篷与短剑

斗篷今天仍存在于西方人的生活中。穿着者身着斗篷，要么是为了彰显自己的权威，要么是想伪装自己，要么就是为了标新立异。

19 世纪流行的悬疑小说中也有不少斗篷装束出现。

在好莱坞的电影中，决斗者常常会穿上带有羽毛饰品的斗篷，哥特风格的角色也会身着黑色斗篷出场，这类斗篷是为了增加角色辨识度而出现的。然而，以前的人们穿着斗篷往往是出于伪装身份的需要。事实上，服装是展示穿着者身份、性别和职业的最好媒介，简而言之，就是身份象征，要隐藏这些身份信息，最有效的做法就是用斗篷把身体包裹起来。

在历史上，斗篷是一种具有神秘色彩的服装。因此，人们又会把某人的阴谋称作“斗篷与短剑”（cloak-and-dagger）。这样称呼是有原因的，因为宽大的黑色斗篷是罪犯最好的掩护。在 1766 年，西班牙政府为了减少盗贼可能的伪装，还曾一度禁止人们穿着黑色的大斗篷和宽檐帽。

自都铎王朝开始，舞台上和戏剧中的坏人角色就经常身着宽大的黑斗篷，这种极具象征意味的服装营造了强烈的戏剧效果，但事实上，小说中的人物可不一定都是穿斗篷出场的。德库拉伯爵——哥特小说中著名的邪恶角色——就总是身着黑色的斗篷，有些斗篷还带有鲜红色的衬里。在 1897 年布莱姆 · 斯托克出版的小说原著中，这种恐怖的斗篷只出现过一次，但是极具惊悚效果。这一幕发生在主角乔纳森 · 哈克第一次目睹吸血鬼伯爵的恐怖力量时——“我看到他出现在窗外的墙上，向下攀爬，似乎要进入无底的深渊。他的斗篷向下垂在他的脸庞两边，就像一对巨大的翅膀。”

除了这一处描写，小说中再没有提到过伯爵的服装，更不用说其他服装的细节了。尽管如此，现代的电影制作者还是理所当然地为电影中的德库拉伯爵配上了精致的黑色晚礼服，以及宽大的丝绸斗篷。

另一位斗篷的代言人当属大仲马在1844年创作的小说《基督山伯爵》中的男主角。在被仇人投入冤狱之后，基督山伯爵化身为复仇的英雄。在小说描写的凄冷的月夜中，伯爵就是穿着黑色的宽大斗篷出场的。和德库拉伯爵一样，电影和戏剧中的基督山伯爵也总是身着斗篷，或者同样可以掩藏身形的宽厚大衣，但小说中其实并没有对他的服装详加描述。

在现实中，不是只有间谍和罪犯才会穿斗篷的，有些人穿斗篷只是为了带来乐趣或调情。在17、18世纪的化装舞会中，穿上神秘感十足的斗篷能吸引很多人的目光；还有些人穿斗篷则是为了掩藏自己的身份，方便和情人幽会。在18世纪的化装舞会上，许多人都会身着一种叫多米诺的全身罩袍，脸上还会戴眼罩。这种装束的原型就是中世纪带兜帽的斗篷。有了斗篷的掩护，舞会的参与者更能大起胆子和陌生人打情骂俏，甚至有更轻浮的行为。

斗篷有时候还能救命。在童话故事《灰姑娘》中，女主角被欺凌逃跑时，就是躲在了驴皮制作的、覆满苔藓的斗篷中。相反地，在中国版《灰姑娘》中，女主角叶限正是穿了一件用翠鸟羽毛织成的神奇斗篷才吸引了君王的目光。这些类似的故事其实都说明了在不同文化中，斗篷都是一种身份象征，不同类别的斗篷暗示了主人公们地位的改变。

由于斗篷、披风集合了犯罪、力量、伪装、昭示地位等多种元素，它也成为20世纪超级英雄们的标志。与传统的小说、戏剧相比，连环漫画描述的人物造型和故事更加夸张和戏剧化，这也促使漫画主角的披风必须更加拉风。鲍勃·凯恩在1939年创作的《蝙蝠侠》系列故事，其实就是漫画版的《基督山伯爵》。事实上，蝙蝠侠本身就是一位“披风改革者”，创作者为这个角色设计了类似飞机翅膀的披风——据说原型是达·芬奇的扑翼飞机——当然，你也可以将之想象成蝙蝠翅膀。在1966年的电视剧版本中，道具设计者大胆采用了尼龙塑胶材料来制作斗篷，这一做法一直延续到21世纪的《蝙蝠侠》系列电影中。在其他超级英雄身上，披风也可以变得多彩和轻薄，超人身披的红蓝两色披风就是个很好的例子。随风飘扬的披风还可以掩盖一下紧身衣过于贴体的尴尬。但在现实中，超级英雄的披风除了碍事，根本没有半点用处——通过科学计算，蝙蝠侠的披风必须长达15英寸，才可能让主人公在空中滑翔。

显然，无论是超级英雄还是超级恶棍，身披披风更多是一种身份象征，显示着他们不同常人的身份。由此可以预知，在未来，披风仍会在小说和漫画、电影里大行其道，但在现实生活中，我们还是穿大衣吧。

时尚的幻想

大衣是装有袖子、领子的外套，有长有短、有松有紧，可以是生活装，也可以是制服。19 世纪晚期，大衣逐渐取代了斗篷，成为人们最主要的外套。与裁剪复杂、结构精确的大衣相比，斗篷显得有些过时了。无论是女人还是男人，都愿意套上更加修身的大衣——尽管这些大衣的面料和斗篷大同小异。无疑，大衣比斗篷更加适应 20 世纪人们快节奏的生活。

对于生活在 20 世纪的女性而言，一件精美的大衣堪比一项投资——也许在今天仍然是这样。经济能力相对拮据的女人一般会

1952 年的羊毛大摆外套很好地代表了战后女装风格。

选择一些经典款式的大衣，这样的款式可以连续穿好多年；另一些经济宽裕的女性则会根据每季的流行趋势，购买颜色新潮、细节考究的大衣。20世纪20年代，包裹型外套和简洁的拼接大衣受到了消费者的青睐，反映了装饰艺术和新快捷运输的发展。20世纪30年代后期，装有垫肩的女式大衣悄然流行，直到战后迪奥的“新风貌”系列让溜肩设计重夺时尚大权。在20世纪40年代，很多大衣都是将毯子染色后制作的。经过了战争的洗礼之后，20世纪50年代的女装大衣迅速地走上了奢华之路。

这一时期的大衣很多是女人味十足的连身裙式，随后60年代又流行起四四方方的中性款式，再往后的70年代，带有长后摆的大衣再度成为主流。到了八九十年代，复古的垫肩和宽大的袖子卷土重来……这样的演变还在继续，不断更迭的流行趋势让焦躁不安的消费者们总是对下一波时尚充满期待。

防水大衣、防风服

中世纪有一句谚语：“戴兜帽的不一定是修道士。”意思是不要光靠外表判断一个人。有趣的是，这句话折射出的正是以貌取人的人类本性。如果在人群中看到一个穿着罩袍或者斗篷的人，你会本能地猜测他的身份。男装大衣也许没有女装大衣那么花哨和多彩，但是对于20世纪的男性来说，大衣应该算是正装之外最重要的服装了。你穿什么样的大衣，说明你是什么样的人，或者说，你想成为什么样的人。

正如女装大衣取代斗篷的趋势一样，在男装大衣成为主流之后，男装斗篷也正式退出了历史舞台。主流男装从斗篷进化到大衣发生在18世纪，这期间，带披风的男士大衣成为一个很好的过渡。最早，这种带披风的大衣主要是马车夫在穿着，当车夫们风里来、雨里去时，这种外套能防风防雨。有趣的是，这款大衣的宽松版还被称为“流氓外套”，这个名字首次出现在1738年的《伦敦晚报》

广受欢迎的切斯特菲尔德大衣，显得庄重严肃。

上："现在的年轻绅士们居然喜欢上了仆人的外套……我听说这种宽松的、带披肩的大衣又叫'流氓外套'，一般还会搭配宽檐帽，很像舞台上马车夫的装束，还很像新郎的结婚礼服。"

带披风的大衣的流行，是时尚史中精英阶层向平民取经的一个经典例子。这个时期的大衣仍具有强烈的身份标示意义。大衣的面料、裁剪、造型都可以彰显穿着者的经济实力、地位和身份。19 世纪，在男装大衣的基础款上，又衍生出了许多改良款式，比如有的款式更加贴身，而另一些大衣的领子、袖子、口袋被设计得更加有特色。

在小说中，夏洛克 · 福尔摩斯钟爱的阿尔斯特大衣也是一款带有披风的外套，同时期的切斯特菲尔德大衣则是一种款式更传统，适合爱德华时代的绅士们穿在休闲西装外的大衣。这些大衣都具有一定的防水功能，不过真要选一款防水罩式的大衣的话，就非麦金托什（橡皮布）大衣莫属了。

在 1823 年，发明家查尔斯 · 麦金托什递交了一份用印度橡胶加工的防水布的专利申请。专利申请成功之后，他用自己的名字命名了用这种防水布制作的大衣，这就是麦金托什大衣——防水大衣。最初的防水大衣都是棕色或者墨绿色的，不仅颜色有些沉闷，还有一个致命缺陷——因为不透气，穿着者的汗水无法挥发，所以这款大衣穿久了就会散发出难闻的气味。《绅士杂志》（*Gentleman's Magazine*）的记者在 1839 年抱怨道："防水大衣现在都声名狼藉了，当有人穿着它们挤上乡村的公共汽车，整辆车立即被汗臭包围。"

20 年后的 19 世纪 50 年代，出现了一种可折叠的防水大衣，人们可以将之当成雨衣穿。防水大衣一直被人穿到了现代，20 世纪 40 年代，还有公司推出了改良的防水斗篷，不过，同时期的另一种具有防水功能的大衣——防风衣还是抢了它不少的风头。防风衣混合了兜帽、外套、斗篷的设计元素，接缝很少，防水效果更好。防风衣的原型是北极圈的土著穿着的用海豹皮、驯鹿皮制作的防水外套。现代西方用涂抹了油脂的棉布模仿了这款衣服，并迅速让其风靡了世界。现代还出现了一些防风衣的狂热爱好者，防风衣（anorak）这个词还用来形容那些对统计工作充满热情又缺乏一定内格的群体。防风衣还有一种变形：带帽登山服。早期的登山服是在棉布上涂抹蜡，以达到防风保暖的效果，但随着制衣

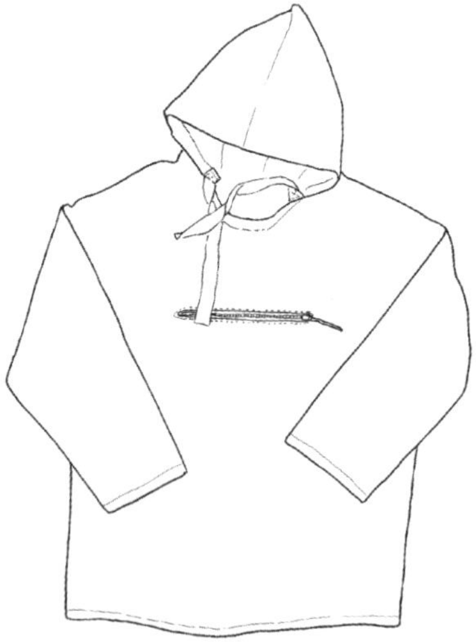

20 世纪 40 年代的防风衣曾是一款军服，穿着它的部队又被叫作“轻舟敢死队”，因为他们在 1942 年成功击沉 4 艘德军军舰。

技术的进步，20 世纪 60 年代又出现了在棉布上增加一层橡胶防水层的登山服。这种登山服可以被收纳进专用的防水袋里，携带十分方便。同一时期，设计师玛丽 · 奎恩特在原有防风衣的基础上，设计出了一系列色彩艳丽的塑料布防风衣，这也极大地推动了防风衣的流行。不过，不管是哪种防风衣，要把衣服收纳进防水袋，可比将衣服拿出来时麻烦多了。

我们再回来说说防水大衣。其实，在麦金托什申请专利的时候，防水布已经不是什么新鲜玩意儿了。涂过油的帆布是具有防水功能的，早在 18 世纪，在海上讨生活的水手们就开始用这种涂油的

19 世纪至 20 世纪的船员十分爱穿防水大衣。

帆布做外套穿了。这种被称为油布的材料还被广泛应用于防水斗篷。在20世纪30年代，厚油布的原料有了改进——帆布变成了棉布，上面涂的油也变成了亚麻籽油。直到几十年后，雨衣厂商采用PVC（聚氯乙烯）塑料布取代了这种轻型油布。尽管油布和防水布很早就被应用于工装和水手服，但是维多利亚时代的绅士们却仍愿意穿着老式的、不透气的防水大衣。幸运的是，1856年，汉普郡的布商改良了这种笨重、散发臭味的大衣——这个布商就是托马斯·博柏利。

博柏利发现单一的羊毛纱线的防水性远远优于普通织物，用羊毛织物制作的衣物透气效果也很好，因为面料上没有像油布一样涂满油脂。博柏利并不是突发奇想对面料进行改良的，他是看到牧羊人将羊毛脂涂抹在外套上，才灵感大发地产生了局部涂脂的想法。博柏利通过加工棉纺纱线，创新地研发出了新面料——华达呢，从此防水布的大家庭中终于又多了一个成员。这一发明取得了巨大成功，博柏利由此创立了自己的公司，这个品牌至今仍在蓬勃发展。博柏利后来还赞助了欧内斯特·沙克尔顿在1914年的南极探险。

1914年对于博柏利而言也注定是不平凡的一年。在沙克尔顿踏上南极征途的同时，第一次世界大战的八月炮火也打响了。博柏利和其他服装制造商一样，必须全力以赴为军队赶制军装了。在这轮军装革命中，他们发明了一种流行至今的外套——军用防水上衣（战壕雨衣）。

军官和绅士

战壕雨衣在第一次世界大战中是军官的专用服装，并不是随便什么小兵都可以穿的。历史上，军官都是出生在高阶家庭，或者是足够富有能够买得起一纸委任状的人，他们的穿着用品当然也要配得上自己的身份。战壕雨衣，当然也是他们身份阶层的象征。战壕雨衣是一款很适合战地生活的服装，衣服的颜色朴素，不易引人注意，衣服上面的各种细节设计也极其考究——所有的口袋都装有扣子，面料具有防水功能，肩膀处还增加了一层有防雨功能的育克，领子可以翻起防风，肩头还有肩章拌带。有些风衣在腋下还设有透气的孔洞，这大大增加了衣服的透气性。战壕雨衣是一种将19世纪的服装元素成功带入现代制衣的成功范例，两家大公司——博柏利和雅格狮丹都宣称这项伟大的发明属于自己。这款服装受到了广大爱国人士的欢迎，无论男人还是女人，都争相穿着风衣彰显自己的爱国情怀。即便到了战后，这种战地服装仍在人们的衣橱里占有一席之地。风衣是20世纪军装演化成平民流行服装的其中一个例子，但并不是唯一的例子。

海军粗呢大衣诞生于20世纪40年代，这款大衣的最佳代言人当属1958年的漫画形象帕丁顿熊。海军粗呢其实是一种厚实的、粗糙的、原产自比利时的羊毛织物，因为紧身又保暖，所以成了海军的制服原料。连着一块小皮带的木栓式扣子正是这种大衣的特色，这种设计是为了方便海员们在手被冻僵或者戴着手套的状态下穿脱衣服。大衣上的兜帽通常十分宽松，可以套在穿着者的军帽的外面。在“二战”期间，蒙哥马利将军就曾穿着一件驼色的粗呢大衣，配了一顶贝雷帽。战争结束以后，这款军装的库存迅速被平民们一扫而空。直到今天，粗呢大衣还在流行。

还有一个军装变成民用服装的例子——飞行短夹克。这款夹克用羊皮制成，在“一战”期间，因保暖性能良好受到了飞行员的欢迎。夹克上收紧的袖口、方便的拉链十分契合飞行员的需求，于是在第二次世界大战期间，这款夹克成为欧洲和北美飞行员的标配。20 世纪 70 年代，离经叛道的摩托车骑手和嬉皮士成了飞行短夹克的粉丝，他们穿着的美式夹克里还衬有独特的橙色衬里，十分惹人注目。在 1986 年的电影《王牌飞行员》（*Top Gun*）中，

飞行短夹克（中）是英雄飞行员的象征，因此广受欢迎。这张海报中还有诞生自“一战”战场的战壕雨衣。

男主角多次身着飞行短夹克登场，帅气逼人，这再次带动了夹克的流行。在这轮流行中，街头的嘻哈艺人成了飞行夹克的拥护者。接下来，哪类人将再次带动飞行夹克的流行呢？我们拭目以待。

不是所有男装外套都来自军队，有些衣服的原型其实是工人的工装。宽松的单排扣防雨工作服是 19 世纪中期的男性工装。衣服肩膀上有极具特色的防水布补丁，这是英国斯塔福德郡的防水面料商的独创，让陶艺工人在作业中免于被水滴浸湿衣服。这款外套后来得到了朋克青年的青睐，而且还很像 20 世纪 80 年代英国矿工的工作服。批评家曾批评前工党领袖迈克尔 · 福特在 1981 年的荣军纪念日里穿着这款不合时宜的外套，尤其是他当时身处其他穿着正式的政治家中间。其实，福特仅仅是喜欢这种外套的宽松舒适，并没有任何其他政治意图。不过，我们也多次说过了，大衣是昭示社会等级的工具。

改良的设计元素

在前文中，我们回顾了油布、羊毛织物、橡胶防水布和博柏利羊毛脂纱线的诞生，那么近代，又有什么新材料诞生呢？在 20 世纪 50 年代，我们发明了防水 PVC 面料；在 70 年代，我们又发明了透气性良好的戈尔特斯面料。近代发明的这些新材料到底该算是服装面料呢，还是功能性保护层？事实上，无论是那些古老的面料，还是新时代的高科技面料，都是两者兼具。在对登山家乔治·马洛里的服装研究中，有一个有趣的例子。

马洛里出生于1886年，他是一位天赋异禀且经验丰富的登山家。在1924年攀登珠穆朗玛峰时，他穿着一件哈里斯花呢上装和格伦费尔毛衣——这种编织紧实的毛衣以传教士格伦费尔的名字命名，在1923年，传教士远渡纽芬兰时发明了这种毛衣。马洛里最终没有活着返回，专家推测他的罹难与装备不够齐全有关。不过自从1999年他的尸体被发现以来，专家推翻了马洛里缺乏足够保暖衣物的判断。马洛里当时穿着的定制版羊毛短外套甚至比现代服装更加优质，具备足够的防风性、防水性和保暖性。服装专家凡妮莎·安德森在检查了马洛里遇难时的服装后总结道：“他的衣服的质量让我惊讶，缝制技术也十分先进，这些衣服是足以抵挡珠穆朗玛峰的严寒的。”

但是，包裹全身的衣服已经不会出现在现代人的衣橱中，你只能在NASA宇航员的身上见到它们。这种由防火棉制成的衣服涂有名为普鲁苯的化学阻燃剂，这种特殊服装是为巴兹·奥尔德林在外太空行走时准备的，据说“包含100%的生存必须设备”。也许很快，我们就能穿上科幻小说中描写的那种适应任何环境，装有芯片，可以让人们追踪到穿着者的位置的服装了。

第八章

定制套装

SUITS YOU

“据记录，亚历山大大帝在埋葬远征印度的军队时，特意命人埋葬了许多大号盔甲。这些盔甲远远大过士兵们的身体，因为亚历山大想让敌人产生一种错觉，以为他率领着一支巨人的军队[1]。”

——《巨人的礼仪》（*Manners Makyth Man*），
布里姆利 · 约翰逊，1932 年

1　现在有理论认为亚历山大穿着一种古代版本的凯夫拉尔纤维作为他的盔甲。威斯康辛大学格林湾分校的专家们重建了“Linthorax”——亚麻层，这是普鲁塔克描述的亚历山大在公元前 331 年高加米拉战役中所穿的衣服，也可能是庞贝古城复原的著名的《亚历山大》马赛克画中所描述的穿着。

套装心理学

一套盔甲大概是人类最奢华、最精致的套装了。盔甲可以强化穿着者的身体轮廓，将之塑造得更加强壮，给人威严的感觉。在现在的古堡和博物馆中，即使是一副空着的盔甲，也像守护者一样默默矗立。虽然我们每个人的样貌、体形不同，但衣服其实也像一种“壳”，塑造、保护着穿着者的身体。

我们这里说的套装，正是几件由同样或者相称的面料制作的服装，需要一起穿着。对于欧洲男性来说，在 16、17 世纪，我们说的套装是上衣及马裤或长裤；对于 18 世纪的苏格兰男士来说，套装包含了外套和格子裙。对于欧洲女士来说，套装包含了上衣和裙子。套装的历史——不管是否包含马甲——其实也是一部西方文明史。套装昭示穿着者的身份，有时候是个性的象征，有时候又是抹杀个性的工具。即使把套装称为社会引擎也毫不为过，它反映着人类穿衣规范的潜意识，而这正是现代服装史不可或缺的部分。

爱炫耀的人

虽然各种服装配件相互搭配的概念在很久以前就产生了，但本章中所说的套装的概念，直到 18 世纪才正式成形。套装主要包含了三个部分：外套、马甲和马裤。三部分都是由同样材质和颜色的面料制成。专业人士的套装一般是由羊毛、羊毛混纺面料、丝绸或者亚麻织物制成，颜色相对黯淡，细节并不突出。上流社会人士出席社会活动时的套装一般都用丝绸制成，上面有精美的刺绣和其他装饰。这种丝绸套装的奢华程度在皇家活动中更是达到极致，比如乔治王子——后来的乔治三世——在 1791 年 7 月

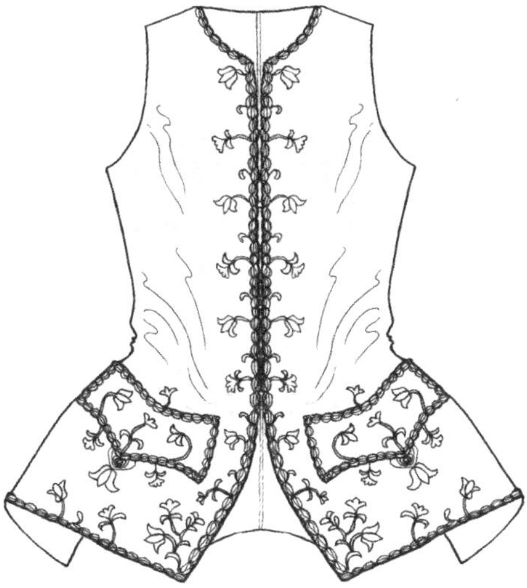

18 世纪的贵族套装马甲，上面布满精美的刺绣。

出席其父亲寿宴时候的服装。《圣詹姆斯编年史》(*St James's Chronicle*)中就记载道,乔治王子的服装由多种彩色的丝绸制成,上面用银线秀满了精美的图案,甚至还坠有宝石;外套和马甲上饰有不少亮片,扣子是用钻石做的,和马裤上的饰扣交相辉映。《圣詹姆斯编年史》还这样描述王子的套装:这是最华美的装束。

18 世纪 40 年代的男士套装。

乔治王子是个爱炫耀的人，这一点人尽皆知，但是他并不是唯一一个喜欢在衣服上做文章的人。当时的欧洲王室、宫廷几乎都成了华美套装的展示场。经过精心染色的丝绸光彩夺目，衣服上的勋章、亮片、银线刺绣、缎带刺绣炫目非常，如豌豆般大小的珍珠、宝石更是让服装显得贵气逼人，华美到无以复加。当时的服装配饰店会单独出售各类饰品，有时候，店里还会将丝绸面料和金属刺绣线打包销售。对于闲适的贵族太太来说，搭配这些配饰也成为她们不可多得的生活乐趣。在戏院看戏时，男人们会把自己的外套存在更衣间，不过这存在很大的安全隐患——由于刺绣是用金线缝的，所以有不少“偷金者”会偷走衣服，用火烧掉面料，获取金线。

从现存的18世纪男士套装实物上，我们可以一窥那个年代精湛的刺绣技术，这些古董成为我们研究刺绣的绝佳对象。在古希腊、古罗马风格的图案和中国元素受到推崇的同时，各种花卉图案也开始流行，尤其是在年轻男子的衣服上，各种藤蔓、花卉成为最常见的刺绣主题。[1]那个年代的男子都很爱打扮，衣服上充斥着花卉的刺绣，所以不会引发什么过于女性化的争议，只在某些极端情况下被指责品位差。绚丽的颜色和自然风格的装饰，成了18世纪男子服装的关键词。

正如孔雀美丽的尾羽一样，男子们穿上华美的服饰，也有展

1　那个时期，中国元素或者仅仅是西方人想象的中国元素充斥着各个艺术领域，除了服装，在家具和建筑中我们也能见到各种与中国文化相关的元素。

示自我、刺激同性、吸引异性的意涵。当然，以貌取人往往也会导致看错人的后果，正如一个演员在《斯卡伯勒之旅》（*A Trip to Scarborough*）的舞台剧中咆哮的那样："看看现在的女人的品位都堕落成什么样了！男人们不再以穿着威武刚猛为荣，反而喜欢上了布满蕾丝的外套！"

这种奢华之风与后世的服装风格格格不入，但是20世纪80年代的法国女式西装——上面满是机器绣花，刺绣中还搭配有塑料亮片——的灵感就是来自复古男装。不过，最能让现代人一睹18世纪男装的场合当属西班牙斗牛场，你可以想象当年大部分的男士都穿得跟斗牛士一样。顺带一提，现在的 "伦敦珍珠国王和王后协会"也在努力倡导这股华丽的复古风。

显摆是有代价的。在18世纪90年代的法国大革命中，不少贵族都为自己的奢华审美付出了生命的代价。曾经，宫廷服装产业养活了成千的丝绸商、纺织工、刺绣工，但当政权更迭，这批人的特权被彻底剥夺。在那个政权动荡的年代，不少精明的人会保留一套宫廷风格的华美套装，再置备一套符合革命者身份的套装，根据政局变化选择不同的服装，给自己留一条后路。革命影响了服装审美，男装的色彩和样式从此由奢入俭，这种影响至今延续。

新简约风格

法国大革命重塑了社会，促生了新的权贵阶层。不过新贵阶层已经不再是传统意义上的贵族，而是像乔治·布鲁梅尔这样出身平民的军人——对布鲁梅尔这个名字，大家现在应该已经很熟悉了吧。在 1799 年他继承家族财产的时候，并没有穿上华丽炫目的套装，而是换上了细羊毛织物制作的套装——绒毛更轻更长，也更光滑。由于布鲁梅尔身材健硕、品位独特、个性突出，他迅

乔治·布鲁梅尔的服装品位让他一举成名。

速成为当时的时尚领军人物。

没过多久，布鲁梅尔的另一个粉丝摄政王也开始模拟他的穿衣风格，只是摄政王的衣服更加精致。他喜欢用深蓝或者深绿的外套，搭配短款马甲和浅黄色的长裤，这在平民看来还是很有显摆的嫌疑。据说，布鲁梅尔曾这样评论摄政王的着装：“大概老派的英国人并不欣赏您的服装，但我觉得您的着装风格既不死板，也不时尚，还是挺中规中矩的。”看似低调的着装其实仍暗含高傲，而布鲁梅尔不露声色地嘲笑了他的品位。布鲁梅尔不只对摄政王的衣服评头论足，还会嘲笑其他人的着装，比如有个老绅士就发现布鲁梅尔总是注视着自己的外套：“我的外套有什么毛病吗？”他询问道。布鲁梅尔回应道：“当然有毛病了，我的天啊，你穿的到底是件外套，还是棵花椰菜？我真的看不下去了。”

这里我们说的外套其实都是燕尾服外套，衣服后面有像鸟羽一样的拖尾，这个设计其实是对 17 世纪和 18 世纪早期宽大男装拖尾的延续。如果穿着得当，当穿着者坐下的时候，“尾巴”是不会分叉或者压到屁股下的，“尾巴”应该被抛到身后。除了燕尾服，还有一种斯宾塞夹克也在 18 世纪晚期到 19 世纪上半叶受到了大众的青睐，不分男女，人们都喜欢穿这种外套。夹克的长度仅到肩胛骨下方，剪裁贴身，结构精巧。据说这款夹克的发明人是斯宾塞伯爵，在烤火的时候，他的燕尾服“尾巴”不幸被烧掉了，于是伯爵命令自己的仆人缝补了被火烧掉的尾部，从而创造出了一款新的流行夹克。不过这个故事很可能是虚构的。

定制套装

套装是根据假想的完美体格制作的，无论穿着者是穿着它骑马、打拳还是击剑，理论上都可以贴合人体。但是，并不是所有穿着者的体格都是那么完美。针对不同人的体形，经验丰富的裁缝需要根据具体情况修饰人体的缺陷，凸显穿着者的体形优点。如果能好好地修饰穿着者的体形，那么这位裁缝肯定十分专业，他的制衣费也会很贵。

裁缝是一份备受尊重但收入不佳的职业，尤其是男装裁缝。在 18 世纪，伦敦西区的裁缝就收获了世界第一的名声，这份荣耀现在仍在延续。裁缝们会为自己的客户提供大量建议，他们的名字偶尔会出现在报纸上和自己作品的衬里处。绣有裁缝名字的贴标宣示着作品的主人，就像今天成衣的设计师一样，是品质的标志。

最专业的裁缝有着极高的自我认知。1863 年的《笨拙》(*Punch*) 杂志中有一幅漫画，画中一个年老的男人身着一件松垮垮、皱巴巴的套装站在西区裁缝面前，而裁缝正在给他重新量体。老男人道："我的衣服是从——"裁缝打断了他："衣服？先生，你身上的就是一些布片！天啊，我们不能叫这种东西为衣服，勉强算一堆布片吧！"

一流的裁缝可以完成测量、裁剪到缝制衣服的全过程。服装的裁剪方法有很多种，最好的板型需要在制作过程中不断修正，这需要客人不止一次地到裁缝铺配合。维多利亚时代，男装定制又出现了新的技术革新，卷尺被应用到量体过程中——据说发明卷尺的裁缝叫乔治·阿特金森，他从用脚步丈量距离的方法中得到了灵感，发明了这种柔软的尺子。卷尺的发明大大提升了裁剪的精确性，让套装变得更加贴身了。

英国律师，同时也是旅行家的威廉·赫基，在1799年的日记中这样记录：“我去了一个叫科尼尔的裁缝那里，他给我的服装作了许多建议。他建议我做一套深绿色带金线的西装、一套深棕色的西装，一件蓝色西装和一件巴黎风格的套装，扣子处要加上金色的纺锤形纽扣。[1]他建议的这些款式和配色都非常流行，于是我决定四套一起订了。”

在1772年的《女士杂志》（*Ladies' Magazine*）上，刊载了一个虚构的故事，故事中的花花公子可不是这样对裁缝言听计从的。在花花公子的日记中，他写道：“哈塞克先生带来了为我定制的豌豆绿套装，但是袖子太肥了，口袋太高了，拖尾太长了……所有的缺点都集合到了一起。看来我这两年的账单钱都不用付给他了。”

衬里、填料、省道、修剪

当服装流行趋势改变，或者穿着者的身形改变，服装的结构

1　这种纺锤形纽扣一般是用在军服中。

也必须随之而变。18 世纪的裁缝们在发展服装样板的工作上可是花了不少心思。为了让服装更贴身，裁缝们设计出了省道结构——一般是在面料上划出一块窄窄的三角形，然后将三角形的两边缝合在一起。这很好地解决了衣服起皱的问题。一位老绅士坦承道：

1915 年的男士大衣。

“我对皱纹怀有强烈的偏见，甚至对外套上的皱纹也怀有偏见，我怕它们再次侵袭我的面部。”在19世纪早期，省道被应用到长大衣的腰部，收腰后的大衣的衣摆看起来有点像女人的裙子，因此被称作礼服大衣（frock coat），但这一发明确实为男装节省了不少面料。

这个时期的裁缝，还研究出了校正穿着者身体不对称的技术——通过加衬里和填充物，裁缝们可以让穿着者的体形近乎完美。在爱德华·李顿发表于1828年的小说《佩勒姆》（*Pelham*）中，裁缝施耐德一边工作，一边咕哝："我们需要一点帮助，我们需要给衣服加点衬垫来校正胸形，还要在肩膀上加一点衬……禁卫军骑士团的军士们的军服都是加了衬的。效果！这个时代效果很重要！嗯？把腰部再收一下？"

批评家们经常对女人的夸张时尚加以讽刺，但却对男性加衬垫的服装视若无睹，除非某些人的着装风格实在是太过分了，比如摄政时代的花花公子就被他们描述为“穿得就像一个插着针的针线包”。

为了塑造时尚的廓形，裁缝们将亚麻布、棉布、硬麻布、羊毛面料精巧地缝合在一起，做成衬里。另外，早在16世纪，垫料就被发明了出来，用来加大肚子。垫料（bombast）一词后来还在语言学里有了“膨胀”的衍生意义。各种垫料在今天的成衣中仍被广泛使用，而在19世纪二三十年代，它们主要被用到衣服的胸部和肩部——那个时期流行鸡胸和宽肩的造型，这种造型又被称为“美式宽肩”，在1875年达到极致之后就再也没有出现在时尚舞台之上了。对于现代西装的狂热爱好者来说，古典西装是不可复制的经典——“任何缺陷都能被衬里、填料、省道、修剪掩藏，尤其是肩膀和腰部”。

掩藏缺陷，突出优势可不只是男士的需求。男装三件套由来已久，而女式套装则在发展的过程中参照了许多男装的特点，当然，这个发展过程用了很长的时间。

女装的定制

17 世纪的贵族和富裕阶层女士的骑装，在设计制作上也大量吸收了男装的特点。她们的夹克短小贴身，下面搭配着宽大的裙子，这让她们侧骑在马上时不会将腿露出来。但有些人却对男装女穿的风气不甚赞同，比如萨缪尔 · 皮普斯就明确表示，不喜欢看到女人穿着和他一样的外套：“任何人看到穿夹克的女人都会把她认成男人，这看起来很奇怪。”

维多利亚时代的一个匿名作家还发表了文章，奉劝女人们不要学男人穿马甲和外套：“穿男装可能会对胸部健康造成影响，还可能会妨碍呼吸。”

但这阻止不了很多女性对于男式夹克的向往。萨拉 · 庞森比和艾诺丽 · 巴特勒是两个终身没有结婚，年老后居住在一起的女人，她们生活在乔治时代晚期，被称为“兰戈镇女士”，人们议论着她们看起来就像两个老男人——“她们总是穿着深色的骑装夹克，配着深色短裙，衬衫领子高高竖起，还戴着围巾和男士礼帽，头发也剪得很短。”[1]

1929 年的双排扣短外套和宽松短裙套装。

1 主流社会逐渐接受了上流社会的怪癖，但是女式套装的定制直到 19 世纪 70 年代才在欧洲出现。

作家拉得克里夫·霍尔也因穿着全套男装而饱受争议。1928年，霍尔撰写的小说《寂寞之井》（*The Well of Loneliness*）出版，小说描写了一对女同性恋的坎坷爱恋。很明显，书中的主角就是霍尔本人的写照。早在小说出版10年前，霍尔就开始穿男装配长裙，后来，她更是脱掉了裙子，穿上了西裤。

裁缝们为女士定制的套装包括一件贴身短外套、一件马甲和一条长裙。在这套规范配制的基础上，一些有创新意识的裁缝为19世纪90年代的新女性设计了一系列独具风格的外出装。花呢是裁缝们最喜欢用的面料，花呢的裙子和外套，再搭配一条珍珠项链，这样的乡村套装直到20世纪晚期仍被很多人穿着——对了，通常还要配厚厚的筒袜和皮鞋。

相对于男装仅仅在剪裁、颜色和细节处略有调整，女装的演变可是戏剧化得多。女式套装的廓形随着流行趋势不断改变，这一点和其他女装如出一辙。在20世纪二三十年代，女式套装通常具有流线型的造型，面料一般是针织料。在“一战”期间，传奇的设计师可可·香奈儿推出了羊毛面料和人造丝制作的西装，大受欢迎。40年代的女装受战争影响，显得简约又质朴，而随后的50年代，女式西装迅速由俭入奢，风格变得华丽、浪漫起来，这一影响一直延续到60年代初。

裁缝界一直由男性主导，女裁缝常常被人们忽视，但其实，从19世纪到20世纪初，女裁缝们已经加入到了服装定制产业中。和男性裁缝相比，女裁缝的技术毫不逊色，她们处理昂贵面料时的细致甚至超过了许多男裁缝。服装界中，女裁缝的精细手工为她们赢得了不错的名声。物以稀为贵，优秀的女裁缝一旦成名，很快就会被挖墙脚——20 世纪 50 年代的皇家御用设计师赫迪 · 雅曼就找到一位在竞争对手公司工作的女裁缝。“你穿的衣服是你自己做的吗？”雅曼问道，得到肯定的答案后，雅曼立即表示愿意雇用她。不过，赫迪 · 雅曼的提议被拒绝了，那位女裁缝成了萨维尔街上的专业定制工。

大胆的细节和宽松的设计——1971 年的“中性”服装。

正如我们在上一章中介绍的那样，20 世纪后期以前，社会对于女性穿裤子感到纠结。因此，直到 20 世纪 60 年代，搭配裤子的女式套装都十分鲜见。早在 1937 年，加布里埃 · 香奈儿就发布过一款镶有亮片的黑色女裤，但并没有引发关注。直到 1966 年，著名设计师伊夫 · 圣 · 洛朗推出了一系列女式礼服，由此外套和长裤组合的女式套装才被主流社会接受。“碧芭”(Biba) 服饰的创始人芭芭拉 · 胡兰妮奇推出了一系列由舒适的针织面料制作的女裤；奥西尔 · 克拉克打破了老式女套装严谨的结构，推出了有浪漫印花、造型飘逸的女式套装。这些设计师的作品打破了人们对套装的故有认识，为 20 世纪七八十年代的女装开辟出一个新的方向，让女套装更加风格化。20 世纪 80 年代的女式上装和下装颜色通常是统一的，外套的肩部加有垫肩，整套衣服的廓形显得四四方方。

现在，让我们的目光重新回到男士套装上，看看维多利亚时代的男式套装是如何潜移默化地改变，最终演变成了我们今天所熟悉的两件式西装的吧。

西装外套的简化

西装便服的出现与社会等级的模糊是有密切关系的。在 19 世纪以前，套装是一个人地位和身份的象征。总是套装加身的精英阶层是受到尊重的，而工薪阶层同样也向往着这种尊重。在那个年代，即便是那些总是穿着脏兮兮羊毛料工装或灯芯绒工装的男人，也会给自己备置一套质量上乘的套装，哪怕他已经穷得要典当东西了。后来，随着照相技术的平价化，穷人们也可以来到照相馆，穿上全套正式服装，照一张体面的肖像照片了。

无论是工薪阶级还是中产阶级，都会尽量穿着符合自己身份的服装；另一方面，服装定制也在鼓励各种专业人士用着装展示自己的与众不同。即便可选的颜色和款式不多，一套精致的服装仍可展示出穿着者的地位和财富。随着工业革命改变了制衣方式，服装定制行业的不少生意都被量产服装的工厂抢了去。工业化制衣大大提高了制衣效率，满足了工薪阶层和中产阶级对于精致服饰的需求，从这时开始，即便是普通人，也可以穿着漂亮的服装去上班了。

19 世纪的服装生产工业化让厂商们获益良多，到了 20 世纪，套装的成衣化得到了进一步发展，诸如玛莎百货之类的服装连锁店遍地开花，厂商们还声称，量产的成衣和定制的服装质量相差无几。一些店铺还开展起了租赁西服业务，为需要一次性使用服装的客人提供了极大帮助——这种服务至今仍存在。套装的成衣化虽然满足了大众的需求，却让定制商备受冲击。曾经，各个村镇和小城中的男女裁缝、定制商繁忙无比，但随着工业化和全球化贸易的推进，他们的活计大部分都被抢走了，到了今天，只有极少数定制商在这场淘汰赛中存活了下来。

套装的普及是社会低阶人群对高阶人群模仿的结果，但同样

标准晨礼服。

地，也有高阶人群图新奇，学习工薪阶层人民的例子。

如果说维多利亚时代的哪款男式外套最能展示穿着者精英阶层的身份，那么非礼服大衣莫属。深暗的颜色、修长的衣身、丝绸制的贴牌……一切都显示着穿着者具备的不凡身份和独特气质。各个领域的专业人士也都很喜欢穿这款大衣。在 19 世纪早期，礼服大衣和燕尾服还各领风骚，但到了 19 世纪 30 年代，礼服大衣逐渐击败了燕尾服，成为最受欢迎的男装外套，随后的60年间，它一直牢牢占据主流男装的地位。

但是，竞争对手出现了。在维多利亚时代，“简单”且正确的穿着礼仪一点都不简单——主要有三类，男人们会根据阶段、场合、时间的不同选取相应的样式。在正式的场合，19世纪60年代的一款前下摆向后斜切的长礼服——晨礼服——逐渐成为主要的商业装扮。全套式的正装只有一些保守的老绅士还在穿，或者出席国家重要场合时才会穿。在不那么正式的场合，年轻人和工人会穿一种短上衣。这种相对宽松和短小的外套从垫肩处就垮下来，腰部和胸部收得不紧，在19世纪50年代很流行——至少可以在休闲时穿着。谁能想到，这种短上衣后来会成为主流男装呢？从19世纪中期开始，这种短上衣开始被称为休闲西服。

休闲西服也的确是套装，但是它的出现引起了服装定制界的震动。1879年，《缝纫与裁剪》杂志就用了“邋遢”来形容这种新式服装，但是同时也对礼服大衣和晨礼服的未来作了悲观地预测——杂志上的文章写道，未来我们可能只能在博物馆看到晨礼服之类的衣服了——“这些老式服装会引发未来人们的不解，他们将会用好奇的眼神重新打量这些礼服。”20世纪早期，以休闲西服为正装的年轻男子们还会被其他人嘲笑为“邋遢鬼”，因为还是有不少人认为穿休闲西服的人要么是邋遢的，要么是懒汉。但是，西装对于穿着者的意义也在逐渐改变，似乎不再是穿着者身份的证明了。到了1925年，《缝纫与裁剪》杂志仍在揶揄休闲西服，大概他们担心裁缝行业的生意也会和着装标准一样下降。

不管人们喜欢与否，服装的进化都不可避免。在 1936 年爱德华八世继位之后，他直接废除了以礼服大衣作为出席宫廷活动标准正装的规定。对于老一辈人来说，此举无疑正式宣告了一个时代的结束。

以今天的视角来看，要说休闲西服是邋遢和不正式的，肯定是不对的，尤其是和牛仔裤、T 恤衫比较。当我们回望过去，就会

20 世纪 60 年代的男式套装，已经具备了大部分现代西装的要素：宽松的廓形、长裤和垫肩。

看到20世纪前半叶的男士着装风格，已经明显地休闲化了。男装已经走过了由摄政王引领起的华丽亮片风。王室曾经是时尚的引领者，但是现在他们要让位于好莱坞影星了。从加里·格兰特在电影《西北偏北》（*North by Northwest*）中的西装造型，到葛丽泰·嘉宝的极简主义造型，从凯瑟琳·赫本的裤装，到弗雷德·阿斯泰尔在舞池中穿着的西装……无一不引领着潮流。毫无疑问，好莱坞影星成了新的时尚教主。格兰特和阿斯泰尔也是英国著名定制裁缝基尔戈、弗仁奇及斯坦伯里定制衣馆的常客。事实上，加里·格兰特在拍摄《西北偏北》的时候还提供了自己的私服——不止一套，他穿了8套自己的私人西装，以此节约电影成本。阿斯泰尔则登上了1979年的“国际最佳穿衣榜”，并赢得了“最会穿衣男人”奖。

电影中的最佳西装模特大概就是詹姆斯·邦德了，你常常可以看到电影中的邦德在经历激烈的打斗之后，下一秒就开始冷静优雅地整理自己的袖扣了。在电影中，你还可以看到很多城市英雄都是身着休闲西装。著名导演昆汀·塔伦蒂诺在介绍自己1992年大热的电影《落水狗》（*Reservoir Dogs*）中的男性角色的着装时，说道：“如果你要让一个男人看上去更酷，你只能让他穿上一套黑色西服。”现代服装需要配合穿着者的生活，这一点十分重要。现代人的运动量远大于过去的人们，而休闲西装的剪裁比较宽松，宽大的袖窟更是给予了穿着者肩膀活动的空间。

007系列电影诞生的年代，正是男式西装开始变得风格化的年代，缺乏创新的老式西装已经不足以吸引新潮的人们了。赫迪·雅曼是第一位在西装圣地利兹市举办男装发布会的设计师，他让男

半正式礼服（Black Tie）。

模特穿上最新的套装，像女模特一样走着猫步在T台上展示服装。当时的人们还不能接受男模特走台，据说在发布会的最后，每个人都被惊得目瞪口呆。不过，人们很快从震惊中恢复过来，一位约克郡的经销商大声叫道："太棒了！我们可以卖这些衣服！"随后，雅曼在著名的萨瓦酒店举办了第二场发布会，吸引了大约300名参与者，取得了巨大的成功。[1]

詹姆斯·邦德也会身着精美的定制晚礼服。黑白两色的晚礼服——也被叫作"企鹅礼服"——正是由18世纪的燕尾服演化而来。在19世纪，由上衣、马甲和长裤三件套组合而成的晚礼服形式被固定下来。这种礼服曾经是贵族的专属，但在"一战"后，非贵族阶层将其视为传世财产。全套正式礼服（White Tie）包含燕尾服外套，上浆的白衬衫、白色的马甲和黑色的裤子。半正式礼服（Black Tie）包含折领、未上浆的白衬衫和一件双排扣上衣。据说这种搭配第一次出现在1886年，烟草大亨皮埃尔·洛里亚尔四世在出席德克斯朵公园（Tuxedo park）的活动时穿着。当时他的外套就是无尾的休闲西服，洛里亚尔还为之搭配了一个黑色领结。"tuxedo"成为无尾礼服货晚宴服的代称，也被称作DJ。

黑色燕尾外套曾经是男仆和用人的标志性服装，但一些上流社会的年轻人也很喜欢穿。温莎公爵在出席墨尔本的某次外交活动时就遭遇过燕尾服引发的尴尬。公爵回忆道，宴会的主人"澳大利亚总理朝宴会厅远处挥手，一边对我说：'那是我的儿子。'我看到对面站着两个身着燕尾服的年轻男子，我和其中一个握了手，结果发现他其实是服务生。"

1　雅曼在发布会的设计其实是对18世纪男装的模仿，不过他很聪明地解释道："西装可以展现健美的身体，如果当下没有现成的，那么就设计一款。"

专业与尊严

我们已经聊过了男士套装最主要的几个种类，接下来，我们来看看套装是如何演变成职业装的吧。18 世纪的职业装曾经种类多样，三件套的形式昭示着穿着者的专业与权威。小说家弗吉尼亚 · 伍尔夫曾经对各种各样的教会男装、男式军装感到反感，但在她 1938 年的散文小说《三个基尼金币》（*Three Guineas*）中，她承认标准化的男装确实有一些重要的作用——可以标示穿着者的专业、社会地位和教育水平。套装确实是工作装中很重要的组成部分。在 20 世纪以前，政治、医药、金融和公司管理等几个行业的相关从业者，都需要相应的服装来显示身份。

在医师的世界里，没有什么衣服比实验室白外套更具标示性了。但在 1861 年以前，社会上并没有职业装的概念，也没有关于防腐、抗菌的观念。医师和外科医生都会穿着自己的私服上班。乔治时代的产科医生威廉 · 斯梅利在病人家中接生的时候，甚至将两只衣袖分别塞进口袋里以免搅在一起。19 世纪的外科医生，通常会穿黑色的收腰大衣，有时候还会将手术刀和缝线插在外套的翻领上方便拿取。后来，在医院工作的医生也会戴上围裙、套上袖套，以确保手术操作的过程更卫生——那时社会上已经开始产生抗菌的观念了。

1829 年，罗伯特 · 皮尔颁布法令，在伦敦执勤的警察必须穿上规定的套装，以区别执法者和普通市民的身份。从维多利亚时代一直到 20 世纪初期的警服都是靛蓝色的，而在“一战”期间，女警也穿上了裙装警服。

在政治圈，19 世纪的政治家们会穿着深色的礼服大衣来传达权威、专业的印象。老一辈政治家们尤其喜爱这种大衣，直到 1938 年英国首相张伯伦身着这款大衣，与希特勒签署慕尼黑协议的照片流出——臭名昭著的《慕尼黑协议》为了换取“暂时的和平”而纵容了法西斯，这也连累了礼服大衣在民众心目中的形象一落千丈。当 1924 年拉姆齐 · 麦克唐纳成为工党的第一任首相时，他对议会的金碧辉煌毫无印象，却记得国王当时建议新议员们为出席正式场合应该去购买廉价的二手套装——哪怕他们需要的仅仅是休闲西服。直到 21 世纪，都还能看到西方基层政治从业者在出席正式的活动时都身着西装，尽管是休闲西装。

在伦敦的金融界，细条纹长裤成为代表金融业从业者身份的标签。即便现在，许多金融公司仍对员工的着装要求颇多。服装专家约翰 · 莫洛伊曾在 20 世纪七八十年代对商务人士的穿着提出大量指导，他认为合适的穿着对做生意有着很大的影响。他统计了大量案例，为自己的理论提供依据，结果证明套装确实是最能体现穿着者地位、特质和能力的元素：“我们可以相信，人们会倾向尊重和服从那些穿着精致套装的人。”

职业套装与专业性的联系在另一方面又对女性进入这些领域制造了障碍。女性不光是缺乏能代表自己专业性的套装，更甚者，在过去的时代，女性只能在男性主导的世界里担任辅助角色。

20 世纪的西方女性努力寻求更广泛的就业机会，正如她们努力寻求适合自己身份的职业套装一样。第一次世界大战期间，男人们奔赴战场，大量的社会工作需要女性来担任，于是很多女人脱掉了华丽的裙装，开始穿上职业服装。当时流行的职业女装是相对宽松的收腰外套搭配A字裙，由深色哔叽或羊毛料制成，女性文员或从事运输的女工就是以此为职业装。军队中的女性官员也会穿套装。当时的社会上还是有很多人对于女性运输员出现在铁道和公路上感到讶异，《每日镜报》（*Daily Mirror*）甚至在1915年用头条表达了质疑的态度——“穿裙子的运输员”！

这个时期，社会也在艰难地重新定位女性的角色，试着让传统意义上“柔弱”的女人们来担任各种专业工作。一开始，女人们并没有属于自己的职业装，她们只能穿上男同事的工装。这让她们看起来和男人并无二致——也许一些人本来也想掩饰自己的性别。这种现象即便在今天的社会也仍然存在。怎样为女性设计工装确实有点难，不当的工作服会传达邋遢、不精神的感觉，让女士们看起来就像糙汉；穿得过于时尚、性感，又不符合她们工作者的身份，难以让人产生信任感。现代女性希望自己的职业装在设计时参考同类男性工装吗？蓝色、灰色、黑色和棕色的工装各有各的特色，直接用男性工装似乎并不合适。布鲁梅尔曾料到自己带起的时尚套装有一天会被女性穿着吗？也许，他只是在意自己服装的细节和品位，对将这些套装改成各种颜色和款式并没有意见。

男性职业装的统一化效果是显著的，但是，服装标准化的意义是什么？标准化背后又会衍生哪些标准化的行为？我们接下来就一起讨论一下吧。

标准化

批量的生产、统一的款式，让每一个身着职业装的人看起来都大同小异，和谐地融入集体中。20 世纪的共产主义运动致力推翻已有的、不公平的社会等级，而新造型的服装也是共产主义集团推广自己运动的武器之一。比如 1911 年中国的辛亥革命，领导者孙中山和追随者们就以身着有四只口袋的中山装来标示身份。在封建时期的中国，人们会穿着丝质长袍，而革命者的新式服装明显地标示着两者身份以及政治理念的不同。同样的例子还有 1917 年的俄国十月革命。

在一些极端的例子中，标准化的服装不光会掩盖穿着者的个人特色，甚至会剥夺他们的尊严。比如囚服就是区别囚徒和普通人的标志。在过去，囚徒的服装会带有宽阔的箭头，还会标示穿着者的身份代号；到了现代，囚服一般是醒目的橘红色背心，搭配毫无个性的灰色套装。

统一的囚服也成为纳粹大屠杀的帮凶。在集中营里，纳粹故意让囚犯们穿上统一的服装，以方便实施残酷的管理。大部分人的囚服是蓝白或者黑白条纹的，加上无论男女都被剃掉了头发，让每个人看起来都大同小异，所有关于职业、性别和阶层的信息都被除去了。当所有的身份信息被去除，守卫们便很难再对囚犯们产生同情；没有了情感的带入，守卫们更容易将囚犯视作低自己一等的生物，在实施屠杀时便更容易下手。

一些在大屠杀中幸存的受难者急于穿上普通人的衣服，因为他们急于恢复自己世俗的身份。对于那些曾在集中营中生活过的犹太人来说，他们曾被当作动物甚至物品对待的经历是没有同样体验的人难以想象的。一位受难者婉拒了亲戚的礼物，那种黑白条纹、类似睡衣裤的套装给他造成了深重的心理创伤，所以“二战”后的以色列人再不会接受看起来有点像睡衣裤的礼物。

服装不会杀人，但是会给予受害人精神上的伤害。另一个例子是约束衣，这种绑住双臂的衣服经常出现在精神病院里，用来防止那些有暴力倾向的病人实施攻击或伤害自己。尽管设计这种衣服的初衷是好的，但是却也带给了病人无形的精神创伤。一位记者在世纪之交第一次描述了这种给女精神病人穿的病服：“衣服是用粗麻布做的，两只口袋可以放置穿着者的双臂，一旦衣服从后面系紧，穿着者的双手就会环抱着胸部被拉到脖子后面，这样她就没法伤害任何人了。就算她会挣扎也无济于事，她甚至伤害不了自己，最多只会在手铐上擦伤皮肤。”

综上所述，我们可以看出服装可以传递出各种各样的信息。统一的职业装是标示穿着者专业身份的工具，另一方面，囚徒的套装又成为剥夺人尊严的工具。在各种职业装中，我要单独说一下军装——军装既具备功能性，又有标示不同等级军衔的作用，统一化的军装还能让人迅速辨清敌我双方。

阅兵中的军服

在过去，欧洲的军队多是雇佣兵和民兵，这些武装力量并没有统一的服装，军士们多是穿着自己的平民私服，顶多再套上一些护甲，或者设置一些标志，以防在战场上被己方人员误伤。民兵们标示身份的方法包括身着统一颜色的衣服，或者在特定位置绑上布条。

随着杂乱的武装力量正式被封建君主招安，成为正规部队，为军人们设计更有专业的军服一事也被提上议程。军服的设计一般都是皇室的突发奇想，得体的军装显示着军队的力量，也在提醒士兵们他们为谁而战，还对强化军队纪律、提升战力有重要意义。1757 年《普鲁士步兵新条例》（*New Regulations for the Prussian Infantry*）就对军服的重要性作了清楚说明："新兵不仅要学如何走路、站立和训练，还要学会如何穿衣。"

在 18 世纪，许多欧洲军队都会以礼服大衣作为军服，在行军的时候将衣摆拉到一边钩住。英国军队的制服是鲜艳的红色，这种大胆的配色可以在战场上显示军队的自信，具有心理上的积极意义。底层士兵会穿着蓝色服装，直到 1890 年军装被改成套衫。

和平民一样，许多军人也喜欢穿华丽的服装。注重打扮其实也是对自己身份的一种投资，彰显自己身为军人的荣耀，甚至还可以增加自己的男人味。"我还记得自己第一次看到街上有军人身着红色大衣的情景，那感觉是如此之好，我至今记得。"《傲

威尔士王子爱德华穿着自己的轻骑兵部队上校军服。

慢与偏见》中的班尼特太太如此说，“如果有一年能赚五六千镑的年轻军官想娶我的女儿，我应该不会拒绝。”

随着19世纪新战场的不断开拓，军队制服中也加入了不少异族元素。军装被添加上了奖章、肩章、绶带和其他装饰。另一方面，民间也掀起了一股军装民穿的热潮，轻骑兵军服上的纺锤形纽扣、骑兵夹克和加里波第衬衫等都受到了人民的追捧。但是，在军队内部，如何平衡军装的华丽和实用功能仍是一个值得商讨的问题。“任何一个要外出游历或者在野外作业的人都不可能穿上华而不实的英国军装——除非他是疯子。”陆军元帅沃尔斯利1889年如是说。他觉得，英国将军的军服就和拉手风琴的猴子的戏服一样滑稽。

19 世纪英国军队远征印度的事件对军服的改制产生了深远的影响。在《女王的陆战队指南》（*The Queen's Own Corps of Guides*）中记录到，在连串战争中英国军队舍弃了鲜艳的红色军装，换上了黯淡的灰色旁遮普套装——这套服装包括朴素的羊皮外套和宽松的裤子。皮革配饰是一种叫作“卡其”的黄褐色，在印度语中是“灰褐色”的意思。《指南》将这支异装部队称为“卡其部队”——不过在民间，更多人还是愿意用“乞丐部队”来嘲讽他们。

随着战争的升级，具有拟态、伪装功能的军服开始受到重视。在 18 世纪时，军队在丛林中作战的时候会穿深绿色的军装，到了 19 世纪晚期，又增加了黄色的卡其布外套。黄绿相间的军服对部队隐蔽十分有利，在阿富汗和南非的战争中更是发挥了巨大优势。维多利亚时代的运动服也借用了不少军装的元素，其中的代表就是诺福克羊毛料夹克和马裤。诺福克夹克的肩膀处比较宽松，衣身上还有许多口袋，腰部也增加了一条腰带收束衣身——这些都是参考军装的结果。穿这套运动服时，穿着者还会在裤腿处打上绑腿。

虽然军服的颜色趋于黯淡，但军士们还是可以在社交场合穿着相对华美、颜色大胆的服饰，以此满足自己的虚荣心。这类在晚宴中穿着的套装镶满金银线，添加了大量羽毛、皮革的装饰附件，让人看得眼花缭乱。英国女作家弗吉尼亚 · 伍尔夫发现，最优质的男装都穿到了士兵身上，这一点让她反感。虽然她也明白，漂亮的军服可以展示国家的权威，并可以鼓励年轻人积极参军，但对战争感到厌倦的她还是禁不住唱起了“爱国主义”的反调——

在 1938 年，她公开将军装称作 “可笑、野蛮、令人作呕的行头”。

军装是权力的标志，让穿着者具备了威严的气质，习惯这种身份的男女技工在复原后显然很不能适应平民服装。格特鲁德·乔治就曾这样回忆 1919 年皇家女子空军被遣散时的经历：“身穿制服的日子结束了。虽然我还可以穿去掉肩章的军装式套装，但是这衣服最重要的意义已经不复存在。大多数女孩儿对穿制服感到自豪，虽然这种自豪感并不总能被理解，但它是真实存在的。军服及其承载的文化意义是社会文化中不可分割一部分，而这份意义今天已经消失了。”[1]

“二战”后复员的男人们，也对再也不能穿着军装而感到失落。喜剧演员斯派克·米利甘就感叹过自己从军队复员后穿的套装糟糕透顶，尤其是在朋友试穿他的衣服时。看到自己的朋友使劲摆动手臂让衣服贴身，米利甘顿觉怒火中烧。小说家普利斯特列发表于 1945 年的小说《三个穿新衣的男人》（*Three men in New Suits*），也是以三个现身乡村酒吧的复员军人为开头。小说描述道：“他们分别身着蓝色、灰色和棕色的套装，但这些衣服看起来仍然很像军装，甚至连裁剪都一模一样。而且，衣服看起来都是崭新的。”（事实上，这篇小说写于“二战”结束前，普利斯特列想象复员后的军人会穿上做工粗糙的民用套装，但真到了战后，他却发现复员军人的套装质量并不差。）政府官员曾经很担心民

1 在 1918 年和 1945 年开始的战争中，高质量的服装变得稀缺。这段文字其实是于 1919 年 3 月发布在交换市场的一则“需求”信息：“两兄弟，退伍，需要套装、上衣和背心。一套上班，一套晚装，胸围 36 至 40。”

用服装质量拙劣，会引起复员军人的不满，不过他们也没有强制要求工厂投入大量精力生产高质量的套装。总的来说，复员军人在战后穿的衣服既不算质量上乘，也不算太差。

既然军装给人巨大的集体感和归属感，那么为什么不继续按照军装的标准生产民用套装呢？大部分西方国家都反对按照军装的规范制作民用服装，大概是出于对社会极右翼或极左翼势力利用服装搞政治运动的担忧，或者担心服装过分统一会抹杀掉民众的独立个性，甚至影响个人自由意识。这说明，在军装和民用服装之间是有一条界线的，无论是出于时尚的需求，还是穿着场合的考量，这条界线都不能被打破。但在两个特殊领域中，这条界限似乎可以稍有松动——这两个领域就是运动服和校服。

运动服和校服

最具标志性的运动服当属骑装——无论是男款还是女款。骑装是由英国的猎装进化而来，红色的夹克是英国乡村历史的特色。猎装是19世纪的人们打猎时穿着的专业服装，直到今天仍然流行。骑装的形制曾经十分固定，什么人可以穿着骑装夹克，以及夹克上应该设计几枚扣子都有严格的规定。但是，随着骑装成为中产阶层甚至富裕阶层日常生活中的常穿服装，人们对多彩的骑装夹克的需求越来越明确，终于，夹克不再限于红色，绿色和棕色的

20 世纪 40 年代，战争期间的寄宿学校学生身着休闲西装套装、板球服…… 和防毒面具。

骑行夹克也进入了人们的生活。

就像男士们的乡村服装已经有了成熟的形制，各项运动也需要更完善的形制，需要更专业的设计、面料和穿搭规则。19 世纪晚期，法兰绒的运动夹克曾经是大学生参加体育运动时的标准运动服。这类外套相对休闲、短小，一般是双排扣设计。据说这种款式是皇家战舰布莱泽（Blazer）的威尔莫特上校为了那些非军官阶层的船员们设计的，让他们在接受刚刚加冕的维多利亚女王的视察时看上去能精神点。维多利亚时代以后，一些老派的绅士仍对这款外套情有独钟，蓝色哔叽料带有镀金纽扣的西装夹克成为一种广受社会欢迎的固定款式，许多英国的高中也采用它作为校服。

关于采用制服类套装作为校服的争议一直存在。因为校服也和军装一样有统一的样式，给穿着者提供的群体意识也和军装如出一辙。支持学校采用统一校服的人认为，校服给学生一视同仁的公平感，不会让学生感受到贫富差距。当然，在 20 世纪我们也听说了很多女孩因为校服价格而无法接受教育的故事。

尽管有不少人对强制性地穿校服怨声载道（而且很多校服的颜色并不那么好看），但是从另一个方面来说，校服也给了学生们一种归属感，尤其当很多人是家族中首个接受高中教育的成员的时候，校服更成为一种身份象征。议员西里尔·史密斯曾回忆道："我还记得自己的第一套中学校服，虽然是从旧货店淘来的——我妈妈只买得起那种旧货——但我穿上它时还是非常自豪。"

在有些国家，校服也可以被看作准军服。比如"二战"前的日本高中就曾经强制学生穿上统一的准军服类制服——女学生会身着水手服和裙子，男学生则会身着普鲁士夹克和长裤。但是，究竟统一的服装会给青春期的孩子们留下什么影响呢？是否应该鼓励孩子们穿上统一的制服呢？这一点，我想留给各位读者去思考。

具有挑衅意味的套装

在19世纪中期，套装曾经前所未有地华丽和夸张，这个时期诞生了镶满宝石的上衣和花格子的裤子。以现在的眼光看来，这些男装无疑尽显夸张，太过于张扬了。新的时尚一般都是在上流社会和年轻群体中爆发，尽管有时候这些华而不实的装扮会遭遇反对者的嘲笑，但时尚的弄潮儿似乎并不在乎。时尚是什么？对许多年轻人而言，新的流行似乎本就暗含着对传统、保守服饰的反叛和嘲弄，穿着这些服饰的人本身就有可能是想证明自己的离经叛道和标新立异。

在1943年的美国，穿着奇装异服甚至与煽动种族主义或制造社会暴乱联系在了一起，非洲裔美国人和墨西哥裔年轻人常穿的阻特服正是这类奇装异服的代表。在战争期间，美国也在实施物资紧缩政策，但即使在这样艰难的时期，少数族裔也坚持以有限的面料制作自己的民族服装，以彰显对白人社会的反抗。阻特服的上衣有着夸张的垫肩，长度几近膝盖，而且裤子也非常肥大，穿着这类服装本身就带有强烈的挑衅意味。

黑人作家拉尔夫·艾里森曾这样描述三个身着阻特服的年轻男子：“他们缓慢地走着，垫肩随着他们的脚步摇晃，他们的裤子的上半截非常肥大，在屁股下面摇摆，不过穿这种裤子时脚踝一定很舒服；他们的上衣长过臀部，他们的肩膀看起来也比一般西方男人还要宽阔不少。”黑人社会运动家马尔克姆·X曾在自己

15 岁时第一次穿上阻特服，当时正是 1940 年。对于这种衣服，他这样描述：“营业员为我量了身材，然后从柜台上取出一套阻特服。这套衣服是天蓝色的，裤子膝盖处宽达 30 英寸，然后在脚踝处又收到了 12 英寸。宽大的上衣一直垂到我的膝盖下面。”

一些美国的白人军人认为这种衣服是对国家的侮辱，以他们为首的白人势力与黑人群体随后在洛杉矶发生了暴力冲突，这场骚乱随后延伸到太平洋沿岸，旋即蔓延到其他美国城市——这就是美国历史上的“阻特服骚乱”。尽管并不是所有人都反对阻特服，但它在主流社会中还是遭到了强烈的排斥——警察禁止人们身着阻特服出现在公共场合，甚至会将穿着者逮捕。反对者为表达对阻特服的反感，甚至放火焚烧阻特服或者在衣服上撒尿。

不过，在 1943 年，传奇的爵士音乐家凯伯·凯洛威在歌舞片《暴风雨》（*Stormy Weather*）中身着阻特服，这一举动倒是没有引起主流社会的反对，在某种程度上缓和了种族对立的情绪。

在 20 世纪 40 年代，阻特服还一度跨过了大西洋，在欧洲流行起来。那个时期的许多照片上，身着阻特服的男男女女看起来既时尚又自信。阻特服来到被占领的法国之后，还演化了一个群体“Zazous”——招摇地穿着过长的、笨重的格纹夹克，无视定量配给和禁令，上衣同阻特服一样宽大，这一点在欧洲物资紧缩的背景下显得十分难得。虽然法国社会中也有反 Zazous 的声音，但是相对于战时德国对同样年轻的嬉皮士的镇压，这些反对的声音还是显得温和了不少。在纳粹德国，具有反战思想的年轻人用奇装异服和非雅利安式爵士音乐来表达自己的政治态度，他们中的

歌手卡布·卡洛威穿过的华丽的阻特服。

很多人因此遭到逮捕——海因里希·希姆莱命令在集中营中彻底禁止相关的装束和音乐，他认为这种流行是文化的倒退。

在战前，英国也掀起了一股复古服装潮流，年轻人穿上了爱德华时代的复古套装来彰显自己的个性以及对主流社会的反叛。和 20 世纪 40 年代的美国宽肩套装相比，欧洲的叛逆套装又有了一些改变——工薪阶层的小伙子会存钱买瘦身剪裁的长款套装，上衣虽然没有了夸张的肩部，但衣身还是长至膝盖，裤子也不再是肥大的款式。欧洲的叛逆男孩们会用紧身马甲和锥形长裤来搭配外套。在 1953 年，《每日快讯》的头条首次将身着爱德华风格套装的男孩儿称作“阿飞”。随后，主流社会开始用阿飞或古惑仔来形容这一类叛逆的年轻男孩儿。通过修改一些服装细节，古惑仔们打造出了不同于普通城市青年的流行文化。这类人掀起的时尚极大地影响了 20 世纪五六十年代的战后文化。战后成长起来的这一代年轻人所崇尚的生活已与他们的长辈大有不同，快速的经济增长，充分的就业，让年轻人有了更多的可支配收入来追求标新立异的时尚。

这轮古惑仔时尚既是复古服装的再流行，又是一种备受争议的文化现象。披头士乐队也是复古套装的拥趸，当他们第一次将这股潮流引入音乐界，极具特色的套装和印度式立领曾引发过极大的争议。在披头士乐队发表于 1967 年的传奇音乐专辑《佩珀中士的孤独之心俱乐部乐队》（*Sgt Pepper's Lonely Hearts Club Band*）的封面上，成员们就穿着 “伪爱德华风格”。披头士乐队将老式套装的再流行推到极致，这甚至引发了年轻人簇拥到伦敦的二手衣服店，购买类似的中古外套的风潮。

戏剧化与细节设计

在回顾了复古服装成为具有反叛意味的潮服的故事之后，我们再来聊聊 20 世纪晚期男子套装的街头化，以及背后日显包容的社会氛围。从20世纪60年代晚期开始，正方廓形的复古男西装越发流行，很大程度地冲击了传统、保守的西服世界。非主流风格的套装充满了戏剧性：苏格兰乐队“湾市狂飙者”引领起了苏格兰格子呢的热潮；华丽系摇滚乐队也以自己夸张、华美的造型吸引了不少粉丝；电影《狂热周末夜》（*Saturday Night Fever*）带动了迪斯科舞服的流行；东亚风、美洲土著风、印度风、因纽特风……全球范围内的各民族的服装元素都被融入了嬉皮士服装文化。不仅如此，欧洲历史中曾出现过的各种华丽、古典的服装元素也进入了现代服饰世界。肩型、翻领、口袋会随潮流不断改变，质量有上乘的也有低劣的，但是无论潮流如何更迭，都取代不了传统经典的服装，正如前文所言，这些衣服可以代表穿着者的专业，或让他们产生归属感。

现代服装的结构和设计细节，仍有许多承袭自近代纸样裁剪或规范。套装上衣的袖子是按弧线裁剪的，有些有袖口，有些则没有；袖子与衣身的缝合方式有上肩式，也有插肩式。过去的男装从未出现过短袖，即便是夏装。[1] 在18世纪，袖子上首次出现了袖口收褶的设计。20世纪80年代，随着美国电视剧《迈阿密风云》（*Miami Uice*）的流行，以及在英国乐队“杜兰杜兰”的带领下，时尚的男性开始在穿外套时抄起袖子，彰显自己的个性。如果有些套装的袖子没有被设计成翻袖，那么穿着者很可能会自己将其

1　把手帕塞进夹克袖子里的习惯可以追溯到布尔战争时期。在《记伛者复仇事》中，夏洛克·福尔摩斯批评他的伙伴华生医生的这种军事习惯：“只要你还保持把手帕藏在袖子里的习惯，你就永远不会成为一个纯粹的平民。”

翻起来，露出同色的缝纫线。编剧兼主持人丹尼斯·诺登也曾披露，自己曾在衣服肘部涂抹强力胶，将袖口翻过来粘上去。“后来我的衣服外面出现了两块‘秃顶’。”他坦诚道，因为把袖口从强力胶上剥离下来时他把自己的衣料撕坏了。

虽然有这么多对袖子加工的方法，但大部分外套的袖子仍是中规中矩的直管袖，仅在袖口处的扣子上增加一些变化。袖扣大部分没有实际功能，仅仅具有装饰作用，因此一般都是和套装面料同色——尽管有则故事说这个设计是为了防止海军船员在袖子上擦鼻涕。外套上装饰性的扣子可不止袖扣而已。[1] 晨礼服背后的两枚纽扣，是以边缝的方式缝在腰部上的，这两枚扣子其实承袭自 17 世纪大衣背后的装饰扣子。衣服上的扣眼，最早是用来插鲜花或者树枝的。原本，男人们会摘一朵鲜花插在自己上衣的第一个扣眼处作为装饰，但是在 19 世纪 40 年代以后，裁缝们在翻领处增加了专门用来插鲜花的扣眼，胸前的扣眼从此不再用来插花。

西装的口袋处很少设置扣子。在“二战”期间，政府限定了西服外套上口袋的数量，制衣商只得在衣服上设置假口袋——这样做是为了节省制衣面料。设置假口袋其实是 18 世纪中期服装的常态，只是后来随着人们的衣服品位越来越华丽，才在衣身上增加了越来越多的口袋。不同于女式西装用假口袋增加设计感的做

1 在军服中，扣子可以标示穿着者的军衔和部队。在“一战”中，人们在清理战场尸体的时候，也会根据袖扣辨认死者的身份信息。军服的袖扣一般是用黄铜或者其他金属制成，长期受潮之后会生锈，甚至产生毒素，这时候，袖子处的面料可以对有毒物质起到隔离作用。

法，男装上的口袋一般都是真口袋。这些口袋包括直插袋、立体袋、斜插袋等，另外还有内袋和偷猎口袋。随着搭火车旅行的生活方式在西方兴起，裁缝们还在外套右手边设置了一个票券袋。

男人们穿西装时需要解开西装最下面的那颗扣子，这个习惯也是来自马甲。爱德华八世在穿单排扣的马甲时，就会解开最下面的那颗扣子——虽然这个习惯并不是由他开始的，但是他却极大地推动了它的普及。如果你观察19世纪的影楼照片，就会发现肖像中的男人把每颗扣子都系得好好的。

西装马甲

马甲是由背心演变而来的，在北美洲，人们仍用背心（vest）来称呼马夹。早期，男人们为保暖而穿着马甲，它属于一种保暖内衣，因此显得相当素净。很多人甚至会连穿两件马甲背心。法兰绒的马甲保暖效果十分好，因此有些自我感觉良好的年轻人会拒绝穿着——他们觉得只有老人才需要穿它。在简·奥斯汀1811年的小说《傲慢与偏见》中，玛丽安就这样说过："我不会穿法兰绒的背心，穿它的人多半有抽筋、风湿之类的毛病，只有老年人和病秧子才需要保暖马甲。"玛丽安说这话的时候只有16岁，她用这番话讽刺的是35岁的布兰登上校。在玛丽安心中，35岁就算是高龄了。

20 世纪 20 年代的羊毛马甲，直到今天仍是经典款式。

现存的最早的马甲实物据说属于英王查尔斯一世，他在 1649 年 1 月被处以死刑，他死后，这件有 13 颗扣子的亮蓝色针织马甲被他的私人医生霍布斯保存了下来。国王在世时曾经非常怕冷，他的颤抖常常被误认为是因为害怕，所以穿着一件保暖的马甲对他而言十分重要。

随着服装廓形在后世演变得更加贴身，马甲的造型也发生了些许改变。马甲的材质通常与外套的面料一样，一般用丝绸或者羊毛料制成的。因为大部分人不会单独穿马甲，而是将之套在外套里面，所以马甲的后背处多是选用素净的棉布或亚麻料，俗称“斜纹布”或“作弊纹”——反正别人也看不见。但马甲的前胸部可马虎不得，必须采用优质的面料。贵族的马甲，以及新郎服的马甲还会在前胸部增加一些精美的刺绣。一般人也许不愿意在马甲上加过多的装饰，但是新郎服是一个例外。新郎服有着特殊的意义，大部分人在结婚之后仍会保存这些精美的马甲。

历史上，有时人们会用挑选颜色和面料统一的马甲和外套搭配，但有时，他们又会挑选材质相异的马甲和外套。马甲的款式和长短会随着流行趋势而不断演变，曾经有些马甲长至穿着者的大腿，在布鲁梅尔生活的时期，又高至胸部（短款马甲可以将周围人的目光吸引到穿着者的臀部和大腿上），而到了 20 世纪，马甲的主流款式则是长至腰部。马甲的领子也是多种多样的——根据流行趋势和穿着者的爱好，竖领、翻领、青果领甚至无领的马甲都曾在人们的衣柜占据一席之地。[1]

在 19 世纪，人们通常还会将怀表链绑定在马甲上，为了方便穿着者掏出怀表展示，裁缝们还在相应的位置设计了专门的怀表口袋。怀表与马甲的搭配还增添了一种附加作用——在讲究的社会中看不到——表链成为一种装饰，将周围人的目光从皱巴巴的衬衫上吸引到马甲和表链上。马甲本身被拉紧来贴合背后的饰带或皮带和带扣，后一种方式在现代的服装中还在使用。由于马甲紧贴衬衫，是一种内衣物，所以免不了遭受汗水和油脂的侵蚀——在当时，人们称之为“体油”。在 1817 年，为了避免马甲被汗水侵蚀，还是王子的摄政王乔治在自己的白色马甲腋下的位置缝制了垫片。

1　在 19 世纪 50 年代，神职人员中还出现过一种特殊的侧面固定的马甲——野兽印记（M.B.）。这种马甲一度成为天主教神父的身份象征。

皮制的马甲因为能防水、防脏，因此受到了工人和农民的青睐。在铁道线上工作的运输工和马夫们穿着的马甲还带有长袖。在所有马甲类服装中，最具保护功能的当属防弹背心——在1914年的萨拉热窝，奥匈帝国的皇储弗朗茨·斐迪南大公就曾身穿这防弹背心。这件背心的材料并不是聚酰胺纤维——直到1964年杜邦公司的克劳莱克才发明了聚酰胺纤维，即现代防弹背心的材料——它是用多层丝绸叠合在一起制成的，为防止大公出席公众活动时遭遇刺杀而特别制作。最近，根据英国皇家军械国家枪支中心的研究显示，只要16层的丝绸和棉布叠加在一起，就足以抵挡1910年产的勃朗宁半自动步枪的子弹——当年，刺客加夫里洛·普林西普正是用这种枪刺杀大公。但可惜的是，在1918年，大公再次遭遇刺杀的时候却没有穿着这件背心。而他的夫人索菲亚则没有选择权，她在历史书中仅被当作附带损害。大公遇害的“萨拉热窝事件”直接成为“一战”的导火索，让世界历史翻到了新的一页。

如果想穿更舒服、更保暖的马甲，你可以选择针织面料的。渐渐地，针织背心取代了马甲，成了休闲或半休闲衣物。在20世纪30年代，这类非正式的衣物受到了更多人的欢迎，西装也更多地与休闲马甲、毛衣、开衫搭配起来。在“二战”期间，服装强调实用性，这加速了传统的三件套西装的衰落，这说明近代上流社会的礼服式套装已经不再适应新的环境。20世纪80年代，开始有人将马甲外穿，在街上，你可以看到用马甲搭配T恤和牛仔裤的男男女女。再往后，马甲与T恤的搭配显得更普遍了，而且各种马甲的设计和剪裁也更个性化了。

未来的套装

套装在以后会如何演变？赫迪·雅曼提出的“自由服装”风潮极大地影响了现代人的穿衣习惯，西装在很多场合中都被休闲装和运动装取代了。休闲装最新的演化成果是“贝壳装”——在20世纪八九十年代曾经风靡一时，算是一种休闲套装。一位老派的套装爱好者还曾这样描述贝壳装：“这种衣服最适合那种主要

这幅1893年的漫画预测了1979年的男装样式。

体育爱好是在法庭外面对着警卫大喊大叫的疯子。”这种恶毒的评论道出了当时社会很大一部分人对于贝壳装的质疑，他们认为穿这类衣服的人素质都很低劣。但这种观念并不具备普遍性，许多世界级的音乐艺人都会穿着昂贵的高质量运动服，他们的时尚品位总比很多运动员好吧。

预测未来服装的根据通常是建立在当下流行趋势和文化的基础上。一幅刊载在 1893 年《海滨杂志》（*Strand Magazine*）上的漫画是如此预测 20 世纪的服装的：紧身马甲、喇叭裤和华丽的外套。令人惊讶的是，20 世纪的华丽系摇滚艺人真的曾穿着类似的套装登上舞台。而现在对于未来的服装的演变趋势更倾向于宇宙风。在 1939 年的纽约世界博览会中，服装业者曾预言 2000 年的西装会演变成一件式空气装，帽子上还会有类似天线一类的“触角”。而女性套装则会演变为透明的铝制套装，头上会配有某种通电的帽子以照亮脸部。20 世纪 60 年代，人造卫星的成功发射启发了设计师皮尔·卡丹，他设计出一种太空帽式头罩，搭配白色的未来风套装。卢勒克斯织物和莱卡为这些未来风服装提供了不少助力。许多嬉皮士还迅速用普通面料模仿了这类服装，他们还在面料上做了加工，使之呈现出做旧、褪色的效果。

套装最令人意想不到的代言人当属足球运动员。这些人平时几乎都穿着运动装，但是在出席一些活动时却整齐地穿上了新潮的套装，以包装自己的形象。大卫·贝克汉姆就是这样一个兼具模特和运动员身份的人。在他的代言下，足球运动具备了更高贵、严肃的色彩，而不是只有引发斗殴的足球流氓。

当代的服装不再具备矫正体形的功能，而是一层为穿着者提供舒适保护的防护层。在诸如婚礼之类的正式场合，新郎和服务员还是会穿着正式的西装套装，比如晨礼服或者三件套西装。尽管现代的服装都趋于休闲，但深色西装套装仍是人们出席葬礼和追悼会时的标准着装。在很多职业场合中，套装仍然具有标识穿着者专业性和地位的作用。直到下一种更能代表地位的服装流行前，西装套装都是人们衣柜中至关重要、不可或缺的成员。

第九章

领　带

TIE RACK

“给我看一个男人的领带，我就能知道他是谁，或者他想成为谁……”

——《穿出成功》（***The New Dress for Success***），约翰·莫雷，1988 年

抬起你的下巴

20世纪80年代，服装学大师约翰·莫雷发表了一个重要观点：领带是最能彰显一个人地位的配饰。对那些套装加身、注重形象的人来说，领带这块小小的布片绝对是马虎不得的。我们生活中许多细节都与领带关系密切：孩子们在第一天上学时会佩戴一条

1934年的休闲男装（衬衫和领带在休闲装中仍可见）。

具有象征意义的儿童领带；上班族在结束繁忙的一天后会松开领带和衬衫领口，在紧张的时候还会下意识地触碰领带，也可以缓解焦虑和尴尬。

在西方，围巾类配饰往往和衬衫一样，具有一定的标识身份的作用。打领带的行为其实有着丰富的意涵——低阶层的人士通过装饰衣领表达对地位提升的向往；保守派打领带是出于对传统的尊重，而新时代的男女打领带则往往带有创新意味。

今天最常见的领饰是条状领带，男人们会在衬衣领口处用之打结，而这种领带的成形其实也经过了漫长的演变过程。曾经，人们会用各种鸟羽、丝巾、绶带等饰物装饰领口，这些东西在今天的人看来也许有些新奇。最早的领饰出现于文艺复兴时期，那个时代的人们崇尚华丽服装，仅仅用衣料包裹脖子是不够的，有钱人还需要一些饰物来修饰喉部。

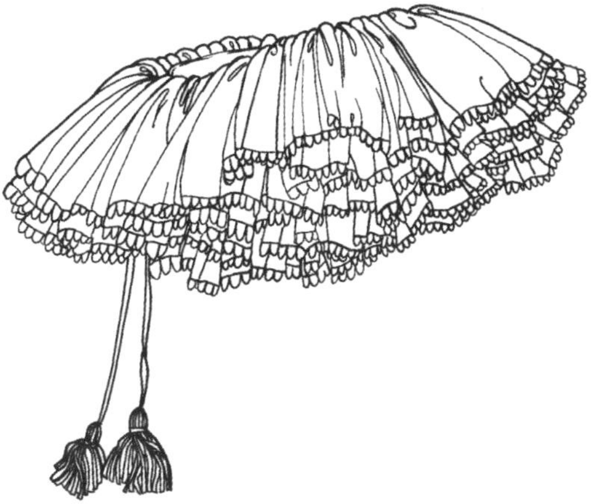

伊丽莎白一世时期的领部装饰，面料上了浆。

在19世纪20年代，年轻的维多利亚还是一位公主，她的女家庭教师将一片冬青叶别在她的下巴处，训练她时刻抬起脑袋、保持仪态。不过，对16世纪的领饰爱好者们来说，冬青叶根本是多此一举。那时的贵族男女会在脖子处佩戴用多层织物缝制的荷叶边领饰，厚厚的一沓料子会卡住穿着者的脖子，这种华丽而夸张的服装附件让他们想低头也低不下来。

早期的拉夫领（ruff）面料是柔软的，所以被尖刻的评论家菲利普·斯图贝形容为“挂在肩膀上随风飘扬的破布团”，或者像“荡妇的擦嘴布”。于是，为了避免让自己看起来邋遢，人们开始在领子中加入了垫料和金属丝网，并称其为“萨波塔斯”（supportasse）——撑领架。为了增加华丽的视觉效果，贵族们还会在衣领边缘缝上蕾丝，这就是所谓的皮卡迪利（piccadilla）假领。这个名字来自拉丁语“pica”，原来的意思是长矛。在当时的伦敦，甚至还有所谓的皮卡迪利大楼，专门储存这种衣领和制衣的蕾丝。

上浆是让领子变硬最有效的方法。有趣的是，淀粉浆在当时又被人们叫作“恶魔的烈酒”。据说在1582年，有一个比利时妇人因为女佣清洗了她的拉夫领后没有好好上浆而暴怒不止，她把它们踩在脚下诅咒道：“如果她穿过这些，就让恶魔把她带走。”这则传说还有个很邪乎的结局——淀粉浆上的恶魔真的现身了，他化身成了女佣的情郎掐死了女佣，因为有人看到了女佣尸体上青紫的掐痕。大概女佣真的偷穿了拉夫领，而恶魔因为她的虚荣心而惩罚了她吧。在拉夫领上浆之后，人们还会将其套在加热的戳棍上让褶裥定型，或者用小熨斗熨烫定型，总之要让这些假领保持僵硬的造型可是要花不少工夫的。尽管麻烦，但人们仍对这种时尚乐此不疲，大概是因为这些烦人的活儿都由用人操持，而让用人打理这些麻烦的饰品能让贵族们享受某种优越感吧。

这种华丽却尴尬的拉夫领在 18 世纪被另一种更加质朴，也更加舒适的领饰取代——这就是硬领（stock）。尽管很多女士在骑马的时候也会穿硬领，但事实上硬领百分之百是种男装配饰。硬领是硬挺的高领围巾状饰物，最早由德国和法国的军人佩戴。这是一种简单又正式的服装配件，和套装搭配十分相宜，许多注重衣服细节的军人和平民都十分爱戴它。为了让硬领保持硬挺，人们可是发挥了相当大的想象力，他们将马鬃、猪鬃、纸板和木片当作填充物加到硬领里，会让硬领看起来硬挺得夸张。有款叫“断头台”硬领中还添加了鲸须作为领撑，远远看去，戴这款假领的人就像怪物一样可怕。

硬领是用别针或者带扣固定的，如果将扣子扣得紧一点，那么佩戴者的脸就会涨红，但这正是他们追求的效果——他们觉得面色红润看起来才健康。由于喉咙被卡住，佩戴者的头也只能高高昂起，顺带让他们的身体也下意识地保持着挺立的状态，整个人看起来充满自信和贵气。在 1818 年出版的匿名著作《领部装饰》（*Neckclothitania*）中，硬领被形容为“播放音乐的旋转椅”，作者还在书中做了一个充满哲学意味的总结：“上浆的假领给了男人们什么？只给了他们傲慢和高傲。”

在硬领之后风靡西方的领饰就是领巾（cravats）了，这种饰物同样少不了忠实的男仆和勤奋的洗衣女工的精心打理。领巾有很多种款式，其中最常见的就是柔软的条状领巾。据说，领巾是 17 世纪初期由克罗地亚士兵从法国带来英国的，但是在土耳其语和匈牙利语中，也有相应的领巾一词——kyrabacs 或 korbacs——就是指长条的围巾状物。还有一个说法，说英语中的领巾来自法国的马鞭（cravache）一词。

布鲁梅尔就是历史上著名的领巾爱好者。他的贴身男仆曾为一个叫凯利的上校工作。这个凯利上校也是挺传奇的，为了在火灾中抢救自己心爱的靴子，他被活活烧死了。一次，有位客人早上去拜访布鲁梅尔，却发现他的男仆在搬一沓白色的亚麻布，在询问那些布片是什么东西之后，男仆回应道："那些吗？哦，先生，那是我们的失败之作。"

据说在 1815 年的滑铁卢战场上，拿破仑曾佩戴自己的黑色硬领，想与惠灵顿公爵的白色领巾形成对比。这场战役的结果现在大家都很熟悉了。有趣的是，为了揶揄战败的拿破仑，社会上开始将一种难看的紫色领巾称作"拿破仑式"。这是因为 19 世纪的花语——一种将每种花都归类为一种属性或情感的非正式的字典。紫罗兰是拿破仑的象征，因为它生长在阴暗之中，而且它的香味在天黑之后也很浓郁。

乔治时代的绅士们十分爱用领巾，他们的衣柜里会排列着各种款式和花色的领巾，但这种几近狂热的爱好在服装专家的眼里，似乎有些过了头。在当时的《领部装饰》一书中，还刊载着各种领巾打结的方法，其中有爱尔兰式、印度式，还有马项圈式。这本书的作者还在书中这样抱怨道："我无法解释为什么绅士们如此爱戴领巾，大概他们想让自己看起来更与众不同吧。”

领巾打结成为一门艺术。在所有打结样式中，最有趣的就是东方式了。为了说明这种领结有多么僵硬、紧实，《领部装饰》一书中还讲述了一个高个子男人闹笑话的故事：由于领巾卡住了脖子，这个男人无法更好地扭动脖子看路，以致他撞上一位老阿姨，跌倒在地的男人又撞到了一名贵妇的膝盖，导致对方手中的水壶飞了出去，壶里的水溅到另一位男爵身上，尴尬的高个子男人只得赶快捡起贵妇的手帕站起来。这则让人啼笑皆非的笑话给所有男士提了个醒，戴领巾走路要格外小心，而且在有人中风或者生病的时候，“应该马上取下或者松开领巾”。

不过在东方式之外，还有大约三种样式相对松弛，至少服装专家眼里，“不会引起这么多事故”。其中，瀑布式需要用很长的领巾来打，在乔吉特·海特写于 20 世纪 20 年代至 70 年代的系列历史小说中，打这种样式的人包括“舞台上的马车夫、守卫、小镇居民和市井流氓”——这些人都像男主人公一样精于打扮。

卡住脖子的僵硬领巾时尚并没有随着布鲁梅尔在 1840 年死去而走向终结。在 1885 年，一位服装专家曾警告，僵硬的假领和过紧的领结可能引起头疼、中风甚至死亡，但他的警告却没引发足够的重视，直到 1917 年，由于领子过紧引起的耳聋、中风甚至猝死仍时有发生。

在近代英国，有一种领饰还与一段不光彩的历史相关——被贩卖到英国的黑奴会戴一个紧贴脖子的颈环，一般由黄铜或白银之类的金属制成，上面镌刻着奴隶主的姓名、地址和徽章。这种领环不仅是奴隶的标志，还能防止黑奴们逃跑。英王威廉三世还曾在汉普顿宫设置了一尊大理石雕塑，刻的是自己最喜欢的奴隶的肖像，从这座雕塑身上，我们还能清楚地看到黑奴脖子上的颈环。

追求奢侈

绅士们可以通过领部装饰来展示自己的财富，炫耀不光是来自昂贵的领巾面料，还有其他隐晦的领域，比如，如果某人总是佩戴雪白的棉布领巾，那么说明他的财力可以负担昂贵的清洗费。精心穿戴领巾的人，要么是真的财力雄厚，要么就是典当了财产也要维持奢侈生活的没落贵族——这类人的领巾多是延期付款买的。

领巾的清洗是按批次进行的，而且要分类清洁，这一点更增添了清洗成本。在乔治时代，一次德国王子访问伦敦时，他的洗衣清单里就包括了至少 30 条领巾！另外，王子还有一个便携式领巾柜，里面至少装着一打白色领巾、一打条纹 / 斑点领巾，还有一打彩色领巾。不仅如此，王子还带来了 3 打衬衫假领，两副鲸须领撑，两条黑色丝绸的领巾和一个领巾专用的熨斗。

随着人们收入的增加，领巾逐渐成为一种带有奢侈品色彩的服装附件，各种华丽精致的领巾也越来越常见了。伊丽莎白一世时代的贵妇们也很喜欢穿拉夫领，领子上还会用金银线绣上漂亮的图案，或者缝上昂贵的蕾丝装饰。出版于1583年的《剖析流弊》就这样描述过这种奢侈的领饰风潮："贵妇们顶着拉夫领走来走去，总能吸引关注的目光，人们就像打量稀奇的古董一般打量着她们。"

在17世纪，男人中间兴起了蓄发的时尚，也许是为了搭配飘逸的长发，男士们的拉夫领开始向下垂落，华丽的蕾丝如瀑布般从佩戴者的双肩落到他们的胸前。产于法国和威尼斯的顶级蕾丝十分昂贵，只有国王和贵族们能负担得起，他们会将这些蕾丝加在自己出席宫廷活动时的礼服上。查尔斯二世曾为买一张蕾丝领巾花费20镑，而詹姆斯二世的威尼斯蕾丝领巾更是贵达36镑。如果按照今天的价格概念来换算，这两条领巾的价格分别是1 500英镑和3 100英镑！在威斯敏斯特教堂的查尔斯二世雕塑，戴着一条宽达34英寸的蕾丝领巾。一些顶级蕾丝比如比利时产的梅希林蕾丝，或法国瓦朗谢讷产的蕾丝设计精美，通常以玫瑰、百合、康乃馨和其他花卉为主题。连拿破仑都忍不住在自己的加冕仪式上用了这些精美的复古蕾丝，将之装饰在自己礼服的前胸处显摆。[1]

蕾丝领饰的流行结束之后，白色的领巾又风靡开来。很快，又出现了各种彩色的领巾。在19世纪早期，喜好华丽装扮的奥尔赛伯爵的领巾中就包括了天蓝色、海绿色和报春花黄的款式。19世纪80年代的男士们为了夸耀财富，非常喜欢佩戴那些颜色明亮的宽幅阿斯科特式领巾，甚至很有心机地选用和自己眼睛同样颜

1 胸饰通常是将蕾丝拼贴在礼服前胸处，任其自然垂下。这种设计在20世纪六七十年代的晚礼服和婚礼服中再度复活，只是这次设计师们采用的是尼龙蕾丝。

色的领巾——这种搭配方法一直延续到今天，尤其是男人们在出席婚礼的时候，他们会用彩色的腈纶领带搭配晨礼服。时尚的车轮继续往前，在蕾丝和白色纯棉、亚麻的领巾之后，丝绸领巾又成为人们的新宠。现代意义上的领带就是从这种真丝领巾演化而来。

领带是深色西装中的一抹亮色，也是展现佩戴者财富、地位、品位的小物件，而且这种展示不会太过张扬。现代领带的直接祖先是维多利亚时代男士们在喉部打了一个整齐的结的细长型领带。19 世纪是老式领巾逐渐转化为现代领带的时期，比如在 19 世纪中期，皇家阿尔伯特品牌就推出了又长又细的条状领带。从这个时代的男子肖像画中，我们可以看出领带的演变过程十分缓慢。维多利亚女王时代，整个社会的着衣风格迅速从华丽浪漫演变成严肃压抑，格子呢裤子、绚丽的领巾、绣花的马甲几乎从社会上绝迹，男士们换上了清一色的深色大衣、高领衬衫和素色领巾。

现代最常见的领带诞生于 20 世纪 20 年代，专利属于领带专家杰西·朗斯多夫。朗斯多夫设计了用三片斜裁的面料制作的领带，将弹性和长度增加到最大，却把褶皱压缩到最小。相对于巨大的拉夫领和蕾丝领饰，这种细窄的领带也许不够华丽，但是佩戴者还是能低调地借之展示财富，尤其是当他们戴着真丝领带的时候。

20 世纪的购物者对各种人造纤维不会陌生，比如人造丝和尼龙，为了与这些廉价工业材料竞争，真丝厂商们制作出了提花真丝和轻薄丝绸。英国产的丝绸在国际市场上名声极佳，其中大部分是手工织造的，但后来也越来越多地出现了机器织品。设计师

爱德华时代的无领棉衬衣。

鲸须、饰带、带扣和吊袜带——20 世纪 20 年代早期的束腹。

20 世纪 40 年代带螺旋纹的“子弹形”胸罩。

1849 年的“外出服”。

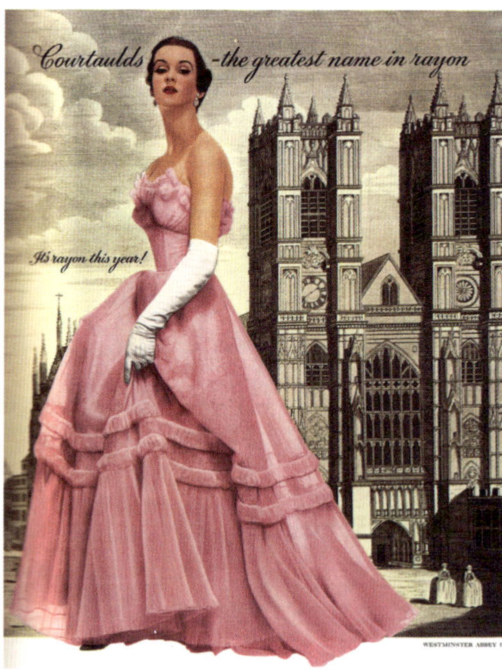

从 1953 年兴起的尼龙潮流。

20 世纪 60 年代的晚礼服——男士的衬衣、衣领、领带和外套，女士的修身连衣裙和手套。

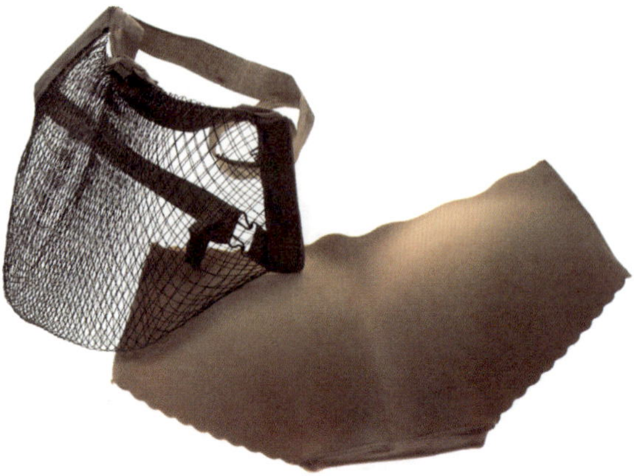

19 世纪 80 年代的网格裙撑以及 2015 年的提臀内裤。

现代对于斗篷的复兴——20 世纪 80 年代。

17 世纪的男士套装——马裤、长筒袜和有花边的外套。

逐渐成形的现代套装——19 世纪 30 年代的绅士。

19 世纪中期一个小男孩的羊毛裙——和现代小男孩的穿着很不一样。

1947 年的宽松长裤和衬衣，彼时对于女性来说穿着长裤还是很少见的。

维多利亚时代早期的精美丝质夜礼鞋。

现代的 4 英寸高细高跟和 20 世纪的 4 英寸长"金莲"。

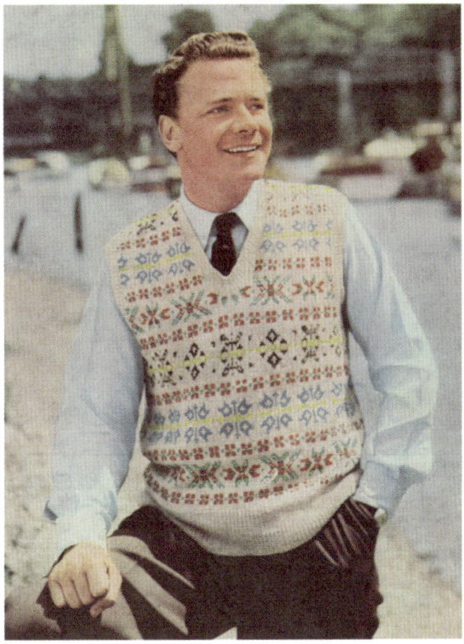

著名的费尔岛式毛衣。

19 世纪的挂袋和红色小钱包，以及 20 世纪 40 年代的银色手提袋。

20 世纪 30 年代的中性针织游泳衣，有带边的活动裆布。

1828 年的奢华软帽。

用于日常生活、保暖、晚宴和骑行的手套，以及手套伸张器。

20 世纪 50 年的睡觉装备——男士法兰绒睡衣、睡衣袋和可折叠的皮拖鞋。

赫迪·雅曼于1953年在自己的精品店中推出了带真丝衬里的全丝绸领带，并称其为“我人生中最奢华的设计”。他设计的领带大部分是亮色系，能和深色的西装形成色彩对比。在雅曼之前，巴勃罗·毕加索、让·巴杜、杰奎斯·菲斯以及非凡的艾尔莎·夏帕瑞丽等设计师都为高端客户设计过真丝领带，消费者冲着设计师的名气也会买单，品牌就是质量的保证。保罗·史密斯、皮尔·卡丹、爱马仕、伊夫·圣·洛朗等品牌也紧跟其后，丝绸领带在一波波设计师的引领下，成为注重生活品质的男士们不可或缺的饰品。

化学试剂和工厂

我们已经在前文中一次又一次地看过服装成为区别社会等级的工具的例子，而领带和领饰自然也有着这样的作用。当中产阶级和工人阶级的男人选择更新自己的领饰，他们多多少少会面临“穿错衣服”、混淆等级的风险。在1818年出版的《领部装饰》一书中，作者曾假定社会等级被打破的情况，并以这种情况引起的大众焦虑来打趣。这种假定虽然只是一种温和的讽刺，但却刺激了许多人的神经，尤其是当作者指出“下层社会试图用模仿上流社会的穿着来提升自己的等级，而上流社会则不断引领新的潮流标示自己的等级”的现象时。这里的“平等”其实意味着下层人民需要提升自己的阶层。10年之后，《系领巾的艺术》（*The*

Art of Tying a Cravat）一书更是用了大量篇幅指出，领巾是显示佩戴者社会等级的重要工具——“如果一个人没有正确地穿戴代表自己阶层的领巾，那么毫无疑问，人们就很难注意到他。”

领带和假领，曾是那些高阶层人们的专属，那些人哪怕一无是处，也会用合适的服装配件来昭示自己的地位。查尔斯 · 狄更斯在 1843 年的小说《圣诞颂歌》（*A Christmas Carol*）中，描述了贫困的克拉特基特一家过圣诞节时的情形，虽然这部分情节并不是主线故事，但却非常有意义。当鲍勃 · 克拉特基特在这一天将一副假领传给自己的儿子彼得时，彼得兴高采烈地带上了亚麻假领，迫不及待想去公园展示。在家中准备圣诞晚宴的时候，他都一边从平底锅里叉土豆，一边用嘴叼着假领的一角。

在 19 世纪，领带迅速成为受全社会男士青睐的服饰配件，人人都希望借助领带穿出绅士范儿。工业革命提升了工厂的生产效率，小镇上的服装上也开始将廉价的劣质领带升级得更精美。1864 年，一款获得专利的准现代领带风靡市场，尽管有钱人仍看不上这东西，但平民市场却认可了它，工厂加班加点地生产都赶不上销售的速度。当中产阶层的男人们也开始穿上晚礼服，上流社会开始焦躁不安了，于是，他们开始戴上领结，试图再次为自己的社会阶层做区分。[1]

时尚的转变蕴藏着某种经济社会的陷阱。小说《小人物日记》

1　领结从 19 世纪开始流行，在领饰中相对出现较晚。是一种细长、有形的领带，有着精细的穿戴方式……或者也可以用定型的领结来“假装”。

1920 年的领结。

（*Diary of a Nobody*）中的波特先生就因佩戴领结而备受周围人的奉承，但在剧院看戏的时候，他的领结掉到了包厢下面，这可就尴尬了。“为了不让其他人看到我的领结掉了，”波特先生坦言，“我只能整晚低着脑袋挡住领口，这让我的背和脖子疼死了。”

爱德华时代流行的领带样式包括侯爵式、男爵式和王冠式——光听这些名字，你就能感受到中产阶级对于名望和地位的渴求。中产阶层甚至希望通过服装配饰接近皇帝和帝国的形象——有一种首相式，在颈后高到 2.85 英寸。所幸，领结不光有标示身份的作用，也是便于穿戴的实用部件。杂志上的邮购广告上说，领带是一种“方便穿戴的领饰”“容易穿脱且定型效果好”“戴的时候只要将其绕在脖子上扣上扣子即可”。

为了让领带的质量看起来更好，制造商还会在普通的丝绸中加入锡盐，混在高质量的丝绸原料中，并用上浆的方法来固定造型，让产品看起来更高档。插入纸片或胶片的假领也在很大程度上取代了质量上乘的亚麻料假领。可拆分的衬衫领子也为工薪阶层的男人省了不少钱——可拆意味着清洗的时候只需要洗领子，而不用管衣身。[1] 专业杂志还建议收入平平的男人们平日里将领带摊开平放，或者将其挂在衣柜中的横梁上，这样可以增加领带的使用寿命。男人们还可以将自己的旧领带剪短，改成给儿子的儿童领带。更节俭的人还可以将领带剪开，缝在被套上作补丁。

有几种领带因为其颜色、打结方式、裁剪特色而被人们记住，不过流传到了今天，也就只有那么四五种了。今天最常见的领带打结方法当属“四手结”，这个名字来自乔治时代的马车俱乐部。这个结在某些地方也被叫作德比结或牛津结。结子的下方有一个小窝，你可以在这里别一个领带夹。还有些人喜欢打温莎结，不过这种结曾一度被认为是暴发户的标志。这种领带结以温莎公爵的名字命名——不过温莎公爵可不是暴发户——据说在 1913 年，公爵让杰明街的旅行用品商发明了这种结。

不管这些打结方式是由谁发明，也不管领带的材料是从哪里来的，总之，在 20 世纪初，领带和假领迎来了前所未有的繁盛。相对于那个时期，现代的男装着衣规范宽松了不少，不少人会在

1 1915 年，一些有生意头脑的制造商发明了在防水布中添加赛璐珞塑料的假领，并将其命名为“军人领”或“标准领”。在公务员协会的目录和陆海商店就能买到，一个只需花费 5½ 便士。这种领子只用海绵沾湿水就可以清洁。

正式的场合中仍穿着休闲的日常装，搭配代表严谨传统的领带或领结，尽管一些老派的绅士不能接受这种混搭。

接下来，我们来看看女士们的领带吧，这部分内容比男士领带的故事更复杂、更有趣。

男装女穿

在服装文化的演进中，不仅有低阶男士模仿高阶男士的穿着，更让人惊讶的是女性也开始模仿男性的穿着，换上了衬衫和领带。

从 17 世纪开始，女性就开始在骑马或出席一些正式场合时穿戴男式硬领和领巾，这种习惯一直被延续到后世。但只有极少的女性会将男式领带作为日常穿着的一部分，她们自己的领饰更加柔软、漂亮，也更具女人味。从 19 世纪开始，女士们还开始穿戴一种可拆分的假领——女用领巾，这类领巾的面料多种多样，花色、款式十分丰富，可以供女士们搭配自己的紧身衣穿着。女式领巾大受欢迎，不光因为其漂亮，更因为其有实际的功能——包裹了女士们从脖子到紧身衣之间的身体，可以吸汗、防脏。领巾穿戴在旧衣服外面，也可以让穿着者体验到搭配新衣的乐趣。卡特赖特女装公司也在 1897 年宣称，戴上合适的领巾可以衬得穿着者更加漂亮。想省钱的妇人们还可以模拟服装橱窗中展示的样品，在家用棉布、雪纺、天鹅绒和蕾丝自制领巾，并且她们还能发挥想

19 世纪 90 年代的女自行车手——有点呆板——身着定制的套装，衣领和领带都上了浆。

象力，往领巾上增添一些缎带、丝绸和刺绣装饰。

每一季流行的女式领巾都有些许改变，潮流左右着领巾款式，硬邦邦的、柔软的都有其受众。不过当然了，这些领巾只在白天穿着，吃晚饭前，人们就会将之摘下。随着 19 世纪末期女性社会地位的提高，受过教育的女人们越来越青睐男装，于是融合了诸多男装元素的定制女套装应运而生。在 1900 年前夕，“吉布森少女”——美国插图画家查尔斯 · 达纳 · 吉布森描绘的 19 世纪 90 年代的美国女性形象——风行了大街小巷。吉布森少女的标准形象就是穿着白衬衫，打着黑领带，这让她们比周围的男性看起来更有个性。女士的亚麻立领高达半英寸，通常会有个类似贵族女性的名字，比如公主式、格特鲁特式、伊迪斯式，以及弗洛伦斯式。

诸如弗洛伦斯 · 南丁格尔之类的护理人员让女式立领成了专业的身份象征，从此之后几十年间，可拆卸的硬领成为女护士们职业装的一部分。在“一战”期间，女护士艾迪斯 · 卡维尔因间谍罪在比利时被处死，在她行刑前的照片中，她穿着条纹棉质上衣、硬领、精致的宽领巾。亚历山德拉王后是爱德华七世时代的时尚教母，她热衷高领，认为可以遮挡她难看的脖子。这类高领中间会用金属片或者硬麻布衬里支撑，你可以想象，穿上它们并不会舒服。[1]

除了男性化的僵硬衣领，女士们还可以选择带上柔软的麻纱、雪纺绸、蕾丝领饰，这类领饰在某种程度上继承了旧时代女装的优雅。摄政时期的女士们习惯用长条状的领饰搭配她们的高腰罩袍，爱德华时代的女士又复活了这种古典穿搭方式。极具风格的

1 爱德华时代的福韦尔克衣领加固公司在广告中写道：“这款棉质领座可以与各种外套、夹克搭配，远比用硬麻布加固的穿着舒适。造型美观、即买即用。有黑、白、褐三种颜色，宽度在 1.5 英寸至 4 英寸。”

长围巾也是衬托流线型装饰艺术设计的重要配饰。和呆板的男士领带相比，女式围巾显得飘逸又华丽——但也有可能是致命的。舞蹈演员伊莎多拉 · 邓肯是长围巾的忠实拥护者，但在 1927 年，她 50 岁的时候却戏剧化地因为围巾而丢掉了性命。当时，她独自开车行驶在法国尼斯的盎格鲁街大街上，她的脖子上戴着一条两码长的红色丝绸围巾，围巾绕过她的肩膀向下垂搭着。邓肯一边挥手，一边用法语喊叫着，“再见了！我的朋友们！我要走向光

20 世纪 80 年代，女士们常将围巾打结装饰在衬衫外。

荣！”突然，她的围巾卡进了车轮里，随着车子快速行驶，围巾死死勒住了她的颈子，最终让她送了命。

还有一种样式，既比男式领结轻软，又比女士围巾更正式一些，这就是猫咪蝴蝶结。穿着者常将这种具有女性色彩的领结与造型凛冽的套装搭配，以之中和一下西装的冷峻色彩。这种蝴蝶结诞生于20世纪30年代，通常由丝绸或绉纱制成。在20世纪40年代的战争时期，女装通常被设计成四四方方的简练造型，而这种猫咪蝴蝶结极好地弱化了外套的冷峻乏味。20世纪五六十年代的衣领显得精致又干练，但从70年代开始，松垮、柔美的蝴蝶结又再度流行起来。英国前女首相撒切尔夫人就喜欢打这种松弛的蝴蝶结，而且这不是随便决定的，作为政治家，她的每套衣服、每个造型都是经过精心设计的。撒切尔的衣服多是简练大方的款式，且质地柔软，这有效地弱化了她强势的形象，让她显得更有女人味。她既不希望自己看起来过于男性化，也不希望自己显得呆板无趣。

当然，撒切尔的脖子上也从来不会少掉各种蝴蝶结。男性化的、硬挺的领结可以突出她的权势和干练，而女性化的蝴蝶结又为她增添了一分柔美的风情。当随着戴安娜·斯宾塞走入伦敦的上流社交圈，并最终在1981年与查尔斯王储喜结连理，她又复兴了猫咪蝴蝶结。从王储夫妇的订婚照中，我们可以看到王妃就戴着猫咪蝴蝶结，而王储系着最传统的男式领结。

松开领带

总的来说，人们穿上高领衬衣，并打上紧实的领结，正是为了保持脖子挺立，这类正式的装扮看起来虽然精神，但并不舒服。所幸，人们还有另一个优雅却不失礼貌的选择，这就是柔软的领饰。无论是公元前 221 年的中国秦始皇兵马俑中的陶土士兵，还是公元 113 年罗马帝国的图拉真士兵，从他们身上，我们都能看到这类柔软的领巾。到了 17 世纪，西方又出现了司坦克式围巾，男士们可以将这种柔软的领巾绕在脖子上，或者将其别在胸口。据说这种围巾起源于法国军队，在 1692 年的司坦克战斗中，法军因为战事繁忙，士兵们没有时间好好整理自己的领巾而发明了这种简易戴法。

我们在前面也提到过，在 18 世纪 70 年代取得独立的北美国家中，男士们开始佩戴松垮的领巾并以此区别自己的欧洲亲戚。北美男人们不仅会在领部系上轻薄的手巾，还喜欢佩戴一种厚软的缎带——农夫式领带，据说这种领带最早起源于美国南部。这种棉质手巾的领饰颜色明亮，让佩戴者看起来英武帅气。由于棉手巾耐洗，用途又多样，很快就从美国飞渡了大西洋，成为欧洲男性在非正式场合最常佩戴的领饰。在乔治时代末期，英国的职业拳手吉姆 · 贝尔切靠着自己的双拳打出了一片天，他很喜欢佩戴一款深蓝色的领巾，后来这款领巾也因他的走红而沾了光，成为运动场上的流行款。

那么会有人完全不戴领饰吗？如果有，一定是设计师或艺术家为这位穿着者专门做的艺术加工。比如，拜伦勋爵在19世纪早期的一些肖像画中，就是以松弛的领子、无领饰的造型示人的。拜伦勋爵的很多肖像画都由托马斯·菲利普斯和理查德·威斯特尔创作的，在画作中，两位画家将拜伦外套的颜色加深，更突出了他解开的白色衬衫领子。这类肖像赋予了拜伦浓厚的诗人气质，甚至还多了些风流的魅力。但是实际上，拜伦的洗衣单中可少不了各种领巾、领饰，他似乎每天都会戴领巾，甚至远赴国外时也无例外。在1811年，拜伦还有个疯狂的情人给他寄来了一张带着精美刺绣的领巾——与众不同的是，这个女人将自己的头发也编进了领巾里！

时间来到20世纪，各种艺术家、诗人和“体面”社会的边缘人士都加入光着脖子、松开领口的时尚中，这更进一步加速了领饰文化的改变。奥斯卡·王尔德是一个“叛逆者”，他也是第一个公开穿柔软的高领毛衣不系领带的人，在当时的社会，这一举动无疑是离经叛道的。

那么在“一战”之后，这股由艺术家们引领起的休闲服饰文化是否得到了进一步的发展呢？可惜答案是否定的。在战后，人们对于恢复自己严肃的职业身份的渴求如此强烈，根本不可能会丢掉那装腔作势的领饰。

但是，随着“二战”后英国迎来了经济繁荣，传统领带的爱好者终于可以不再拘泥于物资的紧缩和保守的款式了。在20世纪60年代中期，英国出现了腌鱼领带，领带面宽得就像刨开的鱼。

有趣的是，气象播报员迈克尔·费雪和设计师皮尔·卡丹都是这种领带的拥护者，他们甚至会佩戴用帆布做的腌鱼领带，上面绘满各种彩色的涂鸦。现代设计师设计的其他领带也开始变得炫目异常，而且，其中还融合了许多先进的纺织技术。20世纪六七十年代的花衬衫上出现了各种花哨的印花，摩登女郎、迷幻的图案、异国元素和卡通造型都可以成为印花主题。当然你也可以选择深色衬衫和白色领带，表达对经典款式的偏好。

曾经，20世纪60年代的嬉皮士们预言，在80年代领带就会被淘汰。预言虽没有成真，但新时代的男性确实没有那么热衷戴领带了，与自己的父辈相比，他们确实更偏好休闲的穿着。运动服和T恤衫确实成了现代的主流着装。[1]

领带相对少见了，但这并不意味着其地位降低了，在某些专业场合、商务场合和学校制服中，领带配衬衫仍是标准着装。只有在一些特殊场合中，领带才会成为多余的东西，比如在1981年的和平号空间站中，英国第一位女宇航员海伦·沙曼和苏联的同事们共进晚餐，其中一个“客人”为了表示尊重，还特意打了领带，但是“这条领带整晚都水平地飘在空中”！

佩戴领带也有不少禁忌，在有些场合中，领带代表严谨与庄重，但另一些场合，它又会带来尴尬。有时候，穿得太正式、太华丽会显得穿着者与环境格格不入；穿得太随便又完全不能吸引周围

1　那些仍执着于在工作场所穿戴衣领和领带肯定会同情约翰·宾——托林顿伯爵五世，他在1789年的日记中说，“我终于到家了，匆忙穿上睡衣、拖鞋，脱下绑腿，松开我的领巾……”

人的注意。在电视上，大公司或政府的男性发言人大概算是正确戴领带的范本，他们的领带颜色既时尚又抓人眼球，在套装的深沉颜色衬托下十分醒目。公司中的男性员工是领带受众的中坚力量，他们同样会选择一些颜色亮丽、图案有趣的领带来表达自己独特的个性——毕竟在套装上他们没法做太多改变。

尽管现在还是有很多人喜欢戴领带，但是它并不会再占据我们过多的生活空间了。领带已死，领带不朽。

第十章

鞋　子

SHOE BOXES

“妈妈说你总能从一个人的鞋子上看到很多东西，比如他们要到哪里去，以及他们从哪里来。”

——电影《阿甘正传》，1994 年上映

穿着者的信息

鞋子绝不仅仅是鞋子，它上面承载着制作者和穿着者的许多信息。

人们穿着自己的鞋子在大街上行走，在小道上徜徉，在各大洲之间往返，将自己的鞋印盖在世界的各处。有些鞋子可以让你跑得更快，有些则会将你牢牢固定在地上；鞋子可以彰显你的地位或者经济情况；鞋子可以让你保命，也可以帮助你探索世界；鞋子可以成为奢侈品，也可以成为你折磨自己的刑具。现代社会大概所有的人都会穿鞋子，同时，鞋子也会体现很多穿着者的个人特质。

每个人穿的鞋子都可以说是独一无二的。一个经验丰富的足科医生可以通过观察鞋跟磨损情况以及鞋底的摩擦方向，判断出一个人的行走习惯，甚至看出这个人是否有脚部疾病。英语的谚语中也有“穿上某人的鞋”的说法，意为站在某人的角度，设身处地地思考问题、理解别人的感受。一切都说明了鞋子对于我们生活的重要性。回首人类几千年的历史，你看到各种各样的鞋子和足部装饰，早在 1585 年就有人用“满天繁星、沙海之沙、海中水滴”来形容鞋子种类的繁多。关于鞋子的种类，我们在这里是列举不完的。但是，我们仍可以用一些特别的例子来说明鞋子对于人类历史的重要性——哪怕是某位隐士的鞋履，也可以反映出一个时代的文化，甚至对历史中重要的事件产生影响。

首先，我们可以看看上流社会在正式场合中穿着的鞋子，比如维多利亚女王在1838年加冕时穿的鞋子——这双鞋子中有一只被保存到了现在。这只鞋子由丝绸和缎面制成，上面织有精美的缎带，彰显穿着者的地位和财富。鞋子里面的纸质标牌上印着皇家徽章，以及“格兰迪和索恩制鞋为女王定制”的字样。

我们还找到一只时代稍晚的、更实用的鞋子，鞋面由黑色皮革制成，上面有黑色缎带刺绣装饰。这只鞋子很小，和维多利亚女王的鞋子几乎没有磨损的情况不同，这只鞋的主人肯定经常穿着它走路。这只鞋是妇女社会政治联盟的激进的女权主义者艾米琳·潘克赫斯特在与反对者的打斗中丢失的。真是一只有故事的鞋子。

历史上最著名的一双鞋子出现在1961年对阿道夫·艾希曼的审判中。艾希曼是“二战”时纳粹德国的一个军官，他曾负责将成千上万的平民抓进集中营，甚至执行过种族屠杀。艾希曼从不会亲自参与屠杀活动，躲在办公桌后面下命令的他曾妄想自己可以因此逃脱定罪。但在审判席上，首席检察官吉迪恩·奥斯内呈上了一双从特雷布林卡灭绝营尸堆中扒出来的鞋子。那是一双童鞋，我们至今仍不知道鞋子主人的名字。鞋子赫然出现在陪审团的面前，让他们直观地感受到了纳粹泯灭人性的罪行，想起了那成千上万的无辜受害者。一位证人还回忆道："我们都被这件证物震撼了，它是数百万受害儿童的化身。"艾希曼因战争罪和反人类罪而被判处死刑，并在 1962 年被处以绞刑。

在大屠杀纪念博物馆和网站上所有可见的陈列品中，这双肮脏、陈旧的鞋子是最能让人感受到震撼的藏品。因为看到一双鞋，你就会情不自禁地想象它的穿着者的样子。一双厚实靴子的穿着者可能是一个干体力活的工人，一双漂亮的皮鞋的穿着者可能是一个花花公子，一双高跟鞋的穿着者可能是一名少女，一双皮制鞋底的童鞋的穿着者可能是一个蹒跚学步的孩子。当马伊达内克集中营 1944 年 8 月被苏联军队解放的时候，《时代》杂志的一名记者说大屠杀受害者们的鞋子多到从仓库中溢了出来："高跟的、低跟的、鞋尖开口的；拖鞋、沙滩凉鞋、荷兰木鞋、牛皮靴、高帮女靴……在仓库的一角，甚至还堆放着不少假肢。我不小心踩到一双白色的童鞋，这鞋很像我最小的女儿穿的。鞋子的海洋几乎吞没了我。仓库的一角甚至因为不堪重负，破开了一个洞。"

有时候，一双鞋是一个人留在这个世界上的唯一印记。在寒冷的山地里，在挪威的泥潭里，我们都找到过穿在古人脚上的鞋子实物，这些用皮革制成的鞋子在特殊的环境下挨过了千百年的岁月。相关的实物现在仍可在约克郡的约维克维京中心展览中见到，另外在其他国家也陆续发现过类似泥炭鞣尸的鞋子。在 1985 年发掘泰坦尼克号沉船遗骸时，人们首次见到了水下的沉船，并为那巨大的船身而震撼。但是，真正让人们感到泰坦尼克事件的悲剧色彩的却是散落在船舱中、漂浮在船体周围无数受难者的鞋子。许多鞋子是在海底被成对地发现的，它们曾经的主人的尸体已经腐烂殆尽了。[1]

在本章中，我们将回顾人类制鞋和穿鞋的历史，并探讨关于鞋子的背景文化。我们从试鞋开始说起。

鞋子合脚吗？

我们用这样一句话来形容一件事是否值得去做——“鞋子合不合脚，只有自己知道。”即便不考虑这句话的衍生意义，这句话也非常在理。事实上，在我们所有的服饰中，鞋子的舒适度大概是最不能马虎的。足部是人体的承重部位，因此鞋子必须是耐磨的；脚部的结构复杂，因此鞋子也必须适应脚部的各种活动。要满足以上要求，还要在鞋子上设计出花样，这需要极大的创造力。我将会与你一起分享中世纪以来的各种鞋子设计，让你看看这些有趣的创意。那些克服了各种功能性问题，设计出新款式的工匠们值得我们的赞赏。

每一双鞋子都始于鞋匠手中的一片面料，或一块皮革。西方

1 一些司机偶尔也会在路边发现别人穿过的鞋子，比如“二战”时一个卡车司机就在肯特郡的洛珊山旁发现了一只鞋子，他想把这只鞋捡回去给自己的老婆穿。这个故事反映了 20 世纪 40 年代的鞋子是多么紧缺。在这只鞋子的附近，是被谋杀的达格玛·帕翠斯瓦斯基的尸体。正是因为这个司机发现了她的鞋子，警察才确定了她的身份。

最早的鞋子始于罗马时期，那个时代的鞋子造型非常简单，仅仅是用一片皮革包裹足部，然后在脚踝或足弓处用皮绳捆扎固定。罗马鞋有很多亚分类，也有各种颜色、样式和绑带方法，不过总的来说都是用一块皮革裁剪成脚的形状，固定在脚上，为了增加舒适性，许多鞋子里层还会缝一层软羊皮。文艺复兴以来，结构更复杂的鞋子开始出现了。比如出现了单独的鞋底、鞋跟、鞋帮和鞋尖，所有的部件以缝合或黏合的方法组合在一起，成了一双完整的鞋子。这种结构更复杂的鞋子是套在木头模具外做成的，这种木头模具就是鞋楦。

直到 19 世纪有人设计了左右不同的鞋楦之前，鞋子是不分左右的，所有的鞋都是直筒造型。穿着者每每穿上一双新鞋，都会颇感头痛，只有持续穿着，鞋子上的皮革才会随着穿着者的脚部形成一定弧度，所以在鞋子自然成形之前，穿着者需要自行在上面标注“L”或“R”——意为左和右。在欧洲大陆，则是 D（Droit）和 G（Guche）。

修鞋是一门技术活儿，需要操作者具有老道的经验和专业知识。另外，在 19 世纪末期机器制鞋普及前，鞋子全部是手工制作，鞋匠们在缝合皮革时可是吃了不少苦头。为了彰显自己的专业技术，鞋匠们还专门制作了一些“学徒款”来和成品鞋子进行对比。所谓学徒款其实是微缩的鞋子模型，用来展示鞋匠的手艺。历史上最著名的鞋匠叫作约翰·洛布，他是康沃尔郡的一个普通劳工。在一次意外中，洛布伤了自己的脚，即使痊愈之后也留下了残疾，为了制作一只适合自己畸形脚的鞋子，洛布开始自己做鞋。洛布极富制鞋的天赋，他的手艺有口皆碑，在19世纪60年代，他甚至开始为威尔士王子做鞋。现在，在康沃尔郡的福伊博物馆中就有一双学徒款鞋子，据说它的制作者就是洛布。时至今日，以洛布名字命名的制鞋公司仍在运作。

鞋子也有定制服务，而且价格十分昂贵。定制的鞋是独一无二的，它可以是按照顾客意愿全新设计的款式，也可以是传统款式，只是根据顾客足部长宽作了尺寸的细致调整。[1]测量客人的足部一般是由鞋匠直接完成，但随着18、19世纪鞋店的普及，鞋店的销售人员开始承担起这项工作。

鞋码的概念其实是到非常近代才出现的概念，但是这种标记方法可以追溯到19世纪鞋子首次大规模量产的时期——量产鞋子的厂家没法去测量每个消费者的脚，于是只能用标记数字的方式区分鞋子的大小。

1812年，英国军队中出现了可以为旧鞋底装上新鞋帮的修鞋服务，这对于拿破仑一世时期的军士来说真是极大的福音。但是，直到19世纪中叶之前，机器化生产都未能真正取代传统手工制鞋。起初，工业化生产的鞋子也没有鞋码。20世纪初，厂家才开始将鞋码贴在鞋底或内底。鞋码是通过测量鞋长和鞋宽综合计算的，每个国家的计算方式和标记都不同，在很早的时候还有半码之类的标识，如此精细的划分正是为了让鞋子更合脚，但似乎现在半码的标识已经很少见了。在英国，鞋长用数字表示，而宽度通常

1 定制鞋子服务也贴合了很多足部有残疾的人的需求，比如弗洛伦斯·南丁格尔就曾在年轻时穿着定制的鞋子，矫正足部问题。

用英语字母表示。

按照20世纪的制鞋标准，工业化量产的鞋子的合脚程度算是差强人意吧。各种关于鞋的标准越定越细，鞋码却减少了。专注生产某一型号的鞋，比生产不同型号的鞋可便宜多了。那些脚长得跟大多数人不一样的人也只能凑合了，但就算是那些知道自己鞋码的人也不能光看鞋码就买鞋——比如一个穿6码鞋的人肯定知道，并不是所有标示为6码的鞋都合脚。你不能要求所有的鞋都如定做的一般合脚，有些人会因为中意鞋子的款式而放松对舒适性的要求，也有很多人在鞋店里试穿的几分钟感觉舒适，而做出购买的决定。

现在，无论你要精确测量自己的脚后定制一双鞋，还是没经过试穿就在网上买一双鞋，都不是问题。各种全码鞋垫、半码鞋垫、足跟垫都可以让你的鞋更合脚，再不济，当你的脚被不合脚的鞋擦伤了，还有膏药呢。[1]

补鞋

补鞋匠并不是一份体面的工作，像约翰·洛布这样因为修鞋

1 想要鞋子合脚，就得有好的系结物。从1837年起，一款詹姆斯·道伊申请专利的靴子——带松紧带，脚踝上方有一块印度橡胶织物——非常流行。对于女性来说，细带子搭扣的鞋子1927年才出现，是从儿童的系带鞋借鉴来的，后逐渐演变成现在的玛丽珍鞋。

而收获名利的顶尖鞋匠毕竟是少数。在像《精灵与鞋匠》这样的童话故事描述的，鞋匠总是以清贫但和蔼、亲切的形象出现。在现实中，故事里出现的鞋匠大概是劳苦终日、报酬微薄，而且并没有其他生存技艺的社会底层劳动者。人们对修鞋的需求近年来越来越强烈，这与兴起于21世纪的“快时尚”不无关系。所谓快时尚，即是注重潮流和设计，同时降低价格，相应地，产品质量就没这么重要了。鞋子是一种昂贵的服饰，既然买了就不会很快丢弃，那么这时候就需要修理鞋子了。只是，很多经过修理的鞋子看起来都不如以前好看了，让我们有了“拼凑”（cobbled together）这个词。

1852年，一群工人在剑桥大学基督圣体学院中发现了一批属于伊丽莎白时代的皮革制品，其中也包括几双皮鞋，于是这个房间后来被命名为“鞋匠的房间”。其中一双鞋的鞋面上还做出了斜向的镂空，这种设计大概是为了露出穿着者的彩色筒袜。历史学家后来还发现，这双鞋在送修之前应该已经穿过很久了，因为鞋底和脚趾的部分磨损严重，但是送修之后却没有再取回，甚至都没付鞋匠钱。不过，如果这双鞋真是送来修理的话，那就是清楚地说明即便是富有的人，也不是总穿新鞋，她也会有修鞋的需求。

相对于鞋匠的低工资，鞋子可是一种花费不菲的服饰。在英语中，我们会用“足蹬千金”来形容一个人富有，反之，一个人连鞋都穿得不讲究，那么他多半也没多少钱——这话还有个隐含意思：如果你的鞋是烂的，说明你连付给鞋匠的钱都没有。对于那些拮据的家庭来说，要买双靴子可是一件大事。直到20世纪中期，穷人家的孩子在夏天都会光着脚去上学——有时候甚至冬天也会光脚——或者，他们只会在周末穿上鞋子。1810年，一位旅行者来到苏格兰时这样描述："在路上，我们经常看到男男女女光脚走路，手里提着他们的鞋子，这样可以减少鞋子的磨损。"从19世纪开始，稍有结余的家庭主妇会每周存点钱到附近鞋店主开的"鞋子俱乐部"，这笔存起来的钱可以在以后买一双鞋子。不过，便宜的鞋子质量肯定好不了。

既然在鞋子上花了这么多钱，那么肯定要好好保养鞋子。在运输的时候，人们会用专用的袋子将鞋子包起来，装一般的鞋子多是用粗糙的帆布口袋，而装缎面拖鞋的多是旧丝绸口袋。19世纪的便携式鞋柜中还会为每只鞋设置单独的格间，并用缎面装饰。鞋楦是在鞋子不穿的时候放在其中保持鞋子形状的。以前的鞋楦多是木质的，最近却出现了塑料的鞋楦，尽管现代人已经很少用这种东西了，年轻人更喜欢用塑料鞋架和鞋盒。

对鞋子的保养不只限于用袋子包装，你还必须定期对其抛光、打蜡和漂白。曾经，当布鲁梅尔骄傲地走在海德公园中时，人们的目光纷纷被他擦得锃亮的靴子吸引，询问他是如何将鞋擦得如此亮的。布鲁梅尔回应道："我的鞋油可不简单，是用最好的香槟酒做的。"用香槟来擦鞋当然是布鲁梅尔的玩笑，并不是真的。事实上，用松香油来擦漆皮做的鞋，可以很快使其恢复光泽。从19世纪开始为普通皮革制作的鞋子的鞋油也应运而生，"猕猴桃牌"及"樱花牌"之类的鞋油厂商会售卖黑色、白色、深棕色和浅棕色的鞋油。运动鞋、帆布鞋和女士们夏日穿着的单鞋，可以用布兰科漂白剂来清洗。尽管鞋子在湿漉漉的时候看起来会是灰色的，但干了之后，鞋子就会变得雪白如新了。20 世纪 20 年代，一个女孩就记得她的女家庭老师进任何一家家门之前都会用布兰科漂白剂拼命刷自己的白色靴子。

从 19 世纪开始，人们还发明了一种鞋套来保护鞋子。这种鞋套又叫作防泥护腿，它的原型是 17 世纪的靴子保护套——只是对其进行了一些简化。鞋套是用来罩住靴子的鞋帮的，不过有时候，有心的时尚爱好者也会将其当作一种优雅的足部装饰，而不仅仅是下雨天用来防泥的保护层。[1] 在 20 世纪 20 年代，美国黑帮和混

军队中的擦鞋服务，始于 1943 年。

1　鞋套可以保护靴子的外部，但是鞋子里面又如何呢？长久以来，人们为鞋子内的异味而烦恼，于是医学杂志《柳叶刀》在 1852 年 2 月推荐了“打孔透气的女鞋”，声称从“卫生角度”来看非常有价值。

混们逐渐将白色和灰色的鞋套视作自己身份的标志，所以当时的社会上还出现了一句调侃：“白色的鞋套总是藏着不干净的痕迹。”

传统的鞋子款式仍在流传，同时设计的革新也在继续。在历史上，系紧鞋子的方法主要是用缎带、鞋带、纽扣和皮带或绑或系或扣。无论什么款式的鞋子都是因为实际需求而诞生，在普及之后，又逐渐变得花哨起来，演变成了一种时尚配饰：“以前，鞋子上的皮带只是用来固定鞋子的，但现在完全反过来了，皮带成了主角，鞋子成了承载皮带的支架。”英国作家谢里丹在 1777 年的戏剧《斯卡伯勒之旅》中借角色之口如此说道。鞋带的前身是 18 世纪的鞋子绑带，摄政时期的交际花哈利特 · 威尔逊曾说，

20 世纪早期的毛毡鞋套。

自己的客户中有一些自命不凡的男士，还会用熨斗熨烫鞋带。因为鞋带相对薄而脆，就产生了当时人们所说的“靠鞋带生活的人”——经济拮据的人。

举世闻名

和制作其他服饰的裁缝相比，鞋匠无疑更受尊重，而且一旦他们接到来自皇家的活儿，就能赚一大笔钱。如果客户穿着自家的鞋子出席在宫廷活动中，那么鞋匠们就能以“皇家鞋匠”自居——这可是最好的广告。19 世纪的鞋匠在鞋尖和鞋帮的制作上尤其费工夫，而且会在鞋子里贴上自己的纸质商标，这进一步为鞋匠打响了知名度。[1] 现代的鞋子也会在鞋子里面打上商标，有些还会在鞋面上装饰一块金属商标，抑或绣在外面。

一般来说，如果鞋匠够出名，那么鞋子就不愁卖。从 20 世纪开始，鞋子设计师要打响自己名号的需求也更强烈了，他们甚至和女装定制裁缝竞争起来。就像服装行业的同行一样，历史上最著名的鞋子设计师也都是男性。

设计师将工程学、颜色学的知识也引入到自己的工作中来。

1　在“衣柜历史”的藏品中有一双黄色丝绸制作的女鞋，上面带有精美的刺绣，鞋跟还有镀金装饰。这双鞋属于 20 世纪 20 年代一位上流社会的少女。可惜的是，如此精美的女鞋却被老鼠啃破了。

这类结构和颜色都更讲究的鞋子吊足了富裕阶层的胃口。20 世纪最著名的鞋子品牌菲拉格慕在 30 年代发明的楔形鞋，另外，玛丽莲 · 梦露在 1955 年的电影《七年之痒》（*Seven Year Itch*）中步出地铁的经典镜头中穿的鞋子也是由他们设计的。爱娃 · 勃劳恩在 1945 年与希特勒结婚的时候穿的也是菲拉格慕生产的小羊皮鞋。没过多久，战败的希特勒和勃劳恩自杀了，我们可以确定勃劳恩死的时候也是穿的这个牌子的鞋子。其他举世闻名的鞋子设计师还包括莫罗 · 伯拉尼克、克里斯提 · 鲁布托和周仰杰。

在近代，英国皇家对于时尚的引领作用已经远不如以前强，不过，当皇室成员们穿上那些著名设计师设计的鞋子时，还是对某些时尚风潮起到了不可忽视的推动作用。现代设计师也很喜欢找名人为自己的设计代言，达到强强联手的推广作用。

适宜走路的鞋

无论鞋子的款式如何、制作方法如何、大小和品牌如何，它们最基础的功能都是保护穿着者的脚。随着文明的进步，鞋子从原始的造型逐渐进化成了柔软的鞋底和人造鞋面的形态。鞋子对人们的生活是如此重要，没有人能忽视它们的功能性。

鞋子是什么样子，很大程度上取决于穿着者要在什么样的环境中穿着它。人类对于大自然的探索促生了各种具有功能性的鞋子。对于那些要在沙漠中徒步的人来说，最合适的鞋子无疑是模仿骆驼蹄子的宽面运动鞋；在热带地区生活的人们，则无疑更偏好凉鞋——制作凉鞋的材料可以是多种多样的，可以是芦苇织物的茎叶，也可以是皮革。凉鞋的造型虽然简单，但其承载的文化意义可不小——印度圣人甘地因“非暴力不合作”运动而闻名于世，有一则甘地在火车上扔鞋的故事广为流传，在这则故事中，鞋子就成为甘地精神的象征。造型最简单的凉鞋诞生于一个世纪以前，这款鞋子只包含一个鞋底和脚趾后的一段袢带。从 20 世纪 50 年代晚期开始，鞋商们开始用橡胶大量生产上述的极简款凉鞋，这就是后来众人皆知的“人字拖”。

对生活在另一种极端的气候中的人们而言，拥有一双具有防水、防冻，保护自己的脚不长冻疮的鞋也是极其重要的。几个世纪以来，许多民族都发明了一些适应寒冷地区生活的鞋，比如北美印第安人的雪地靴、维京人的滑冰鞋、斯堪的纳维亚人的滑雪鞋——以前的滑雪鞋多是用藤条、动物骨骼、木头制作，到了现代，滑雪鞋的材料则变成了分子聚合物。那些生活在极地，或者去极地探险的人离不开动物毛皮做成的鞋——对动物皮革的利用一直持续到现代，比如 20 世纪七八十年代前往极地探险的拉尔夫 · 费恩斯爵士，他的极地装备中就包含挪威鹿皮鞋和各种经过加工的驯鹿皮鞋套[1]。

欧内斯特 · 沙克尔顿曾于 1914 年至 1917 年远征南极大陆，

1 挪威鹿皮靴用的是一种柔软的毛皮，通常用北极的一种草做衬里以吸收水分。

在探险日记里，他曾写下考察队对保暖、防冻的鞋子的急迫需求，尤其是他们的破冰船在冰雪中搁浅，一行人不得不在浮冰上步行时。由于考察队没有准备足够多的防寒鞋，一些队员只能凑合着穿普通的鞋，这次远征的失败与装备紧缺不无关系。沙克尔顿曾翻箱倒柜地寻找可以用来制作鞋子的材料，不过他们携带的动物皮革很少，很多时候甚至只能用硬纸板来做鞋套。对于这段经历，他记录到："鞋子制造商证明了他们的产品完全不经用，这跟欺诈没什么区别。"沙克尔顿曾将自己的一双博柏利靴子送给一个船员，然后他很快发现，一双好的保暖靴可以救人一命。当船员们被困在一个小岛上时，沙克尔顿只得带领另外两名船员登上一艘木质救生艇外出求救，三人的救生艇驶过南乔治亚岛的时候，沙克尔顿发现自己的靴子几乎要支离破碎了，于是他拔下船钉钉进靴子底，充当临时的楔子，就像当年罗马人为自己的凉鞋打上

一只 19 世纪的钉靴——罗马钉靴的"后代"。

鞋钉一样。最后，三人成功生还，并找到了救援队，这一切多亏了沙克尔顿的靴子！

靴子其实是在普通鞋子的基础上加高了鞋帮的鞋类，鞋帮一般会高过脚踝，有时候甚至高过膝盖。皮草靴子已经被人类穿着几千年了，这个过程中靴子的造型一直在改变——我们很快就能看到。靴子在一些极端环境中也能帮助穿着者适应环境、生存下来。随着人类历史向前推进，靴子也具备了一些文化特征，比如人们在逛商店或参加阅兵操演时，靴子就是最合适的鞋类。从欧洲文艺复兴到20世纪的数百年间，靴子越来越多地受到了西方人的青睐。人们在拔高单鞋鞋帮的同时，也给靴子配上了厚重的金属鞋跟，在鞋面上添加了各种带子装饰——无论男女，都可以借助靴子具有装饰性质的鞋帮展示自己的美腿。从事体力劳动的男男女女都需要结实的鞋子，这种需求也促生了靴子的流行，到了18世纪后期，靴子俨然已经成为主流的外出鞋，传统的单鞋只在文娱休闲的场合——比如舞池中、宫廷仪式上才能见到了。靴子的发展史就是接下来我们要聊的话题了。

死也要穿着靴子

布料或皮革制的靴子在17世纪之前就已经很普及了，有些靴子还带有木质的鞋底以增加坚固性。16世纪、17世纪的筒靴的鞋帮多是桶状，非常宽大——正如这款鞋的名字一样，在下雨天，靴子中会积不少水。长期受潮的结果是鞋帮的皮革开始起泡，鞋面上的刺绣也受到损伤，对于这种情况，一位批评者直言不讳："各种颜色的丝绸绑带、哔叽和鞋面的皮革都变得软哒哒的，皱在一起。"在北美成为英国殖民地，以及英国本土进入乔治时代这段时间，靴子的流行达到了前所未有的程度。高傲的骑士们喜欢穿着带有桶状鞋帮和镀金马刺的华丽靴子，稍微低调的人则偏好牛皮长靴——这种靴子非常大，大到你可以在靴子里面再穿上一双拖鞋或单鞋，因为人们在步入室内的时候，会直接脱掉外面的靴子。相比之下，马靴显得精致、优雅了不少。事实上，马靴与现代靴子非常相似，多是知识分子和中产阶级穿着，而牛皮长靴多是军人和马车夫的标配。抛开牛皮长靴的缺点不说，在 18 世纪后期，社会上掀起了一股军装平民化的风潮，男男女女都喜欢穿军靴，这一风潮更是在 20 世纪初期达到了顶峰。

随着欧洲的扩军运动越演越烈，而军人们通常在生活中也穿着军装，所以军靴也成为一种广受男士欢迎的鞋类。军靴受到平民的欢迎，不光是因为其坚固耐穿，更是因为它逐渐成为时尚的

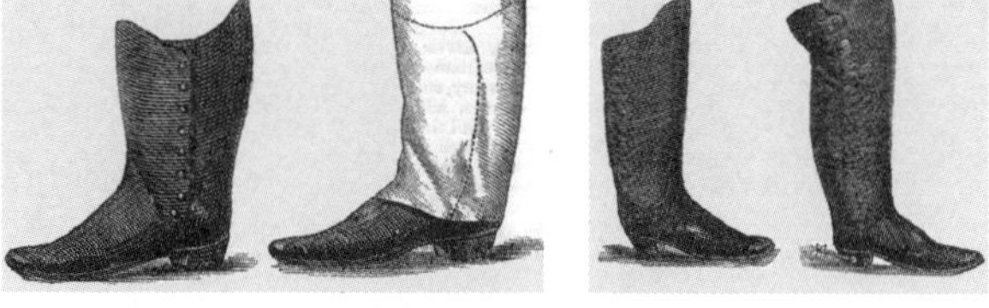

19 世纪的男靴，有些还带有马刺。

标签。普通平民通过穿军靴，满足自己的虚荣心。[1]

黑森靴在乔治时代和维多利亚时代也流行过一阵，这款靴子曾是德国骑兵的标配，多产于德国黑森。骑兵长靴的鞋帮比较矮，方便穿着者弯曲膝盖，但也正因为这种设计，让士兵们在战场打仗时经常遭遇尴尬——木质的鞋底太重了，一只鞋的鞋底就重两磅，以致很多士兵们跑着跑着鞋就掉了。惠灵顿公爵也曾以自己的名字命名了某场战役中的军靴，这款靴子的鞋帮高至小腿中段，并且没有翻边。惠灵顿长靴是由圣詹姆斯街和庞德街的制鞋大师乔治·霍比监督制作的，相对于步行，更适合骑马时穿着。据说有次一个客人向霍比抱怨，他的长靴开裂了，霍比随即尖叫道："天啊！天啊！你一定是穿着这鞋走路了！"在 19 世纪中期，开始有鞋厂用橡胶制作惠灵顿长靴，现代人熟知的雨靴由此诞生。北英伦橡胶公司就是以生产、售卖一款猎人靴起家，在战争期间，他们也为军队提供军靴。这家公司直到今天仍非常著名，旗下的品牌知名度仍然很高，尽管现在它更多地与农业或节日活动联系在一起，而不是战争。

现代西方军服的一大进步就是从华而不实的时尚主义向着更实际、更具功能性的军式装备进化了。20 世纪的军靴更加合脚，前系绑带的设计也能保证鞋子不会轻易脱落。在"一战"期间，为了防止泥泞弄脏指挥官们的靴子，制造商还在靴子鞋帮上加了

1 20 世纪 20 年代，从军靴中还衍生出了一种"神秘靴"，这种靴子上装有拉链或袢扣，曾一度风行北美。1923 年，古德里奇推出了"拉链长靴"，其宣传口号是"感动女性的心——在潮湿泥泞的天气里，让她的鞋子也可爱起来"。

一层保护盖。

20 世纪初，在没有保暖设施的驾驶舱中操作飞机可不是件轻松的工作，所以带毛皮套的靴子成了飞行员们必不可少的装备。这些毛皮靴子看上去十分庞大、笨重，绝不适合普通平民穿着——事实上，在 20 世纪初期，平民们对军靴的热情已经有所减退，他们更喜欢穿半筒靴或者单鞋。在“二战”期间，许多飞行员降落在敌军后方之后，却因为自己笨重的靴子被对方发现踪迹，只得仓皇撤离——保暖的靴子成了麻烦。于是，军人们只得取掉靴子上包裹在脚踝处的皮草，穿上平民靴子——不过取下来的毛皮也没有浪费，它们被用来制作马甲的衬里了。有些军靴的脚后跟处还会缝上一个翻盖，用来存放指南针、秘密情报或者绘有地图的丝绸片。还有些靴子的毛皮衬里和鞋面之间有一个夹层，可以放置小刀或者情报。[1]

拿破仑曾有一句名言——“兵马未动，粮草先行”（意译），事实上，要“先行”的不止“粮草”，而是所有物资装备，而合脚、耐穿的军靴是军需物资中很重要的组成部分。20 世纪 40 年代，为了测试各种鞋子的性能，纳粹德国在柏林北部的萨克森豪森集中营中进行了许多严酷的测试。集中营里的犯人如果犯了错，就会被罚穿着靴子沿着 70 码宽的跑道奔跑 25 英里——这跑道也不简单，分别由岩石块、碎石、沙砾和泥巴构成——用这种方式来测

1 克里斯托弗·“克鲁提”·克莱顿－霍顿是军事情报服务机构 MI19 的技术顾问，他也是英国战争办公室逃生靴的先驱设计师。他也负责将指南针隐藏在扣子里，以及沃林顿——“垄断”的桌游公司——印的丝质地图。

试靴子的性能。谁要是落在队伍后面，就要挨打。在这样的折磨中，一些犯人仅仅挨了几天就一命呜呼了，另一些人则挨了几周。这条罪恶的跑道在战后被保留了下来，直到今天仍然可见。

尽管现代的军靴都有统一的设计和制式，但每个士兵的靴子还是有些许的不同。在很多时候，靴子仍然可以成为穿着者的身份代表。比如，在美国2003年发动伊拉克战争之后，美国公谊服务委员会策划了一次叫作“大开眼界”（Eyes Wide Open）的纪念活动，在这次全国巡展中，主办方制作了一个由黑色的军靴组成的阵列——每一双靴子都代表一个在战争中死去的士兵或技工。刚开始，这个阵列由504双靴子组成，而后来，加入阵列的靴子已经超过了3 000双……

马顿斯靴子[1]

摄政时代的绅士们喜欢将黑森靴作为日常穿着，维多利亚时代的小伙子们则非常喜爱踝靴。20世纪初期的中产阶级男性却把靴子归入战争、运动和远足中。取代靴子的是单鞋。这个时期的单鞋也与以前那种高跟、饰满缎带的皮鞋大为不同——尽管这种鞋子欧洲人已经穿了300多年了——和男士们的套装相比，鞋子变得不再醒目。系鞋带的低帮单鞋成了鞋类中的主流，鞋面上几

1 又译为马丁靴。——译者注

乎没有其他装饰。时尚的流行总是循环往复的，工人阶级对鞋子的舒适性十分重视，所以随后他们发明了一种复古的靴子：马顿斯靴子。

马顿斯靴子是一个极好的例子，既可以归入军靴的范畴，也属于民用靴子的领域。一般被称为 DMs 或 Docs 的马顿斯靴子是根据一个叫克劳斯 · 马顿斯医生的名字命名的，他是一名士兵，在 1943 年在巴伐利亚滑雪的时候弄伤了脚，为了缓解脚步疼痛，他的朋友赫伯特 · 丰克医生用德军丢弃在飞机场的橡胶做了一款软底的靴子。马顿斯和丰克都认为这款舒适的软底靴将会在商业市场上大获成功，他们选择了“马顿斯”这个名字而不是“丰克”，这纯粹是为了好听。战后的欧洲急需一款舒适的靴子来替代军靴，直到 1960 年 4 月 1 日，经典的马顿斯靴子横空出世——这是一款樱桃红的靴子，鞋帮上带有 8 个鞋带孔，鞋尖还用了金属加固。

无论是干体力活儿的工人，还是激进的足球粉丝都很喜欢穿这种结实的靴子——惯于使用暴力的警察更是将这种靴子视作“有效的武器”。随后，光头党、哥特文化粉丝、英国民主阵线成员也成了马顿斯靴子的拥护者，而且他们更偏好用五颜六色的马顿斯靴子搭配有街头韵味的服装，这形成了一种新的街头流行文化。在英阿战争期间，纯黑色的马顿斯靴子还成为特种空勤团的军靴。[1]

1　民间服饰很多时候都能成为时尚的重要灵感。20 世纪 30 年代的澳大利亚牧民会穿着一种用软羊皮制作的短靴采煤，六七十年代穿着来滑雪、冲浪，来到 20 世纪 90 年代，这种靴子出现在了美国的电视节目中，随后，它成为一款风行世界的靴子，这就是 UGG 雪地靴。

亮眼的鞋子

穿着漂亮的鞋子参加舞会是欧洲女性的传统。其实在乡村舞会中，女孩子们也会穿靴子或款式简单的单鞋，但是在更庄重的场合，她们必须穿更精致的鞋子来搭配自己漂亮的礼服裙。姑娘们的舞鞋一般是用丝绸做的，上面饰满缎带、玻璃珠和亮片——我们称这类鞋子为舞鞋——可别把它跟在家穿的拖鞋搞混了，虽然在英语中两者都叫 slippers。舞鞋虽然漂亮，却并不耐穿——在 1823 年格林兄弟创作的童话《十二个跳舞的公主》（*The Twelve Dancing Princesses*）中，被磨破的舞鞋就成为故事进展的重要线索："国王的十二个女儿，个个长得如花似玉。她们都在同一个房间睡觉，十二张床并排放着，晚上上床睡觉后，房门就被关起来锁上了。但有一段时间，每天早上起来后，国王发现她们的鞋子都磨破了，就像她们跳了一整夜舞似的。到底发生了什么事，她们去过哪儿，没有人知道。"在真实的世界里，舞鞋的命运跟故事里的差不多。有时候，女孩们还会多带一双备用的鞋去参加舞会。不仅鞋子不耐穿，有时候，女孩们的脚也会被鞋子磨得流血。[1]

随着社交舞会逐渐普及，舞者们对自己舞鞋的要求也越来越高了。20 世纪初阿根廷探戈风靡欧洲，探戈舞鞋也成了欧洲上流

1 《十二个跳舞的公主》中的舞鞋应该是缎面单鞋的样式，穿着者须将绑带系到小腿上，这款鞋起源于古希腊。19 世纪，芭蕾舞女演员在舞台上穿的也是这种鞋，鞋尖还带有一块木头，舞者们需要经常修补这块易损坏的木头。

社会的新宠。这种鞋有着精美的袢带和弯曲的鞋跟，穿着这种鞋在地面上踢踏时真是风情万种。在20世纪30年代，交际舞在社会上大为盛行，一种用银色皮革制作的舞鞋也应运而生，这种舞鞋后来成为跳狐步舞和恰恰舞时穿的标准舞鞋。舞步的更新一直在持续，20世纪四五十年代，林迪舞和摇滚音乐中疯狂摆头的动作也可以被视作一种新的舞步；随着1983年某部电影的上映，难度颇大的闪电舞又开始流行，舞者跳这种舞的时候通常会光脚。80年代也是霹雳舞之类的街舞流行的年代，这种舞蹈节奏明快，包含大量跺脚、扭动身体的力量型动作，所以舞者要跳好这类舞蹈，只能穿运动鞋。

不过，上面的例子并不能说明所有的舞鞋都是为跳舞而穿的。维多利亚时代的一个服装专家曾说过："只有第一次参加舞会的灰姑娘才会傻到穿一双水晶鞋。"不过，在这样一个浪漫的夜晚，大部分的舞者都不会将舒适性摆在美观之前。现代的灰姑娘们即使在跳舞的时候也不会放弃高跟鞋——相关的故事我们会在后文中提到。

我们再来说说运动鞋。运动鞋最早只是粗糙的、缺乏美观的功能性鞋类，但现在，运动鞋已经在全球贸易中占据了几百亿的份额，这真是一个鞋类的传奇。现代意义上的运动鞋诞生得非常晚，在更早的历史中，只有维京人的滑雪鞋勉强算是运动鞋，后来，香槟色或红木面的马靴（通常还带有马刺）也加入了运动鞋的范畴。几个世纪以来，富人们为了让自己的鞋跟看起来整洁干净，都会带这类鞋备用；17世纪、18世纪的贵族还会在外出时雇用一个仆人跟着马车，他们一般都穿一种薄底鞋——被称为 Pumps（无带轻便鞋）。这种鞋子后来成为绅士们出席晚宴时的配鞋，主要是用黑色漆皮制作，还配有一些缎料的装饰。运动员所穿的钉鞋最早出现在 20 世纪 50 年代，没过多久，板球运动员也开始穿这种鞋子。早期钉鞋上的钉子是和鞋底固定在一起的，但现代钉鞋上的鞋钉是可拆卸的，这意味这鞋子的使用寿命可以更长。

现代运动员的跑鞋在结构上已经有了大幅改进，尤其是 19 世纪橡胶的应用，极大地提升了跑鞋的性能。1866 年，（固特异轮胎）的查尔斯 · 固特异首次将硬化橡胶应用于鞋底，并发明了用棉质鞋带穿过小孔系紧运动鞋，这类产品受到了球类运动爱好者的欢迎。1868 年，制造商又在鞋底上增加了一条水平线，这是为了纪念在英国商船上标记的吃水线——在 1876 年，《商船法案》（*Merchant Shipping Act*）在英国正式通过，为了防止商船超载而标记吃水线的做法成了硬性规定。当塞缪尔 · 普利姆索尔了解到相关的法律后，他用自己的名字命名了这款装饰有水平线的橡胶鞋，这就是后来风靡全世界的橡胶帆布鞋。

在 1897 年，西尔斯美国分公司开始在柜台和邮购目录中推销跑鞋，但同时期的英国分公司只销售沙滩鞋、网球鞋、板球鞋。美国本土的品牌科迪斯也于 1916 年开始生产自己的胶底帆布鞋。穿软底胶鞋走路，脚步声很轻，因此在美国也被叫作 sneaker，在英国，人们又将之称作 trainer。帆布胶鞋因为合脚、轻巧又时尚，在 20 世纪 70 年代后期迅速风靡世界。随着制鞋技术的进步，鞋子变得越来越轻巧了，针对各种运动设计的具有缓冲功能的运动鞋也应

20 世纪初的曲棍球球鞋，鞋底是橡胶，鞋尖加了防护层。

运而生。请体育巨星代言各种新款运动鞋的费用通常高达数百万美元，其中最著名的一个代言案例当属 80 年代，篮球明星迈克尔·乔丹与耐克的合作——1985 年，耐克推出的新款运动鞋就是以乔丹的名字命名的。耐克的“飞人乔丹”款球鞋迅速引发了抢购热潮，甚至引得不务正业的小混混当街抢劫！买得起球鞋的球迷自豪地炫耀着鞋上的商标，以及球鞋卓越的性能。其实，穿着这些运动鞋的人不见得多么爱运动，他们多是穿着球鞋开车。还有些人买这款鞋就是为了珍藏，所以连鞋上的商标都不曾被摘下来。

流线型的设计、超轻的纤维材质、符合人体工程学的造型，这一切让现代运动鞋成为运动员们的最佳战友。跑步运动员可以在选择最适合自己的跑鞋的基础上，加强步态训练，对提高比赛成绩帮助颇大。不同性别的运动员的动作习惯也被纳入了运动鞋制造商的设计理念，并对运动鞋的设计作了相应的调整。足球靴在漫长的发展史中也经历了不小的变化，比如热爱踢球的亨利八世，他的球鞋就肯定没有流线型的设计和鞋底的螺钉。16 世纪 80 年代的女性也踢球，不过她们没有任何特殊的运动装备，仅仅穿着自己的日常服装和鞋子玩球。诗人菲利普 · 西德尼就曾在作品中借两个牧羊人之口，描述过妇人穿着长裙踢球的场景。

即便在 19 世纪 60 年代，足球已经成为大部分学校和俱乐部中经常开展的运动项目，球员们仍然没有自己的专业装备。很多年轻人在踢球时穿的只是简陋的工靴，这种靴子的鞋尖还装有金属块，无疑会妨碍球员的发挥。直到“二战”之后，重量很轻的球鞋才逐渐取代了老式皮靴。现代球鞋的设计无疑时尚了不少，但无论外观设计多么花哨，都只是促销的噱头而已，如何让穿着者跑得更快才是运动鞋永远需要解决的问题。

达到新高度

与运动鞋形成对比的是，有一些鞋并不是以穿着舒适、适于运动的性能作为卖点的。

同其他的服饰一样，鞋子也可以成为展示穿着者地位和魅力的道具，无论是历史上还是现代社会，对美的追求都引发过不少尴尬。华丽、夸张的鞋确实暗示着穿着者过着优渥的生活，比如中世纪的尖头普莱纳鞋，它的鞋尖长到不可思议的地步，以致穿着者需要将鞋尖拉起来，用缎带绑到自己穿着筒袜的小腿上。这种夸张的鞋尖在后来的文艺复兴时期仍有所继承。“这鞋子穿起来很好看吗？”腓利·斯脱勃在1588年对这款鞋评价道，“这鞋的鞋尖摇啊摇的，难道不会沾更多泥吗？”华而不实的还不止这一种款式——文艺复兴时期，一些男士还会穿软橡木作鞋底的松糕鞋。

松糕鞋在人类服饰史上也并不少见，文艺复兴时期的威尼斯女人们就开始穿一种叫作“肖邦鞋”的松糕鞋，再往前追溯，我们还能看到古希腊的女演员在舞台上也会穿松糕鞋，有时候鞋跟甚至高达6英寸！在莎士比亚生活的年代，演员们也热衷穿一种软皮革制作的半筒靴，这种靴子的鞋跟也不矮；18世纪到19世纪的两百年间，一种用木头和金属做鞋底的木套鞋也出现在了人们的生活中——乡村妇女尤其爱穿这种木底松糕鞋，因为垫高的鞋跟能让她们远离泥泞的地面和冰凉的石头路面。

1947年的楔形鞋。

1971年，一位新娘的白色（带防水台）婚鞋。

楔形鞋正是在松糕鞋和木套鞋的基础上诞生的。早期的楔形鞋并没有拱形足弓设计，直到20世纪30年代，意大利设计师萨瓦托·菲拉格慕对楔形鞋做了改进。20世纪50年代，一些设计师在原有设计的基础上，又创造出了绉纱底和树脂鞋底的楔形鞋。松糕鞋的风潮在20世纪70年代达到顶点，极高的鞋底却带来了不少安全隐患。这一时期，无论男女都喜欢穿松糕鞋，不过到了90年代，松糕鞋似乎变成了女性的专属。1993年，超模娜奥米·坎贝尔足蹬鞋跟高达9英寸，前脚掌高达4英寸的超级高跟鞋走上了薇薇安·韦斯特伍德的时尚发布秀的T台，让“恨天高”正式进入了人们的视野。韦斯特伍德本人对于穿着恨天高的
为然，她说：“对我而言，追求时尚就像在
会在这个过程中摔跤，但只要你能驯服这双鞋，
胜利的荣光。”这双蓝色的恨天高目前已经入驻
与阿尔伯特博物馆，是最受欢迎的展品之一，你可以

即便在T台之外，也有无数的人因穿着松糕鞋
很多人直言哪怕只是走一小段路，松糕鞋也让她们吃尽苦头。[1] 一家日本鞋厂还在自己的产品上贴上了警告：“因为鞋跟很高，所以请您在上下楼梯的时候一定小心。喝酒后也请留心脚下。作为制造商，我们希望你能好好享受时尚的装扮。”

1 1999年，一个幼儿园老师穿着5英寸高的高跟鞋时摔了一跤，结果撞破了头，丢了性命。

美丽之痛

电影明星玛丽莲·梦露曾说过:“我不知道是谁发明了高跟鞋,不过所有女人都该感谢他。”无论过去还是现在,高跟鞋大概都是最拖累穿着者的服饰了。鞋跟其实并不是一个很现代的发明,古希腊的色诺芬就曾描述一个男人因老婆鞋跟太高而抱怨。但在那之后的15个世纪中,高跟鞋变得十分罕见,直到17世纪高跟鞋又卷土重来。时尚的风暴要么不来,要么就来得猛烈。17世纪、18世纪的贵族阶层几乎人人穿高跟鞋,鞋跟可以高达4英寸,而且足弓弯得夸张。沙俄的彼得大帝在17世纪90年代颁布了专门的法案,规定人们在出席宫廷活动时必须戴假发、化妆,还要穿高跟鞋。不过高跟鞋的潮流到达顶端之后就由盛转衰了,很快,人们又爱上了细矮跟的鞋,再往后,平底鞋又占领了人们的鞋柜。在平底鞋流行了一阵之后,19世纪中期的华尔兹舞者又开始追求鞋跟高约1～2英寸、弯曲足弓的高跟鞋了——就像维多利亚时代著名的小说《小妇人》中的梅格一样[1]。19世纪60年代到20世纪20年代的女鞋,无论是靴子还是单鞋,多是带有刘易斯式高跟。

高跟鞋的细鞋跟卡进木板地面或栅栏里的情况绝不少见,罪魁祸首就是那种名为“斯替勒托”(stiletto)的鞋跟。这种鞋跟的

1 1902年的时尚教母普利查得夫人曾说:“高跟鞋是令人憎恶且极其危险的。”但就连她也承认,高跟鞋有助于隐藏穿着者足部的缺陷,“在马车上和室内穿着美丽裙装和高跟鞋的女人的确很有吸引力。”

名字继承自斯替勒托匕首，现在又叫作针形跟（needle heel）或极细跟（talon aiguille）。世界上第一双极细跟高跟鞋诞生于1954年，由鞋匠罗杰·维维亚制作。迪奥公司曾买下维维亚的设计，并推出了一款用金属做鞋底的极细跟高跟鞋，同时，维维亚也没有停止工作——他设计了一款镶有红宝石的金色极细跟凉鞋，供伊丽莎白二世参加加冕礼时穿着。但事实上，并没有证据证明伊丽莎白二世在加冕礼上穿了这双凉鞋，甚至后来也没有穿过。我们可以推测女王最终选择了一双低跟的、舒适的鞋。

为什么会有人冒着受伤甚至死亡的危险也要追求时尚？为什么我们想穿得与众不同？“要成淑女，必要受罪。”时装设计师露露·吉尼斯自己也知道穿高跟鞋的痛苦，于是她如此写道。在很多国家，要变得美丽需要付出常人想象不到的代价。但很多女性仍拒绝不了美丽的诱惑，就如童话故事《小美人鱼》中的主人公一样——小美人鱼将自己的鱼尾换成了人类的腿，她得到了警告——“你每走一步，就像踩在刀锋上一样，你会流血，会很痛苦”。服装设计师维多利亚·贝克汉姆（她曾设计过一款不用鞋跟垫高的、造型巧妙的高跟鞋）也曾说过：“也许这就是灰姑娘情结吧，但当你低下头，看到自己的鞋子如此精巧、美丽，你会骄傲无比。”

高跟鞋的狂热爱好者尤其喜欢自己足蹬高跟鞋时弯曲的足弓，的确，这种造型能带给穿着者和旁观者美的视觉享受。穿上高跟鞋时，女人的腿看起来更长，小腿收紧、脚趾闭拢，让人联想到性高潮时身体的痉挛。高跟鞋也能影响穿着者的步态，让她们看起来更自信——很多职业女性都是在工作场所才穿高跟鞋，在通

1959 年的夏帕瑞丽细高跟鞋，鞋头和鞋跟都是尖的。

勤的路上则会换上舒适的平底鞋。然而，这是一种与脆弱联系在一起的自信。例如，穿着高跟鞋的女性在逃避抢劫犯时不太可能跑得很快。但是，穿上尖利的高跟鞋可能会成为一种威慑。

其实，平底鞋也能让穿着者尽显性感魅力。20 世纪二三十年代的“共同被告”[1]款鞋子就是其中的代表。这款鞋之所以有个这么怪的名字，是因为在一桩著名的离婚案中，共同被告两人都穿着这款鞋子。离过婚的华里丝 · 辛普森和她的准新郎爱德华八世都喜欢穿这款鞋，一双鞋就这样因为这桩风流韵事而尽人皆知。[2]

为了美丽而忍受长期的折磨的例子在全世界并不罕见，其中最极致的例子当属中国清代的“三寸金莲”。根据研究，这种缠

1 共同被告一般指离婚诉讼中被指控通奸的两人。——译者注

2 华里丝 · 辛普森本是爱德华八世的情妇，爱德华八世为娶她为妻，放弃了王位，退位后称温莎公爵。——译者注

足的习俗起源于11世纪。为了穿上如莲花般的鞋，女人们必须用缠脚布将自己的脚掰变形，直至变成长约4英寸的畸形脚——这就是历史上臭名昭著的缠足习俗。就像灰姑娘用水晶鞋吸引王子一样，清代的中国女人被迫用“三寸金莲”来展示自己的美丽、地位和性感。脚大的都是农家女性，因此大脚也成为一种身份低微的象征。

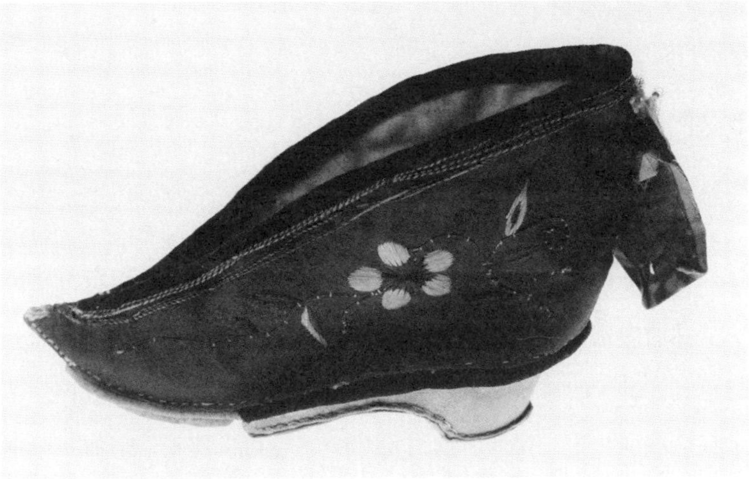

臭名昭著的“三寸金莲”女鞋，鞋面用丝绸制成，全长只有4英寸。

有一句中国的俗语，大概意思是“如果你爱儿子，勿要耽误其学业；如果你爱女儿，勿要缠其足”。缠足需要勒断脚趾骨，然后改变肌肉走向，最终让脚变得尽可能地小巧。持续的捆绑，可以将变形的肌肉和骨头固定成新的形状，然后穿上那匪夷所思的鞋子——最受推崇的“三寸金莲”就这样诞生了。残忍的缠足从女孩们小时候就开始了，一直会持续到成年后，而且成功之后女性的行动会受到限制。常年的煎熬的回报是审美畸形的人们的赞赏，以及一桩门当户对的婚姻。1949 年，中华人民共和国政府禁止了缠足，但是在这之前对一代又一代妇女的伤害已经造成。2013 年，我曾到中国东北的农村旅行，在路边碰巧看到一个上了年纪的农妇在路边休息，在黑色棉裤的笼罩下，她的三寸金莲小到几乎看不见——她就是一个时代的象征。

擦靴子的奴隶

从前文的例子中，我们可以看出，鞋子和靴子绝不仅仅是保护足部的服饰，它们是穿着者身份的象征，甚至是展示性感魅力的道具。鞋子的鞋跟高低不一，鞋子大小和颜色也千变万化，正是在这些变化中，穿着者的身份和个性也得以体现。阿加莎 · 克里斯蒂的小说中的侦探赫尔克里 · 波洛正是通过观察一个女人的鞋子而揭穿了一个骗局——这个女人穿得很奢华，但是却足蹬廉价的鞋子，对于一个真正的贵妇来说，这是不可想象的。同样地，萧伯纳创作于 1912 年的戏剧《卖花女》（*Pygmalion*）中，科芬院的门卫通过观察希金斯教授的鞋子，作了如下记录："这不是什么花花公子，他是一个绅士，从他的鞋子就能看出来！"

在人类几千年的历史中，穿鞋的人往往比光脚的人地位高。

历史上的奴隶阶层——也许今天在一些地方仍然存在——都是光着脚的。在公元9世纪，一个没鞋穿的维京奴隶还对此埋怨良多："我每天早上都要伺候将军的老婆穿鞋，还要帮她系鞋带。"但在那样的背景下，一个人如果连鞋带都系不好，那么说明他的地位连奴隶都不如。比系鞋带的奴隶更低贱的，是擦鞋子的奴隶，英语中的马屁精叫作boot-licker，字面意思就是跪在地上擦鞋的人，这说明过去给主人掸灰擦鞋的奴隶并不少见。那还有更低贱的吗？有些人可能连给人擦鞋都不配——在柯南·道尔的推理小说中，他曾这样描述："那个喝醉酒的男人，他竟然敢伸手去拉她的手，可是他就算给对方擦鞋都不配！"与之类似的还有小说中一段西班牙语的谩骂，意思是："你连我的鞋底都不配摸！"

与之相反的是，在进入一些宗教场所或室内时，脱掉鞋可以表示尊重。[1] 在《旧约全书》的《出埃及记》中，基督曾命摩西脱掉鞋子，以免玷污神圣的地面。同样的礼节也出现在穆斯林进入礼拜室之前。

有时候，特定高度和特定颜色的鞋子往往有着特定意义，而不仅仅是出于个人品位。法国国王路易十四就是高跟鞋的忠实粉丝，因为他想让自己看起来更伟岸。在绘于1701年的路易十四肖像中，画家亚森特·里戈浓墨重彩地强调了国王的红色高跟鞋，在当年，这可是一种大胆的创新。鞋子的足弓弯到夸张的程度，会让穿着者的身体不经意地往前倾斜。这款前卫的鞋子是供皇室

1 在日本传统中，进入室内前需要脱掉脚上的鞋，以免损伤榻榻米。

成员出席宫廷活动时穿着的，可以让他们看起来更加高挑、伟岸。就这样，暴发户和蛮横的侍臣多了一个外号——“穿红高跟的人”。

18 世纪 60 年代，红色高跟鞋逐渐失宠了，路易十四又爱上了白色高跟鞋，因为这种鞋和自己的白色筒袜搭配起来很好看。但是，红色仍留下了一种富有张力、奢华的印象。法国设计师皮埃尔 · 巴尔曼最得力的助手吉内特 · 斯帕尼尔在 20 世纪初观看了杂耍节目《博凯尔先生》（*Monsieur Beaucaire*）后，从演员脚上的红色高跟鞋上获得了不少灵感，当时，她还是一个小女孩。她说：“我将自己的皮鞋漆成红色，模仿着舞台上戴白色假发的绅士们的鞋子，还穿着这双鞋子去上学。同学们纷纷叫我‘长官’或‘总督’。”

以著名的鞋匠罗杰 · 维维亚的学生克里斯提 · 布鲁托的名字命名的鞋子品牌，在 20 世纪 90 年代推出了红色鞋底的高跟鞋，这种设计后来成为布鲁托皮鞋的标志，并迅速引发了其他品牌的模仿。一些人还在家自行将高跟鞋的鞋底漆成红色，来追赶这股风潮。

魔法鞋

在全世界的很多童话故事中，无论鞋子的款式、颜色和穿着者的地位，鞋子都是一种有神奇魔力的物件，而且这些魔法故事也与我们的生活不无干系。

鞋子让我们有别于动物，正如《穿靴子的猫》（*Puss-in-Boots*）中演绎的一样：主角猫咪穿上靴子之后立刻有了拟人化的特征，它可以像人一样站立、说话，甚至比动画里的大多数角色还要聪明。在另一些故事中，靴子可以赋予穿着者日行千里的能力，比如《千里靴》（*Seven League Boots*）中的靴子可以让穿着者每走一步，就行进千里，去到另一个国家。

鞋子可以代表极端的虚荣，对于穿着者而言，可以是一种保护，也可能是一种惩罚。在安徒生的童话《红舞鞋》（*The Red Shoes*）中，女主角非常贫困，夏天只能光脚走路，冬天也只得穿一双木屐，一位善人送给了她一双红舞鞋。穿着红舞鞋的女孩因为贪慕虚荣，忘记了对主的虔诚和病床上的老妇人，作为对虚荣的惩罚，红舞鞋生到她的脚上，让她不停地跳舞，再也停不下来，直到镇上的刽子手砍去她的双脚。红舞鞋仍然黏在被砍掉的双脚上，跳着舞步消失在了森林中。另外，在格林兄弟最早版本的《白雪公主》中，巫婆继母最后的死法也与其类似——在白雪公主和王子的婚礼上，继母的脚被塞进烧红的铁鞋，一直跳舞直到死亡。

在童话故事中，最著名的魔法鞋当属《灰姑娘》中的水晶鞋——灰姑娘在王室舞会上遗失了一只水晶鞋，王子借助这只鞋到处寻找女主角，随后有情人终成眷属。在这个故事中，鞋子成为一种身份转变的象征——那些社会底层的人们也可以成为上流社会成员。

全球大概有超过 7 000 个版本的《灰姑娘》，从古埃及的口述版本，到现代迪士尼的动画电影，都重复着“灰姑娘”式的励志故事。在大部分的故事中，只有灰姑娘的脚可以穿上那双魔法鞋，

1938 年的《灰姑娘》漫画，女主角因为独一无二的脚而受到幸运之神的眷顾。

有些故事正是用魔法鞋暗示了女主角的脚很小巧以及她的弱势身份。随着近代女权思想的崛起，人们关注的重点也有了一些改变，比如 2007 年迪士尼版本的《灰姑娘 3：时间魔法》中，一位王子就声明过："无关舞鞋，重要的是那个穿鞋的女孩。"但剧中的灰姑娘还是长着 4 寸半的脚。为了能嫁给王子，从此过上荣华富贵的生活，灰姑娘的竞争者们无所不用其极——在《格林童话》的第一版中，甚至有继母命令自己的亲女儿砍掉脚趾，削足适履的情节。故事中的继母咆哮道："一旦你成为王后，你就用不着走路了！"连王子都对这样疯狂的行为感到心惊。

在各种版本的故事中，我们见到了各种鞋：稻草鞋、绣花天鹅绒鞋、皮鞋和蓝色丝绸鞋，但是，水晶鞋无疑是所有鞋子中最具特色和代表性的了。水晶鞋的设定出现在法国人夏尔·佩罗于1697年撰写的《灰姑娘》版本里，据推测，他是根据欧洲的民间传说撰写的这个故事。在欧洲原来的传说里，神奇的魔法鞋是用松鼠皮（vair）做的，但在佩罗将之改成法语版故事时，鞋子变成了水晶或玻璃（verre）鞋——佩罗笔下的原文是“la petite pantoufle de verre”——水晶舞鞋。在爱德华七世时期的《灰姑娘》版本里，温顺的灰姑娘也对穿水晶鞋去舞会心生不满：“水晶和玻璃并不是做舞鞋的好材料，你必须每一步都很小心。”

在格林兄弟1812年版的《灰姑娘》里，魔法鞋可没这么浪漫和独特——那是一双金子做的鞋。和其他版本里“灰姑娘在逃离舞会时掉了鞋”的情节不同，格林笔下的王子追逐女主角来到了宫殿的楼梯处，故意迫使女主角将魔法鞋卡在台阶缝隙里。

现在，我们在文艺作品中看到的水晶鞋都是在现代鞋子款式的基础上设计的，并且由于童话故事的影响，不断有设计师推出现代版的水晶鞋。20世纪40年代，法兰克福的一个时尚品牌推出了一款用玻璃树脂做鞋跟的高跟鞋，名字就叫“灰姑娘”，这种玻璃树脂也是制作汽车挡风玻璃的主要材料。用这种特殊的材料制鞋并不是为了时尚，而是为了提醒人们战时欧洲皮革、服装面料的短缺。在迪士尼乐园中，也有用塑料制成的“水晶鞋”，以满足每个小姑娘的公主梦。现代的其他一些成品鞋中，水晶鞋的元素也并不鲜见，看来想沾点灰姑娘的光的人并不在少数。当然，现在大多数女性都比灰姑娘幸运多了——灰姑娘只能通过嫁个好人家来逃避苦役和欺负，但现代女性完全可以靠自己改变命运。

另一个款从童话故事进入到现实世界的鞋子就是女演员朱迪·加兰在1939年的电影《绿野仙踪》中扮演的多萝西·盖尔穿着的红宝石鞋了。其实，在莱曼·弗兰克·鲍姆1900年发表的小说版本里，这双鞋本是银子做的。但在1938年，制作方撰写电影剧本的时候，径直将女主角桃乐丝的银鞋换成了红宝石鞋。为什么要这样改？因为在电影画面上，红色的鞋与黄色的小道可以形成更鲜明的对比，实现更好的视觉冲击。这部电影的服装设计艾德里安制作了好几双红宝石鞋，每双都用了大约2 300片鱼鳞状亮片，在1939年，这样一双鞋价值达15美元！1970年，米高梅公司从堆放废弃电影服装的仓库中找到了其中的一双，将其修复后出售，最后以高达15 000美元的价格成交；没过多久，第二双红宝石鞋更是以165 000美元的价格售出。[1]还有一双红宝石鞋现藏于史密森学会，鞋子被归于工艺品的门类，展品前的标签说明这双鞋展示了非凡的文化背景。

关于鞋子的迷信

在小说和童话故事之外，一些人也迷信着鞋子具有非凡的魔力。在西方，迎亲的队伍会在车厢后面拴一双鞋祈求好运，这个

1 红宝石鞋在同性恋群体中大受欢迎，“成为桃乐丝的朋友”亦即“宣示同性恋的身份”。

习俗可比古老的盎格鲁－撒克逊习俗文明一些——在古代英国，人们会用鞋子击打新娘的头，表明姑娘从父亲的财产变成了丈夫的财产。

将鞋子放在饭桌上也是很不吉利的，有人迷信这会让野外未被埋葬的死人复活。还有人说如果你在穿鞋之前打喷嚏，那么你就会生病。

关于鞋子，还有一个影响广泛的迷信，认为在房子的地基或墙体中埋一双鞋子，可以防止邪恶侵袭。在将位于苏格兰边界的冈格林——18 世纪一位走私犯的房子——改造成现代茶庄时，人们在墙里发现了两双马耳他鞋，每双鞋都装在一个手工制作的蓝色纸质棺材里。发现鞋子的人还在鞋子旁找到了一张小纸条，上面有帕克斯顿家的安 · 玛丽写于 1852 年的鞋子悼念词："六年来，它们存在于这个冰冷无情的世界，被践踏在人们的脚下，从前的美丽模样已不复存在，我对它们的寿终正寝感到无比难过。"

巨大的飞跃

我们对鞋子的历史作了简短回顾，让你见证了为数众多的鞋子，以及鞋子可能承载的各种文化意义。在你的鞋柜里，可能躺着运动鞋、楔形鞋、凉鞋、露趾鞋、长筒雨靴、休闲单鞋、牛皮鞋、芭蕾舞鞋、帆布橡胶鞋、切尔西靴子、球鞋、登山靴、沙滩鞋、松糕鞋和各种造型前卫的高跟鞋。看过这些鞋子的历史的你一定会情不自禁地联想到未来的鞋子。为了造出更新款的鞋子，设计师们不断从过去的鞋子款式中寻找灵感，同时，鞋子制造商们也将各种新的科技应用于鞋类生产中，比如有些鞋可以在你走路时自动计算步数，自动调节鞋底高度和鞋内温度。人类文明的进步方向也影响着鞋子的设计，比如美国国家航空航天局（NASA）为宇航员发明的太空鞋被一些生产商以此为灵感，在 20 世纪七八十年代推出了用橡胶制作的“月球靴”。

当尼尔·阿姆斯特朗和巴兹·奥尔德林于 1969 年踏上月球表面，对他们探月行动的直播引发了史上最高的电视收视率，全球大概 20% 的人观看了这次伟大的登月行动，同时看到了他们的太空装备。现代的宇航靴包含了“太空时代”最先进的面料和最复杂的工艺，含有金属物质的太空纤维“R- 铬合金”覆盖在靴子的最外层，可以抵御月球表面的高温，太空靴的鞋底是用硅胶制作，能够减少粗糙地形对宇航员身体的伤害。奥尔德林身着这套装备，将美国国旗插在月球上的照片，大概是人类历史上迄今为止最著名的照片之一。奥尔德林通过 NASA 向亿万观众描述了月球的环境：“我能看到我的靴子在月球表面的沙地上留下清晰的鞋印。”奥尔德林的鞋印见证了人类伟大的探索精神，也成为人类历史上伟大一刻的象征——人类创造了奇迹，这一刻很神奇。

第十一章

针织衫

JUMPER COLLECTION

“永不停歇般落下的缝纫针打破了屋内的宁静，织布机嘎吱作响，制造着单调的噪声。”

——《露丝》（***Ruth***），
伊丽莎白·盖斯凯尔，1853 年

寻找线索

与那些贵族的华美服装以及庄严的宗教服装不同，套头衫和针织衫几乎从未在服装史中留下自己的位置，人们的眼光更容易聚焦在那些奢华、极致的贵族服装上。而且不幸的是，留存到现在的针织衫古董多已碎成残片，要么被飞蛾蚕食得厉害，要么就被人拆开用来补其他衣服了。虽然针织衫实物不多，但对于针织的技法和历史，我却有很多话题可以分享。

针织技法的起源难以考证，也许人类对于纱线的制造和使用会一直是一个谜。在古希腊神话中，女神阿里阿德涅曾教会英雄忒修斯用线球在弥诺陶洛斯的迷宫中标示行动轨迹，助他杀死了牛头怪，但是故事里没有说线团是用羊毛或是其他什么材料做的。这个线球[1]是纺织用的，还是编织用的？毛毯是用这种线团织的吗？斗篷和其他更复杂的服装的纤维和这个一样吗？虽然对于针织技术的诞生和发展过程我们不得而知，但所幸，我们曾发现过

1 线球在古希腊又被叫作“clew”，通过这个词与忒修斯逃脱的联系，这个词成为英语中“线索”（clue）的词源。

一些古代纱线碎片、神话故事，它们能帮助我们回答上述问题。

编织是一项迷人的工作，激励着手艺人不断精进技艺，直到成为编织大师。这项手艺大致始于公元 2 世纪，但是我们大概永远不会知道是谁发明了棒针，然后又是谁用棒针织起了围巾，再后来，又是谁发明了用成对的骨针或是木针开始了针织。只需要一正一反两根棒针，编织者们创造出了一个复杂的织物世界，他们通过退圈、垫纱、弯纱、脱圈等各种步骤织出了围巾、袜子、帽子、开衫和套头毛衣。

早期的针织产品都是手工织造，根据产品质量不同，花费的时间也有长有短。在中世纪和文艺复兴时期，从事针织的男性需要熬过漫长的学徒生涯，才可能获准加入相关行会。他们的很多作品都是装饰性的，或者只有高级神职人员能够穿。针织衫在当时并不普及，但是我们现代的毛衣的形式很大程度上就是继承自16—17 世纪的针织外套，相关的实物你可以在伦敦博物馆中看到。馆藏中还包括查尔斯一世 1649 年被处刑时穿着的针织外套，它是用锦缎按平针法织成，还带有流苏装饰，从这件古董上我们就能看出当时的针织技艺已经非常成熟。

尽管技艺精湛，但是辛苦工作的针织工却未能得到相应的名声和报酬，他们靠着一对棒针仅能获得微薄的收入。女人们也爱在闲暇时拿起棒针织衣服，有时候妇女们甚至会三五成群地聚在邻居家开展针织活动，在这种活动中，她们一边工作，一边闲聊着各种八卦，这种“针织加八卦”的聚会一直延续到了今天的社区中。

小说中出现过的最大的针织爱好者集会当属法国大革命时期，聚集在断头台脚下的德伐日太太与她数量庞大的闺蜜们。查尔斯·狄更斯也在自己写于 1859 年的小说《双城记》中，给予了这群编织者们细致的描述，说她们“坐着，织着针，再织着针，头始终低着”。狄更斯笔下的女人们还会将被处刑的人的名字换成某种密码，织在自己作品的针脚里！另一位作家奥奇男爵夫人在自己小说中塑造的编织工形象与前者大同小异。在她 1908 年的小说《猩红色的繁笺花》（*The Scarlet Pimpernel*）中，主人公也是一个驾马车的编织工，为了拯救受难的贵族而化身侠客。小说中一个女人看见他“站在断头台下面编着手里的东西，随着被处刑的贵族的脑袋应声而落，他的身上也溅满了鲜血”。

事实上，小说中这段恐怖的描述也与狄更斯的回忆录中的描述十分类似——在 19 世纪 30 年代一本未经发表的回忆录里，狄更斯也描写了那遥远年代的恐怖场景。在断头台边工作的编织者大概都是在织一种倒圆锥形帽子，这种帽子象征着一种新的秩序。在 1789 年法国革命开始之际，一些巴黎妇女聚在一起，用编织的方式抗议着凡尔赛的变革。这些人的组织就是妇女革命俱乐部的前身，随着法国建立了君主立宪的制度，这个组织又让位于新建立的国民议会。但在 1793 年，所谓的平等主义组织也驱逐了她们，于是她们再次上街抗议游行——聚会的地点就在断头台旁。“编织者”这一称呼，就是对这一妇女群体的蔑称。

西方历史中一直有一种对于针织工作的偏见，认为织衣服的女人多半是别人家的用人。这种看法实在有失偏颇，因为针织需要高超的技艺，另外，很多针织爱好者和针织大师都是男的。不过，妇女是从事针织工作的主力人群，也的确是几个世纪以来的事实。其实在闲暇时，女人不光喜欢从事针织工作，还喜欢从事各种创造性的活动，只是主导艺术和学术领域的男人们不允许女人进入他们的地盘罢了。

从 18 世纪开始，针织被正式纳入女性教育的范畴，尤其是在孤儿院和教养所中。在很多学校中也开设了针织课，但都是针对女生，男生们从不用上这门课。这些教育让为家人织造衣服的重任落到了女性身上，并且，她们还可以凭此手艺挣一点外快。针织的产品以筒袜为主，但从 19 世纪开始，她们也开始织造针织衫和短裤了。

船员的毛衣

在 18 世纪之前——甚至更早——手织毛衣的方法和样式都是靠口口相传，那些复杂的针织技法都是由老师躬亲示范给学生。高低针织法和平针织法是最简单的针法，但是要织一件毛衣，需要用到的技法远远不止这些。针织衫的织造很复杂，需要织造者具有精确的记忆力，还要计算织物的弹力，最后将各个部件以合适的比例组合在一起。各个地区的针织衫的款式也不一样，比如英格兰的代表款式是水手式，爱尔兰的是阿伦式，而苏格兰的则

传统样式的甘希毛衣。

是费尔岛式。

水手式毛衣又被叫作甘希毛衣，曾经是渔夫和水手的最爱。一个小说家曾说甘希毛衣上的绞花装饰是模仿水手们打的绳结而来。在从 J.M. 辛格的名著《葬身海底》（*Riders to the Sea*）改编的舞台剧中，渔夫就穿着平针织造的甘希毛衣，人们从海里捞起渔夫后就是从他的毛衣辨识出了他的身份，尽管在现实中，并没有证据证明只有渔夫和水手才穿这种毛衣。后来，甘希毛衣受到了主流社会的喜爱，靠这种毛衣来辨识穿着者的身份更是不可能了。老款的甘希毛衣通常是深蓝色，上面并没有任何提花装饰，所以如果衣服上有了蛀洞，补丁可是十分明显的。

阿伦式毛衣多是用未漂白、未染色的羊毛纱线织成，上面带有绞索状、蜂窝状或正方形的提花。早期的阿伦式毛衣上涂有抗水性能良好的羊毛脂，不会被水浸透，这让其成为性能卓越的户外装。传说阿伦式毛衣诞生的年代与《凯尔经》（*Book of Kells*）[1]一样久远，但另一种说法则声称其是20世纪的产物，因为价格便宜而受到了大众的欢迎。

费尔岛式毛衣颜色绚烂，有独特的O—X—O图案式样，可以用废旧的羊毛料混合编织而成，因此十分经济实用。关于毛衣的由来，有个故事说其是16世纪西班牙的无敌舰队遭遇海难后，由水手带到费尔岛上的，不过这种说法并没有得到考古证据支持。

运动衫和针织衫

宽大的甘希毛衣、阿伦毛衣和费尔岛毛衣仅仅是针织衫故事中的一小部分。机械也是针织故事中的重要角色。16世纪，人们发明了织袜机，这让量产针织面料成为可能。织袜机可以将纱线织造成桶状，或者平整的弹力面料。由于针脚整齐、柔韧性佳，机织面料十分适合用来制作内衣，事实上，18世纪晚期一些穿着讲究的绅士的内裤就是用这种面料制作的。这种面料还被广泛应用于早期的针织衫——一种长袖的背心——以及女用针织短上衣。这些早期的针织衫随着19世纪的运动热潮进入了人们的视线，在

1《凯尔经》，爱尔兰国宝，是一部泥金装饰手抄本。——译者注

田径运动和集体运动项目中，运动员们将这些针织衫当作外衣穿。在“一战”期间，人们用带条纹或不同颜色的针织衫来代表不同队伍的做法已经形成定式。我们现代的运动服往往是用多种面料结合制造的，但是不可否认，现代运动服的鼻祖就是这种针织衫。

因为大部分的弹力针织料都是在英国泽西岛上生产的，所以自然而然地，“泽西”成为毛线衫的代名词。[1]在当代美国，这仍是一种流行的休闲服装。另一个关于毛线衫名字来历的故事则与女演员莉莉·兰特里有关——兰特里出生在泽西岛上，在19世纪70年代，她与威尔士王子的绯闻闹得满城风雨。虽然莉莉的确喜欢穿着最低调的黑色连衣裙出现在公众场合，但并不一定是弹力的，人们称她为“泽西岛的莉莉”更可能是因为岛上的象征性花朵大——百合。没有证据表明她身着毛线衫施展魅力。

让我们回到运动装的主题。在19至20世纪，很多商店里的购物指南上的“运动装”专栏里登载的并不是现代意义上的运动服饰，而仅仅只是适合观众穿着去看运动比赛的服装。这类套装被叫作“运动装”仅仅是因为它们的款式相对休闲，或者制作服装的面料是弹性针织料[2]。针织面料改变了服装世界，成为大部分的休闲装以及一些女装的主要面料，比如T恤衫就是用棉纱针织料制成——不过这都是20世纪才发生的事了。现在，我们要回到19世纪，看一看运动衫的亲戚——羊毛衫。

1 英语中的“泽西岛”和“运动衫”都叫作jersey。——译者注

漂亮又保暖的羊毛衫

羊毛衫是一种广受欢迎的男装，尽管在很长一段时间里，羊毛衫曾经是乏味的、非正式穿着的代名词。

卡丁根伯爵七世以对服装的挑剔而闻名于世。在1854年的克里米亚战争期间，伯爵担任轻骑兵的指挥官，爱好奢华生活的他在远征期间仍居住在自己的游艇上，全然不顾士兵挨饿受冻。在

女用羊毛衫款式大方，保暖性好。但在"一战"之前，穿它的多是不修边幅的邋遢女人以及缺乏女人味的女权运动者。这张照片拍摄于1912年。

寒冷的冬天，一些人开始穿一种前开的针织羊毛马甲，这款马甲后来又多了两只袖子，演化成了一种夹克——不难推测，伯爵自己也穿了这款羊毛夹克——这就是卡丁根衫[1]的来历。尽管轻骑兵部队在巴拉克拉瓦战役中被歼灭，伯爵自己还是以英雄的身份回到了英国。伯爵的羊毛衫和他的名望一样，迅速在普罗大众中流传开来。等一下我们还会详细讨论羊毛衫在20世纪扮演的重要角色。

战时武器

尽管针织毛衣、羊毛衫在维多利亚时代已经进入了人们的衣柜，但直到第一次世界大战期间，它们才变成了人人必备的服装。战时的物资短缺也影响了服装工业，想要穿得舒适似乎都成了奢求。在这种背景下，廉价羊毛衫受到了人们的欢迎，当时流行的羊毛衫颜色多种多样，有卡其色、紫罗兰色、翠绿色、矢车菊色、肉桂色、海军蓝和黑色。在广告照片中，无论是快递员、军需工厂的工人、女货车司机还是士兵，都将羊毛衫当作了日常服。在这一时期，毛衣也受到了欢迎，杂志上经常会登载织造毛衣的教程，还有不少针织护胸、马甲的模板。

1　羊毛衫在英语中叫作 cardigan，即卡丁根。——译者注

一件 1914 年的根据杂志编织图案织的毛衣。

在战争时期，对妇女手工制作能力的欣赏转变成了对这种能力的重视。因为军队需要温暖的织物。即便是皇室，也没法忽视羊毛衫的舒适性。在 1854 年的克里米亚战争期间，维多利亚女王和公主们带头在军人和伤员中的推广起羊毛针织臂环和围巾来，并且，似乎女王更推崇军官穿着这些服饰。当时，社会为军队捐赠了大量羊毛服饰，这些捐赠品大部分被正带着护士队在南欧斯库台湖工作的南丁格尔接收。一开始，战地医院中的医官并不愿意用这些羊毛织物，她们将这些服饰从捐赠物中捡了出来。大批针织品捐赠物中包含各种服饰，比如一个死去士兵的遗孀捐赠了一整套衣服——这套衣服被护士们用来做了绷带；还有一个“全职女佣”捐来了一双针织手套，指尖处还塞有4便士硬币，她说，“这钱要送给祖国最英勇的保卫者”。在19世纪晚期的布尔战争期间，名媛戴安娜·库珀也在日记中记录道：“我意识到，除了用棒针和钩针制作毡帽和针织衫以外，我帮不上其他忙。”

在“一战”期间，棒针是女士们唯一能拿起的武器。“我们的军队开进战场，鲜艳的旗帜随风飘扬，士兵们身上穿着的都是家乡的妇女们一针一线织出来的毛衣。”——1914年10月，《女士的世界》（*Ladies' World*）杂志的战地记者如此写道。战壕中的士兵对保暖衣物的渴求十分强烈，他们将长袖套头毛衣、羊毛衫、保暖护膝、保暖马甲一股脑地穿在身上，伤号们则会穿上保暖夹克之类更优质的衣物。

羊毛衫对于战争的意义不光体现在其优越的性能上，一位妇女就曾回忆道：“织造羊毛衫可以缓解我们的焦虑，让我们留在后方的人可以获得些许慰藉，让我们觉得通过自己的努力，我们也能帮到战士们。”而对战场上的男人们而言，羊毛衫总能让他们感受到温暖，激发他们凯旋的意志。

就像几个世纪以来的针织工一样，战时的针织工们的“爱国行动”还受到了羊毛厂商的支持。全民织毛衣的运动愈演愈烈，女人们甚至在乘坐蒸汽火车和公共汽车时也在工作。不过，也有许多人开始抱怨在开会的时候，满屋都是窸窸窣窣的织毛衣的声音，以致发言人的声音都听不到了。纽约的交响乐团甚至还贴出告示，禁止市民们在听音乐会的时候织毛衣。

在另一些更极端地反对声音中，反对者还将织毛衣与间谍活动联系了起来。战时的社会上，不少人谣传针织工们是在传递秘密情报。1918年10月的爱国杂志《皮尔森》（*Pearson's Magazine*）刊登了这样一个匪夷所思的故事，声称德国设置在英国的特工们用织毛衣的方法传递着关于盟军的情报。当德国政府谨慎地展示了一件毛衣之后，故事又有了下文——据说英国人在毛衣上找到了许多不同寻常的绳结，在测量各个绳结之间的距离并与字母表对照之后，解读者可以获得一系列字母，最后拼凑成一封密信。《皮尔森》杂志还评论道："这是一种新式的密码，不容易被人发现。"不过这则故事极有可能是杜撰的。

全民织毛衣的运动为英国赢得了"一战"中的针织王国的称号。战时的女工们被征召入工业界，因为铆接坦克、维护飞机机体、焊接军舰而收获了大量赞誉，做这些工作比她们做女佣受尊重多了。另外，女工们还会收到一些铅笔写的小纸条，感谢她们为织造羊毛衫付出的辛劳。不过，也会有女工因为太忘情地织毛衣，而耽误了自己的本职工作的情况。总之，织毛衣的风潮一直持续到战后，针织衫在后来也一直占据着人们的衣柜。

比起套装，一些女性更喜欢穿针织衫或是其他弹力外衣。"一战"期间，一位针织衫爱好者设立了第一家女针织衫专卖店，并在当时新出版的*Vogue*杂志上登载了广告。这个爱好者就是可可·香奈儿，她引领起的女装革命的深远影响一直延续到今天。

羊毛的艺术

虽然香奈儿早期的设计被划分到了运动装的范畴，不过却完全不同于足球服和田径服，香奈儿是看到了针织面料卓越的性能，才将其设计成现代感十足且穿着舒适的裙装、外套和夹克的。战争改变了人们对于服装的性别、阶级的定义，而香奈儿继承了这些新的观念。香奈儿不喜欢使用紧身束腰或填充附件，她更青睐自然、低调、优雅的款式，以及符合人体工学的服装结构，而针织面料是展现她设计思想的最佳原料。香奈儿横空出世的年代也是“爵士毛衣”和新装饰艺术大为流行的年代，香奈儿的服装设计更是将结合几何学结构的服装时尚提升到了一个新的高度。香奈儿在 20 世纪 20 年代推出的针织衫忽略了穿着者的身材轮廓，针织面料与充满异域情调的印花帆布结合，营造出花哨又现代感十足的视觉效果。大众对其观感不错。于是，女士针织衫流行起来，虽然还不如羊毛衫流行，但是这些细节充斥着前卫的几何设计的连身裙、套装和上衣还是显得优雅且时尚。

历史上最著名的一款毛衣诞生于 20 世纪 20 年代，它将毛衣的流行带到了一个新的高度。这轮时尚的引导人是艾尔莎 · 夏帕瑞丽，尽管她没有亲手制作这件毛衣。夏帕瑞丽设计的毛衣的颈部有一个白色的蝴蝶结，它实际的制作者是一个亚美尼亚难民，现在我们已经无法得知她的名字，不过，正是她根据夏帕瑞丽的设计稿做出了毛衣。夏帕瑞丽和女工对这件毛衣进行了 3 次修改，

"毛衣女郎"是针对身着毛衣的女孩照片进行的选美，图片是 1949 年 9 月的《家庭闲聊》（*Home Chat*）杂志举办的"毛衣女郎"活动的优胜者。

最后夏帕瑞丽穿着它出现在了一次隆重的午餐会上，旋即引起了轰动。纽约的一家服装店马上订了 40 套这样的毛衣，还连带订了 40 条与之搭配的裙子。夏帕瑞利继续着她的毛衣设计工作，她的作品大多是适合在正式场合穿着的款式，比如一款胸前有毛皮装饰的黑色的紧身毛衣。

20世纪30年代，强调女性身材轮廓的服装款式终于卷土重来，而紧身的毛衣无疑成了女士们展示胸部曲线的最佳助手。好莱坞女星们崇尚的子弹型胸罩“少女鱼雷”也受到了毛衣女郎们的青睐。诸如简·曼斯菲尔德和拉娜·特纳等女星都曾用“少女鱼雷”搭配紧身毛衣。也许邻家女孩不会穿着造型夸张的子弹型胸罩，但是她们身着各种毛衣时的靓照仍然是那个年代各种杂志常用的封面。

不止女装，男人们的毛衣也在进化。

穿得舒服

毫无疑问，战时的男人们也会穿着针织衫，但是穿毛衣的多是暮气沉沉的中年男子，这种刻板印象阻碍了毛衣的时尚化进程。20世纪40年代的一本编织指南册子的作者就曾声称道：“如果你是一个想穿毛衣的男人，我劝你别穿，别老想穿得舒舒服服，还是想想一个绅士应有的着装吧。”有趣的是，一个女人如果在外套或裙子之外穿一件有提花的羊毛衫，会比一个穿着老款羊毛衫遛狗的男人看起来时尚得多。20世纪40年代的一位针织专家曾这样描述伐木工人穿的前开式羊毛衫——“这毛衣简直就是为那些想穿得舒服的男士量身定做的——‘为那些懒汉们’。”

要改变男士针织衫给人的刻板印象，可少不了上流社会甚至皇室人员的改造和推动。爱德华八世年轻的时候就继承了自己祖父对衣装的独特品位，他喜欢标新立异，还喜欢穿带有休闲装特质的服装，这在当年来说的确有点离经叛道。当年，爱德华七世第一次穿上一款长袖毛衣去狩猎时，他的孙子旋即爱上了这种带有锯齿花纹的费尔岛式毛衣。爱德华王子第一次穿这款毛衣出现在公众场合是在 1922 年，当时他正作为圣安德鲁斯高尔夫俱乐部的队长参加高尔夫比赛。6 年之后，威廉 · 奥彭爵士又帮助他完善了自己的高尔夫装——这次，他还穿上了菱形花纹的袜子。想打扮得像王子一样的人们开始模仿他的衣着，使得这股穿搭风潮迅速进入了主流社会。

不过即便是王子的躬亲示范也没能完全消除人们对男式羊毛衫的刻板印象，总的来说，毛衣最广泛的受众还是体力劳动者和士兵。第二次世界大战是一个转折点，毛衣再次因为战争而走入了大众的生活。

别浪费，别奢求

当战争再次降临在欧洲，女人们也再次操起了棒针，为军队的技工和自己织起了毛衣。为了尽可能地支援军队，当政府的保暖衣物供给告急时，针织衫再次从大后方源源不断地送到前线。

"二战"时技工穿着的毛衣。

织毛衣成为战时全国性的生产运动，也是人们在灯火管制期间为数不多的消遣。

"二战"中著名的"修修补补一辈子"运动后来演变成了全民针织的活动。妇人们对旧毛衣进行加工，织入新的纱线让毛衣更长、更耐穿，她们还熟练地用绣花技巧遮挡了毛衣上的蛀洞。"你们所有人大概都在经历羊毛短缺的煎熬。"《全民针织》（*Knitting for All*）的作者如是说——这位作者同样不赞成男士穿羊毛衫。"你会发现湮没在女士们针织口袋里的旧毛衣绝大部分会重新回到人们的生活中。”那些旧毛衣，有些被做成了锅柄的防烫裹布，有些被做成了抹布，还有些甚至被织成了地毯。不过不是每个人都是这方面的能手。诺埃尔·史塔菲尔德在自己1946年的小说《晚礼服》(*Party Frock*)中塑造了一个穿三件毛线衫遛狗的男人形象，“最里面一件是绿色的，中间一件是灰色的，最外面一件是棕色的，每件毛线衫在不同的地方都有破洞，所以你能同时看到三件衣服的颜色。”

在物资紧缺的20世纪40年代初，时髦的巴黎女性为毛衣穿搭贡献了新的灵感。一位女郎贡献出了自己的羊毛服饰穿搭秘诀：“我把两三件羊毛织物服饰搭配在一起穿。在我的斗篷里面，我会加一条羊毛围巾，我的头上包裹着羊毛头巾，我的羊毛筒袜更是厚实无比，甚至厚到可以‘自己站着’，就像修下水道的工人的腿一样……”

战争中，纳粹德军也在极力破坏后方的针织产业。编织计划被打断的人们很不幸，一个来自赫尔的女人专门去市中心的哈蒙德百货买粉色的毛线织毛衣，当天晚上她就开始了工作，但很快发现毛线不够，第二天她又去了哈蒙德百货，却发现就在前一晚，百货公司已经被德军炸成了废墟。无奈之下，她的粉红羊毛衫变成了一款短袖上衣。

“二战”中，用织毛衣传递情报的传言再次甚嚣尘上。这一次，人们传说那些住在铁路附近的女士将火车的班次、运行情况编写成密码，织到筒袜上，再传递给相关情报单位。这些传说究竟是人们的臆测还是确有其事？也许我们永远都不会知道。

1945 年的毛衣，既保暖又美观，并且节省面料。

在物资紧缩的年代，所有的毛线都不会被浪费，旧毛衣的毛线大多被拆下来制作新毛衣了。人们拆开旧毛衣，用水清洗毛线、晾干之后，又马不停蹄地用它们制作新的作品。这样的拮据生活一直持续到了 1945 年之后，甚至到了 50 年代末，旧面料回收公司仍在登载广告鼓励人们变卖旧衣料，一磅毛线仍可以卖 1 先令。几个世纪以来，蛀虫对于丝绸、毛线等天然面料的蛀蚀从未停止，为了与虫子对抗，人们使用了杉木箱子、薰衣草袋子、樟脑丸和浸过化学试剂的药纸片儿等各种方法，但效果还是差强人意。总之，因为上述种种原因，以前的毛衣实物极少被保留下来，至今我们在博物馆和个人收藏品中都难以见到相关藏品。

人们发明腈纶之类的人造织物并不是为了对抗蛀蚀，而是因为在战争年代，优质的天然羊毛极其稀缺，并且这些材料会优先供给军队使用。德国也在研发合成纤维方面投入了极大精力，他们同样面临解决市民冬衣不足的难题，甚至一些德军的军服都是用合成纤维制作的。从冷杉、松树、杨树中提取的纤维素可以被转化成纤维胶，加入人造纱线之后，即可用作服装面料纺织。战时最受欢迎的合成纤维是尼龙和腈纶，而现代的毛衣多是羊毛混入弹性人造纤维的混纺面料，这类材料具有更好的保暖性和亲肤性。

除了被虫蛀和纱线回收利用造成的破坏外，针织品往往也没法得到很好的保存，因为它没有其他更迷人的服装的威望，尽管香奈儿等人设计了精美的针织套装。然而，在 20 世纪后半叶，人们齐心协力地将针织套衫推广为既时尚又实用的服装。不过，到了 20 世纪下半叶，我们终于看到了毛衣向着更时尚、更实用的方向快速进化。

两件套毛衣和高领毛衣

渐渐地，毛衣不再仅仅是一种保暖衣物了，它具有了时尚意涵，甚至成为一种半正式的服装。对女性而言，穿上这种由男装演化而来的服装无疑更加自由、便于行动，事实上，在 20 世纪 30 年代，由羊毛衫演变而来的两件套毛衣套装成为一股新的时尚潮流。这股潮流由好莱坞明星引领，并迅速成为主流女装。两件套毛衣的款式多种多样，对大部分女性来说，只要一套教程、一双棒针和一堆毛线，她们就可以织造出各种新款。20 世纪 50 年代，随着经济的好转，相对富裕的女性又穿上了用羊绒或安哥拉山羊毛制作的毛衫。这一时期，螺旋形的胸罩将女士们的胸部衬托得丰满挺拔，与贴身的毛衣搭配起来真是相得益彰。两件套毛衣的颜色多是素雅的色系，如果配一条优雅的珍珠项链，再带上一对白色手套就显得更完美了——这就是皇室以及美国上流社会女性的标准着装。20 世纪 60 年代的两件套毛衣又多了手工卷边以及充满异域风情的玻璃珠装饰，让穿着者显得浪漫又迷人。如果搭配上花格呢长裙和粗革皮鞋，那么又是一股充满乡村味的搭配方式。叛逆的青年人又发明了一些新的穿法，他们将毛衣的背面穿到前面——这样穿仅仅是为了创新和有趣。

男式皮套裤在 20 世纪后半叶遭遇了一些搭配上的尴尬：如果搭配厚实的毛衣穿，会让穿着者看起来过于魁梧；如果搭配羊毛衫穿，则看起来老派又过时；如果搭配轻巧的上衣，又显得有些女人气。男士们穿毛衣的稳妥方法是将之套在自己的衬衫外面，最好再在外面穿上西装。针织杂志为了鼓励男士们穿上毛衣，总是会登载一些帅气的明星身着羊毛衫的照片，或者赞助电视明星在节目中穿着毛衣。比如在 1954 年，《家中伙伴》（*Home Companion*）杂志就急于展示“当男人穿上约翰 · 帕特维的毛衣，看起来是如此迷人”。20 世纪 30 年代到 70 年代的杂志都会极力展现男士们身着羊毛衫时阳刚的形象，照片上的模特不是在工厂

1966 年的时尚毛衣。

里，就是在花园中，手里还会拿着望远镜或者其他自制的劳动工具。

在那个年代，社会上的左翼政治思想以及同性恋现象催生了大众广泛的焦虑，有趣的是，这种社会背景却推动了一款毛衣的流行。这是一款简洁的、黑色圆领套头毛衣，诞生于20世纪30年代。喜欢穿这款毛衣的多是演员、作家和青少年——多是易于接受社会改革的群体。在艺术领域中，人们往往更容易接受同性恋。20世纪50年代，垮掉的一代就以叛逆、对抗传统的形象闻名，对于这些叛逆的伪知识分子而言，圆领套头毛衣无疑是一种自我标榜的身份象征。尤其是在60年代的青年大骚动运动中，躁动的年轻人们追求标新立异的服装，抛开衬衫、领带，穿上圆领毛衣无疑更符合叛逆者们的审美。

对于那些比年轻人更富有的阶层而言，他们既不会穿老式的毛衣，也不愿套上圆领套头毛衣。苏格兰针织公司的品牌普林格尔因在19世纪生产针织内衣而知名度极高，到了20世纪，它又摇身一变成了标志性的毛衣品牌。普林格尔的产品多是精致的羊绒衫或带有菱形花纹的毛衣，这些产品质量很好，对于男性来说无疑时尚又实用，即便你不穿，也可以将其随意地绕在肩膀上——这就是意大利风格的穿法。普林格尔的产品中不少都是柔和的颜色，或者看起来很性感的产品。诸如普林格尔等高档品牌，提升了毛衣在人们心中的形象，大众越来越多地将毛衣当作一种时尚的服饰。20世纪70年代，毛衣与长裤的搭配成为男女皆宜的主流穿搭，直到被中性的羊毛夹克所取代——这就是最现代的针织类服饰。

手工定制和量产成品

20世纪毛衣的颜色、款式和品牌并没有太大的变化，变化最大的是织造方式——从早期的手工织造变成了机器织造。随着机织工艺的成熟，针织机械已经可以生产各种造型复杂的针织附件和毛衣成衣，传统手工针织产品无可避免地被取代了。

传统手工定制和机器量产是矛盾的。每一轮生产机械化都会给人们带来好与不好的影响，好的是机械化生产可以快速量产各种工业成品，坏的是工厂抢掉了小作坊的饭碗，虽然这并不意味着手工定制会全部遭遇淘汰。

在纺织机普及的过程中暴力事件时有发生，比如1811—1812年的勒得运动中，愤怒的工人就砸过好几次诺丁汉郡的纺织工厂。这些运动的确引起了社会的关注，但最终也没有挡住工业化的步伐，也没有改变底层工人们低薪的悲惨境遇。不过，工业化的进程也不是一蹴而就的。在19世纪末，家庭作坊式纺织机诞生，这有效缓解了手工业者和大工厂之间的矛盾，也意味着普通市民只要有耐心，就可以在傍晚的家中织毛衣了。对于手工业者而言，用这种机械织毛衣，也可以减少工作时间。另外，有了家庭针织机的帮助，手工业者们的织造技能也大大增强，他们也能更快、更有效率地生产有专业质量的毛衣了。

但对于更多的不想买或者买不起用家用针织机的家庭来说，他们可以靠织点无法用机器织造的提花毛衣换点小钱。这些提花教程早在19世纪初就出现了——尽管当时非常少——到了20世纪初，杂志上登载的相关资料越发丰富了。从这个时候开始，想靠定制毛衣赚钱就变得更难了。纺织工厂也开始生产各种提花毛衣，带动自己产品的销售。针织品牌如温迪牌、帕顿牌成为家喻户晓的品牌，它们生产的毛衣和纱线都受到了广泛的欢迎。

在以前，妇女从事针织工作多是因为经济拮据而必须自己动手缝制毛衣，要么就是凭针织手艺赚点闲钱，但是从20世纪开始，女性已经逐渐从手工艺者变成了消费者。人人都以买毛衣成衣为荣，这创造了巨大的市场需求。扩大的市场反过来又提振了对针织工业的投资，新的毛衣板型和新的技术层出不穷，新奇的设计又引领起新的时尚潮流，带动了消费。

从20世纪40年代开始，一些新的设计师开始实验性地研究各种新式毛衣，比如无缝毛衣，顾名思义就是整体织造的毛衣。无缝毛衣的设计者玛利亚·尚托也就是后来被公认为“针织机械概念之母”的人，她奠定了现代女装设计的基础，受她影响的设计师包括迪奥、赫迪·雅曼、莫利纽克斯和哈特奈尔。高级服装定制店仍会雇请裁缝完成手工定制的工作，同时外派员工上门服务。

经历过20世纪40年代和50年代早期的紧缩之后，欧洲经济逐渐恢复繁荣，去商场购买毛衣成品成为人们的首选，这时候还在家织毛衣穿的人多少会被笑话，并且，穿着母亲织的毛衣去上学的孩子会在身着统一校服的同学间显得格格不入。但是，自制毛衣并没有完全消失，直到20世纪80年代，自己买毛线织毛衣仍是一种省钱的好方法。

20世纪70年代曾短暂地复兴过一阵手工织毛衣的热潮，顺势带动了颜色明亮的合成纱线的热销，新奇的纱线和宽大的棒针让妇女们重新找到了编织衣服的乐趣。20世纪70年代的朋克粉丝也以穿毛衣来标榜自己对传统和对同质化的反抗，他们的毛衣上会故意加上破洞、裂口和未收口的纱线。薇薇安·韦斯特伍德巧妙地利用了这股朋克潮流，推出了一批造型松垮、未完全加工的毛衣，实际上，这批衣服的成本也比其他毛衣成衣低廉很多——真是一笔一举两得的买卖。

20 世纪 80 年代，新一代的女性接受的教育已经不会让她们觉得针织是家政的一部分，相反，她们是因为追逐时尚才拿起了棒针。时尚杂志通常是以身着时髦毛衣的模特作为封面，而杂志里面一般都附有教程。各种标新立异的设计也与毛衣结合起来，新奇的颜色、夸张的垫肩、各种小装饰层出不穷，新出的毛衣总是不愁销，甚至成了圣诞节人们首选的礼物。毛衣已经成为一种时尚的标志，以致一些主要街道上的毛衣专卖店还会大胆地在产品的胸部绣上店铺的名字。

和所有的时尚潮流一样，毛衣也有过时的一天。从 20 世纪 90 年代开始，学校开始逐渐取消了针织课，手工织造毛衣的产业转移到了其他国家——在那些生产地不发达的地方，工人们手工织一件毛衣所获得的报酬相当低，人们买一件从这些地方出口的手工织毛衣也比购买本土生产的量产毛衣便宜。服装定制商店也不再推出独特的新款毛衣，最多挂一些从工厂进的老款式和海外进口的货品。

针织衫褪去了光环，变得普通起来。之前非专门从事针织衫设计的设计师也开始将毛衣设计纳入自己的系列设计，还有一些设计师开始专门翻新以前的针织衫款式，将过去流行过的花纹和元素与当下的流行结合起来。数字针织机的诞生，意味着无论什么款式、纱线和图案的针织衫都可以被量产，以满足庞大的成衣市场。直到今天，我们的生活已经离棒针和手工针织很遥远了。

现在谁还在做针织的活计呢？事实上，近年来，有一股手工的复兴热潮，针织、钩织和缝纫又有了自己的新粉丝。这股复古潮可能是受经济衰退的影响产生的，但是有趣的是，畅销的多是高级的纱线和复杂的教程，所以今天的人们拿起棒针，更多的是为了享受创造的乐趣吧。

很多人会认为织毛衣是女人的工作，但其实历史上很多针织工都是男性。在过去，海员、渔夫和海军士兵都可能是编织高手，许多囚犯在监狱中的工作也是编织，他们一刻不停地织造着各种复杂的作品，其中的一些至今仍保存在伦敦帝国理工战争博物馆中。现在，即使是在的大城市中，偶尔也能看到男士们在公共场合织毛衣，对他们而言，针织是一项值得夸耀的技术，而不是如老奶奶般老化的象征。一个“70后”男人就曾经告诉过我，他就是从20世纪80年代开始织毛衣的，他非凡的编织技艺正是来自母亲的真传——他说自己的母亲简直就是用棒针的天才。潜移默化的家庭影响激发了他对针织的热爱，现在他仍在一家针织公司工作。

羊毛带给人们的温暖是身体和心理双重的，穿上毛衣比单穿马甲或护臂更能保暖。现代社会也普遍认为织毛衣可以缓解人们的焦虑，对心理健康有益处，所以一些社区又在居民之间重新开展起“针织八卦聚会”，就像几个世纪以前的女人们那样。

针织衫带给人们的温暖和心灵慰藉大概是其他服装无可比拟的，尤其是当你穿上自己织的毛衣的时候。根据我们最近一次的口头调查，大部分人都将毛衣列为自己最爱的服饰。1969年出生的利兹就曾记录道："我最爱的衣服是一件宽大黑色套头毛衣。我连着穿了它好几年，直到最后它变形且过时了，我才脱掉了它。"1954 年出生的乔迪也回忆道："我最喜欢的毛衣是 1975 年在 C&A 买的黑色针织连衣裙，它的领子是连着帽子的，袖子是当年流行的蝙蝠袖。我穿了它 30 多年，直到后来衣服变形得快破了才放弃了它。"更有甚者，1959 年出生的玛德琳回忆说："我的奶奶曾经为我织过很多毛衣，其中我最喜欢的是一件浅黄色的安哥拉毛衣。我常常将手臂抬起来，用嘴唇摩擦这件毛衣的袖子，这件衣服给了我很大的安全感。"

存世的古董毛衣虽然不多，但是每一件都能引发人们的美好回忆。1943 年，北英格兰巴洛镇的主妇内拉 · 拉斯特就曾记录过自己收到属于儿子的旧毛衣的故事。当时，她的儿子已经不在了。毛衣上有儿子在外游历时绣上的纪念文字。内拉在日记中写道："我将毛衣抱在怀里，觉得它就是克里夫的化身。在一针一线上，我都能感受到克里夫的梦想、悔恨和难过。这件衣服是有生命的。"

第十二章

手提包

POCKET FLAPS

“你记得你的六个朋友各自背着什么样的包吗?(另外,你背着什么包呢?)他们是用手抓着包，还是鬼鬼祟祟地将之夹在腋下？他们将包挂在自己的肩头，还是挥舞着包在拥挤的公共汽车里占座位？他们是用两个指头夹着包吗？包之所以是艺术品，正是因为它是着装艺术不可分的一部分。”

——《虚荣心》(***On Fair Vanity***)，

贝蒂·佩吉，1954 年

漂亮的小配件

严格说来，包只能算服饰而不是服装，但是它却是作为服装的衍生品诞生的。挎包是从罗马人的托加袍上配的皮带，以及农村妇女的围裙配饰发展而来。古代的人们会把一些小工具如祷告经书、剪刀、梳子、小刀等挂在自己的皮带上，这种皮带又被叫作腰链。还有些人将小工具塞进小皮包或者小布包里，再用绳子将包系在腰上，再用衣服盖住——这就是最早的口袋。无论是皮包、布包还是口袋，都是现代挎包的祖先，我们接下来的故事将从口袋开始……

口袋一词的来源是中世纪英语“poket”，意即“小袋”。在1688年，人们对于口袋的定义是：“一个别在衣服里面的小袋子，上面有一个小口或小洞，可以用来放置一些小物品。”也许是由于方便易用，也许是因为精致美观，在文艺复兴时期，口袋成为一种广受欢迎的配饰，直至今天；另外，一些古董口袋也被当作艺术品保留了下来。贵族们的口袋的边缘经过了精心的装饰，有些饰有珠饰，有些甚至嵌有宝石——总之，多是价格不菲的奢侈品。

相比之下，平民使用的口袋没有这么漂亮，但是却贯穿了

2 000多年来的人类历史。17世纪至19世纪的女人们广泛使用口袋，并将手插口袋的动作视作优雅的姿势，在这段时期，她们的大裙子足以遮盖膨胀的小袋。裙子或者衣服上的小裂口经过了包边，手从这里伸进去，就可以够到用白棉布或亚麻布做的口袋。[1]也有些口袋上带有绣花装饰，或者用毛线织成，主题多是精美的花卉或者时事新闻。比如，我们现在找到的一只羊毛料的、带拉链的口袋上就绣着1784年著名的文森佐·鲁那迪乘着热气球的画面——图案上还能看到鲁那迪的猫和狗。[2]刺绣中的小猫身临高空却没有任何害怕的神情，但真实的世界里可不是如此。

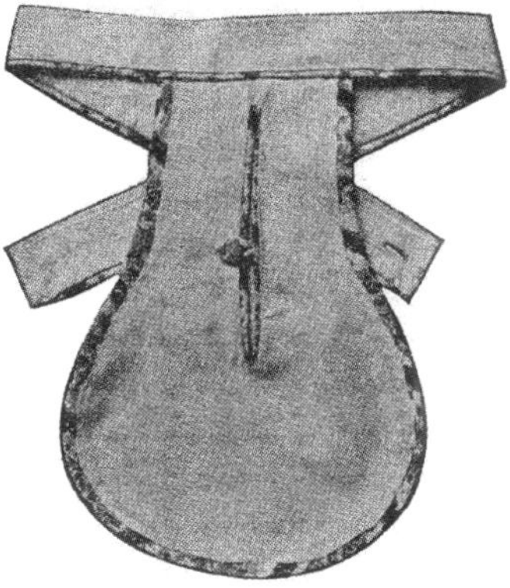

穿在衣服里面的平整的布口袋，上面有可见的小口。

1 1838年的《女工指南》中曾这样描述口袋：“口袋要么是用绳子拴在衣服上，要么就是直接扣在紧身衣上。前者的口袋面料一般都会和衣服的面料相同，多是条纹棉布、印花棉布、斜纹棉布，有时候还有淡黄色或棕色的斜纹棉布。”

2 这个图案刊载在1786年11月1日的《女士口袋图集》（*Pattern for a Lady's Pocket*）上，由金斯阿姆的艾力克思·赫格出版。图案是玛丽·赫伯特做的。

隐藏的“宝藏”

托尔金的小说《指环王》中虚构的生物咕噜曾有这样一句台词：“什么？它在口袋里吗？”口袋一般来说都是很私人的物品，有些口袋里还有一个袋中袋，穿着者会把自己的秘密之物放在其中。在历史记录和小说中，我们可以借助口袋一窥古人的秘密生活。

在塞缪尔·理查森写于18世纪的小说里，女主角在逃离一个疯狂的爱慕者时，将自己的所有财物都藏进了随身的口袋里——这个口袋一定够大，因为她说了：“我带了许多能变装的东西，两张手绢、两顶帽子还有我所有的钱，然后从窗子一跃而出，跑得非常顺利。”

伊丽莎白·哈姆是一位生活在摄政时期的女子，从她的日记里我们又得见了一个关于口袋的故事。“年轻的伊丽莎白和朋友待在一起的时候，将自己的贴身口袋藏在了枕头下面。当她回到卧室的时候，惊怒地发现口袋被放到了枕头上面，里面所有的东西都被掏了出来，书信也被打开了。这些书信是她以前写给朋友的。”

除了手绢和私密书信，口袋里一般还会放置钥匙、缝纫工具——都是些以前挂在腰链上的小东西。19世纪以后，大部分口袋被缝到了衣服上，而不是挂在皮带上。有些人的口袋里会藏着自己儿童时期的宝贝，比如维多利亚时代的艺术家格温·拉弗拉，就在里面装上了自己的儿时珍宝：“铅笔、印度橡胶玩具、一本小绘本和一把小刀，另外还有针线、树叶、糖块、沾了黄油的面包、一把剪刀，以及其他一些稀奇古怪的东西。有时候里面还会塞进一块手帕。”

露西把钱袋弄丢了，基蒂·费舍尔找到了……

当然了，人们也会把真正的宝藏放在口袋里。藏在口袋里的钱和昂贵手表，总会让小偷垂涎三尺，尤其是当口袋被缝到衣服上以后，小偷小摸的行为就更常见了。因此扒手这个词指的是那些以衣服口袋为目标的小偷，与割线包的不同，后者是把连接线包和腰带的绳子割开。

由于口袋都拴在相对敏感的位置，所以“掏口袋”（pick pocket）的扒手行为，有时候也意指吃豆腐、咸猪手。16 世纪的时尚评论家菲利普·斯图贝将手提篮称为“感官外罩”，他认为那些放荡的妇女正是将之当作一种诱惑，引诱着男人碰触她们的腰间。所以那句众人皆知的童谣“露西把钱袋弄丢了”其实还是一个有色情意味的双关语，暗示“谁想看看她的钱袋”。童谣的下一句是“基蒂·费舍尔找到了”，这里的基蒂·费舍尔极有可能是指那位 18 世纪的著名交际花，但是露西的身份我们就不得而知了。

17 世纪至 18 世纪的男士们也会佩戴口袋，他们会将之拴在自己的裙裤褶裥里面，这个活褶本来是供男人们拴佩剑时，让剑鞘

这是 18 世纪中期的绣花丝绸钱袋，通常被拴在女士的腰间，不过这丝毫阻止不了老练的扒手把手伸向它。

穿过裤子悬在身后设计的。为了防止扒手行窃，男士们还会将口袋扣在衣服上，这个扣子的设计后来依然存在于燕尾服的后背部，20 世纪的夹克后背的扣子也是这样演化来的。

为了防盗，一些紧身内衣中也会缝上暗袋，比如我们找到的一件 18 世纪的俄罗斯女士紧身衣的前领口处就有口袋，穿着者可以将钱和其他重要物品塞在这里。还有更隐秘的设计——维多利亚时代的贝莎·奥尔特尔就曾发明过一种缝在筒袜上的口袋，上面还有绳子连在腰间的皮带上。在 1912 年，泰坦尼克号沉没时，精明的女人们也是将钱藏进了自制的紧身衣暗袋里带到救生艇上的。

系在身上的钱袋到今天仍有人使用，尤其是在旅游的时候。这种钱袋大多是乘坐火车的乘客在使用，所以又被叫作“铁路口袋”。其在后来演化成了“安全钱包”，上面会有一条绳子，连着穿着者的腰或者脖子，防盗功能极佳，在 20 世纪 80 年代时尤其受欢迎。

特殊用途的口袋

也不是所有的口袋都是暗袋，19 世纪的男装裁缝们就会在衣服上设置一些可见的口袋。重点不是口袋里装了什么，而是口袋这种设计本身就是一种进步。如布鲁梅尔般讲究生活细节的男士会将鼻烟盒放在马甲内侧的口袋里，[1] 怀表也是因为被放在胸前的口袋里才得名“怀”表。尽管胸口的口袋看起来并不醒目，但里面装着的怀表的表链却会露出来，炫耀着穿着者的财富。[2]

维多利亚时代的女士会在口袋里加上鲸须或缎带衬里，将口袋的形状固定成类似怀表的样式——当然这些口袋也不一定都是放怀表的，有时候她们也会把香瓶和手绢放在口袋里。19 世纪晚期的医生们也会用别针在胸前钉一个小口袋，用来放置更小巧的怀表，方便他们在开会时看时间。现代牛仔裤的前髋处也有一个放表的小口袋，这就是从 19 世纪的服装上继承下来的。在其他服装配件上，我们也能看到功能性口袋，比如 19 世纪 70 年代的女士裙装上会有一个放扇子的专用口袋——和男人们的怀表一样，扇子也是女士的服饰品之一。外套前胸处的口袋叫作“车票袋”，以前的人们买了火车、轮船票之后，就会将票放在这里，但这个

1　有时候衣服上的口袋仅作装饰之用，并不真的需要装些什么。

2　乔治时代和维多利亚时代，人们还会在卧室的四柱床帐上缝制一个大的表袋，在睡觉时他们会将表放在里面。

口袋也可以和手巾袋混用——在现代，男士们也会将方巾折叠后插在这个口袋里，露出一个三角形的边角。

20 世纪的口袋又有了进一步的进化。在战争时期，人们都会在外出避难时穿的衣服上缝制一个大口袋，将需要随身携带的重要物品装在里面。随着衬衫外穿的普及，男式衬衫的胸前也开始出现口袋，钢笔、太阳镜以及近年来大家人手不离的手机都可以放在这里。至于裤子上的口袋，自然也是 20 世纪的创新。比如货船工人的工装上会有大量的口袋，另外飞行员军服上也会在大腿处缝上一个防水的地图口袋，这些都是为了方便当时人们的工作、生活而发明的。

在太空旅行中，口袋也扮演了重要角色。宇航服上有许多用魔术贴封口的口袋，宇航员在舱外活动时可以将各种工具装到这些口袋里，平时，他们也可以把个人物品装在里面。1969 年历史性的登月结束后，宇航员巴兹·奥尔德林回忆说在宇宙飞船点火返回的一瞬，“我情不自禁地将手举了起来，放到胸口的位置，那里有一个小贴袋，我放了一个自己做的任务贴纪念阿波罗 1 号事故中遇难的宇航员以及很多勋章，来纪念苏联宇航员。”奥尔德林的口袋还装过一张黑胶唱片，里面有来自 73 个国家的领袖的

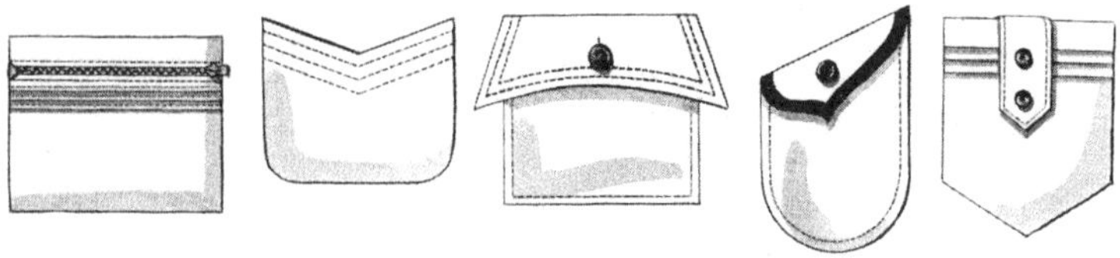

20 世纪 20 年代衬衫和外衣上的口袋造型。

祝福，以及一枚做成代表和平的橄榄枝形状的金别针。

男装在演进的过程中很自然地增加了插袋、贴袋，而在女装中，口袋的存在却有些尴尬。如何平衡功能性和时尚性一直是女装设计师面临的问题——在大部分时尚潮流中，女装必须紧贴穿着者的身体，因此容不得口袋出现。维多利亚时代的女装充斥着复杂的荷叶边和坠饰，紧身衣上也有不少繁复的装饰，要找一个地方缝口袋还真不容易。一位服装专家在 1894 年这样形容口袋："裁缝们预言口袋会在女装上消失，因为你要找到这些口袋，就跟你要藏起自己的私房钱一样难。"这位专家将裁缝们的预言归因于复仇心理——"裁缝们不喜欢做口袋，大概是想用这种方法报复那些挑剔的顾客。"

20 世纪的女设计师艾尔莎 · 夏帕瑞丽很擅长用口袋来展现着自己的超现实设计思想，在 20 世纪 40 年代，她推出了"缝制的桌子"系列套装，这系列外套的胸前有许多口袋，每个口袋上都有抽屉式的把手代替纽扣，最具颠覆性的是，这些口袋有些是真的，有些则是假的，不过无论真假，大部分的口袋都不会用来装东西的，只是会让定制生产线上的裁缝头痛而已。

这股真假口袋的风潮看上去是很有趣，但其实却饱含政治意义，比如美国的妇女参政运动者爱丽丝 · 杜尔 · 米勒就曾发表文章，反击那些不赞成女性参与政治选举的人，而对方正是将口袋和选举权联系在了一起。在一篇叫作《我们为什么反对在女装上加口袋》的文章里，作者声称口袋并非"天赋人权"的一部分，而且"口袋的存在会损坏男士们的骑士精神，如果男士们没有将女士们的细软装在自己的口袋里的话”。不仅如此，“口袋还会引发夫妻之间的争吵，因为他们不知道要把东西放在谁的口袋里”。

要怎么解决女装口袋的问题呢？手提包和手袋不失为一个可行办法。

便携式手袋

口袋是服装的一部分，或者至少是拴在衣服里面的服装附件。但手袋不是，尽管它和钱袋一样是保管贵重物品的地方。有些手袋有绣花，有些则没有；有用皮革或布料缝制的，或针织的，但无论哪种，都可以和衣服上的口袋并行不悖。最经典的手袋形式从古代到现代几乎没有变过，都是将皮革或者布料裁成圆形，再用细绳拉紧收口。一些手袋上还加有缎带，穿着者可以将其挂在腰间或者系在皮带上、手腕上。这种手袋十分普遍，无论平民还是贵族都曾广泛使用，到了18世纪，更是成为不可或缺的女装配件，而且在这个时期，更坚固耐用的手提包也出现了。手提包（reticule）的词源来自“荒谬的”（ridiculous），大概在很多男人看来，这种东西确实没有存在的必要吧。女用手提包上多有珠饰、流苏等装饰，但是颜色却相对单一，比如19世纪30年代的女用手提包绝大部分都是紫色或绿色的，带有金色的丝绸镶边。18世纪晚期，女装时尚发生了革命性的变化，曾经宽大的带裙撑的大裙子被紧身的

“帝国风格”罩袍取代，这也意味着拴在腰上的钱袋已经无处安放，于是，手提包成了人手必备的服装配件。就连维多利亚女王也不能对手提包免疫——在女王 1855 年访问巴黎的时候，她就拿着一个白色的精美手提包，上面还用金线绣了一只狮子狗。不过可惜的是，没有这款手提包的照片或手绘存世。

女士手提包中最经典的一款，叫作“多萝西束口女提包”，它从诞生起到现在，已经贯穿了人类几百年的服饰史。现代人一说起这种手提包，就会想到王尔德发表于 1895 年的戏剧《认真的重要性》（*The Importance of Being Earnest*）中的角色：高傲的布拉克内尔女士。在故事中，布拉克内尔女士惊骇地发现女儿的未婚夫，竟然曾是一个被装在手提包内丢在火车站的弃婴。“一个手提包？”她用洪亮的音调重复着。所有剧院中的观众和电影观众，一定都对这句台词印象深刻。

手提包的结构远比手袋复杂，一般来说，它会有皮革或者塑料的骨架，开口处有拉链、搭扣或钩子。在 20 世纪的前几十年，手提包通常配有长长的包链，女士们会将其挎在肩膀上，或者拴在腰间。这期间，动物皮革做的手提包也悄然兴起。皮包看起来显然比布包更具专业性，于是很快就成为绝大部分女性日常手提包的主流。充满异域情调的皮包，比如鳄鱼皮包和蛇皮包也很快出现在了商店里。出席晚餐会和派对时，饰满珍珠的手提包成为华美晚礼服的最佳搭配，缎面手提包也在缎面长裙旁熠熠生辉。以上这些手提包你都可以在商店购买，如果你要节省预算，也可以在家自己做。如果自制皮包看起来难度太大了，那么你也可以做针织手提包。

在现代的手提包中，通常装着女性需要的所有随身物——钱包、手帕、笔记本、明信片、手套，以及化妆品。女性在公共场合化妆始于爱德华时代，到了20世纪20年代，这种行为已经摆脱了低俗，成为一种时髦，也正是从这个时期开始，小镜子和粉扑出现在了越来越多女人的手提包中。讲究的盒型手提包又被叫作化妆包，里面放着一整套化妆品。在20世纪50年代，透明树脂制作的手提包也加入了手包的大家庭，并迅速引领了新的时尚风潮。总之，回顾整个20世纪，我们可以发现，手提包甚至成为一种狂热的信仰。

今天，包包的概念已经愈发丰富了。各式包可以被挎在肩上、背在背上、夹在腋下或抓在手里，与历史上将钱袋藏在衣服里的

20世纪30年代的蓝色羊毛针织手提包，上面还创新性地加入了拉链。

习惯不同，现代的包都配在了衣服外面。20 世纪 60 年代流行的服装款式非常简洁，因此女士们惯于配上一个有金色金属链的挎包，并以此作为自己品位和地位的象征。杰奎琳 · 肯尼迪就是一个链条包的拥护者。另外，链条包非常有收藏价值，一款当季的潮流链条包的售价也能高达 1 万英镑——买这样的包不失为一种投资。

品牌皮包都有自己独特的标志，比如香奈儿带有双 C 标志的链条包，还有路易威登的金棕双色印花皮包，这些名牌包都曾引

X430. Fancy grain bag with Calf collar. Double loop handles lined thick Art. Moiré. Deep, roomy design. Colours: Black, Brown, Dark Bottle. Postage 6d.
1/- With Order 2/- Monthly Price 8/11
X432. Smooth calf-grained Cloth with Art. Silk lining. Novel handles of double-cord. Sizes: 10½" x 7". Colours: Black, Brown, Navy. Price 6/3 Postage 6d.
1/- With Order 2/- Monthly
X434. Long pochette style in Box Calf Leatherette with thumb-strap. Gilt clasp. Lined Art. Silk. Fitted purse and mirror.
X432
X434
X430
Size: 11" x 6". Colours: Navy, Black and Brown.
1/- With Order
2/- „ Monthly
Price 6/6 Post 6d.
X433
X431
X433. Real Morocco Leather. A useful shape that has an air of "good style." Lined Art. Silk, fitted mirror, and mounted on two-ball clasp frame. Roomy size 10" x 6½". Colours: Navy, Black, Brown.
1/- With Order 2/- Monthly
Price 6/3 Postage 6d.
X431. Selected Morocco Leather with smart Calf Leather panelling. Latest triple part frame with double divided inner pocket. Double-sided mirror fitted. Lined Art. Silk Moiré. Double-leather handle. Size: 10" x 7". Colours: Navy, Black, Brown. Price 10/6 Postage 4d.
1/6 With Order 2/6 Monthly
Ambrose Wilson Ltd. 60 VAUXHALL BRIDGE RD. LONDON S.W.1

1938 年的各款手提包，多由防水又耐用的皮革制成。

发了大规模的模仿，名人们也竞相使用，强大的品牌价值使得这些包本身就成了新时尚的灵感源泉。包已经成为我们生活中不可缺少的时尚道具，有时它的象征意义甚至超过了实用性。包还能成为一种保障屏障——所谓的屏障，既是象征性的，也是实际上的——当女士们抓住手包的时候，她们能感受到某种安全感，再比如摩纳哥的格蕾丝·凯莉王妃 1956 年用爱马仕的包挡住怀孕的肚子的照片被《生活》（*Life*）杂志当作封面，后来这款手包也被大家称为“凯莉包”。

现代手提包出现在 20 世纪 60 年代，几十年间已经成为女士们时尚生活中不可分割的一部分。

名牌手包或古董包价值不菲，尽管如此，还是有不少包包发烧友对于购买、收藏手提包乐此不疲。对于男士来讲，手提包只是在口袋不够用时才需要使用的东西。事实上，男装包也确实不多见，其中比较有代表性的只有格拉德斯通旅行袋和帆布背包——前者是以政治家威廉·格拉德斯通的名字命名的，而后者本来是士兵们用来装燕麦等干粮的简陋背包。

即便到了今天，女人们还是会沮丧地发现自己套装和裙子上的很多口袋都是假的，在女装上缝制口袋会破坏时装轮廓的问题现在仍没有解决。很多服装上还是没有口袋，最多会加上一些小贴袋作装饰。

“为什么我们的衣服上会缺口袋呢？”20 世纪 50 年代的作家格温·拉弗拉哀叹道，“是谁规定女装上不能有口袋的？我们已经拥有了选举权，为什么在这方面还是不能和男人平等？”她的问题今天仍值得人们思考。

第十三章

泳 衣

IN THE SWIM

洗澡是一种运动
我们或多或少地享受着它
你可以穿各种款式的服装
但有时候最好什么都别穿

——匿名

浸湿的内裤

在游泳时穿着特定的服装是人类历史中很晚才出现的事。在古代希腊和罗马，为了消暑纳凉，人们会在夏天离开城市，涌往海滩，但是他们要冲凉的话会在冲凉房或者河流中，而且会全裸身体。实际上，后古典时代的欧洲人在河里游泳的时候都是全裸的，直到中世纪，男人们才会穿着内裤下河。从全裸到穿上内裤，反映着性别意识的崛起，也在某种程度上反映了文化的进步，所以在 17 世纪的“罗马浴场”重新兴起之时，欧洲人不再全裸洗浴，而是穿上了特制的衣服。1687 年，西莉亚 · 费因斯在英国旅行时第一次记录了这些在室内穿着的浴衣：“女士们进入洗澡间，换上用精致的黄色帆布制作的浴衣，这些衣服的袖子大得像一件单独的罩袍。当水淋湿浴衣，衣服也不会贴住你的身体，因此别人还是看不到你的身体轮廓。”那么男士们洗澡也会穿衣服吗？没错，“男人们洗澡时也会穿同样黄色帆布制作的内裤和马甲”。

费因斯看到的女式浴衣是会在浸湿时膨胀，遮住人体轮廓的特殊服装。一个世纪之后，这些浴衣的材料从帆布变成了法兰绒，不过款式依然保守。在 1813 年的诗作《斯卡伯勒的诗歌速写》中，作者也曾描写身着浴衣在北海中游泳的女士——“女士们身着法兰绒的浴衣，即使全身浸湿也不会走光，你只能看到她们美丽的脸庞”。时尚的沐浴者入浴的过程也很讲究，浴场会雇用一些强壮的服务员，牵引那些胆小的洗浴者来到浴场，将他们推入浪中，这个过程被称为“颤抖”或“哭泣”。不过更多女性选择独自入浴，享受在水里扑腾的快乐，尽管她们并不擅长游泳。

这股穿浴衣洗澡的时尚一直持续到19世纪。在疗养胜地拉姆斯盖特洗浴的人们享受着将身体浸在浅滩的水中的过程，任由波浪掀起她们的浴衣，但在保守派看来，这已无异于裸身入浴了。19世纪60年代的小册子这样描述英国人的浴衣：“这是用法兰绒做的衬衣和裙子，在胸前开口，脖子上系有收紧领口的细绳，裙子多是长至小腿。无论是浴衣的结构还是型号，都不适合游泳，但是却能保护穿着者不走光。”显然，便于游泳并不是穿着这款衣服的目的。事实上，当时的英国人绝大多数都不会游泳，尽管他们一辈子都住在海边。

不过，并不是所有女性都希望在公共场所将自己包裹得一丝不露。在1857年，韦斯特米斯侯爵就曾试图在国会中提出法案，要求所有入浴的女性穿上遮身浴衣——“那些来到海滩浴场游泳的女性，有些根本不会穿着遮掩身体的浴衣，这引起了当地居民和一些旁观者的不适。”不过这份议案没有引起上议院的兴趣，最终也没有通过。

维多利亚时代中期的男士裸身入浴的现象仍很普遍，于是一些幽默漫画也拿男女浴客打趣，描绘了一些女士玩潜望镜时，“不小心”打望到男士洗浴区。对于浴衣的态度，19 世纪的人们的认识也在发生变化。教区牧师佛朗西斯 · 基尔维特就曾发表文章，表达自己对于男式洗浴内裤的不适应，他还记录了自己于 1874 年在怀特岛的浴场中洗澡时穿着入浴内裤的懊恼：“海浪冲掉了我的内裤，它掉了下来缠在我的膝盖上，害得我差点溺水。结果海浪退去的时候，我又半裸着摔在了鹅卵石河滩上，还磕出了血。我站起来，扯掉了这碍事又危险的破布，但尴尬的是我赤身走上河滩时，被路过的女士看到了。”基尔维特在这段叙述后面又加了一句：“要是女士们不想看到男人们的裸体，那为什么她们不移开目光？”

19 世纪 80 年代，仍有不少镇议会将裸身入浴定为违法行为，比如 1882 年科尔切斯特区的法律中就规定：“所有人不得在公路、街道和公共场所中赤身洗浴，要洗浴的话必须穿着内裤和遮盖身体的相应服饰，以防止走光。”

尽管如此，一些人全裸着在公园和河流中洗澡的情况还是未被完全杜绝。维多利亚时代的女性常常一不小心就会瞥见洗澡的裸男。19 世纪 80 年代，剑桥的一支郊游船队划船游玩的时候，就在河道里尴尬地遭遇了众多裸体洗浴男人，于是女士们只得高高撑起自己的阳伞，像鸵鸟一样将头埋在自己的丝绸裙子里，直到船驶离镇子，河道重归平静。这种情况一致持续到 20 世纪早期。但仍有许多孩子都买不起浴衣，他们也想穿上自己的浴衣。1925 年的海德公园，一位身着厚实毛衣的女警官就被拍到在驱赶裸体游泳的小男孩时被气得面红耳赤的样子。

浴衣套装

随着游泳作为一项运动，逐渐取代了洗澡、泡水的活动，专为游泳而制作的专业服装也应运而生，杂志上刊登了不少相关服装，让泳衣成为一种新的时尚。维多利亚时代的浴衣虽然可以防止走光，但对那些想游泳的人而言，它无异于噩梦。

在 19 世纪，如果你不想裸体洗浴，可以穿着自己制作的棉质内裤或者连身裙。这些浴衣多是用带条纹的针织面料制作，很像是背心和内裤连起来的连身裤，有些甚至还有袖子。干的时候，

19 世纪 90 年代的女式浴衣款式复杂，是游泳者的噩梦。

这些浴衣会松垮垮地吊在穿着者身上，而一旦浸湿，浴衣又会紧紧裹在他们身上。相信许多人都曾在照片上看过维多利亚时代的人们在海边身着这类条纹浴衣的样子。

女士们的浴衣套装通常是红蓝色相间的条纹针织连体衫，带有可爱的海军领，一些衣服上还有锚之类的图案。大部分的浴衣都是一件式，穿上身后用扣子扣紧，为了遮盖身体曲线，浴衣的腰部还会缝上齐膝盖的短裙。套装中还包含用丝绸和橡胶制作的泳帽，以及针织筒袜——当然了，这样的装备并不适合游泳。但1896年的一位时尚编辑却对这种浴衣套装赞赏有加，她只提了一个小小的改进建议："当我们身着浴衣跳进三四英尺深的水中，可能腰间就像绑了一个麻袋。"这个时尚编辑后来还建议用顺滑的弹力织物来制作浴衣长袍，搭配软橡木底凉鞋和红色丝绸头巾。当时的浴衣上大量印有航海主题的印花，体现了泳客对航海文化的尊重。适合泡水的紧身衣和灯笼裤也是浴衣套装的一部分，这是"为了防止短裙被水浪冲起来时走光"。

游泳作为一项运动，也在人群中慢慢流行起来。1875年，当年仅14岁的艾格尼丝·贝克维恩在泰晤士河中一游成名时，人们惊讶于她游泳的距离，以及她短小实用的游泳衣。作为当时长距离游泳记录的保持者，贝克维恩还在威斯敏斯特的皇家水族馆中教授他人游泳技巧，并进行水上运动表演。号称"世界上最会游泳的女性"的贝克维恩，在表演时会穿更具功能性的游泳衣，衣服上有大量垂皱，让人联想到古希腊风格，这让观众们视她为水中女神，而不是衣着暴露的村妇。在平时游泳时，她的泳装是朴

帽子、靴子、腰带、灯笼裤……这些都是 1915 年巴黎流行的浴衣套装的一部分。

素的深色一件式连身裙——就像维多利亚时代大多数女性的流线型连身裙一样。贝克维恩的名气使人们对她相对紧身的衣着更加宽容，尽管如此，社会上还是有不少“女人要洗浴就该去海边，而是不是穿着丑陋的罩袍在水里扑腾”的声音。

尽管社会上对于女性泳装的评价并不统一，针织连身式泳装还是在 20 世纪逐渐地流行起来。长至膝盖的裙子减短到了大腿，袖子也越变越短了。但妨碍女人们参与游泳的并不只有用泳衣而已——小说家、社会名流芭芭拉 · 卡特兰就曾回忆了一段“一战”前自己身着与浴衣套装配套的针织筒袜游泳的糗事：“我在水里蹬了三四下水，我的筒袜就滑了一大截。长长的袜子一会儿飘在水里，一会儿又绕上我的膝盖，就像一把枷锁。”“一战”时，护士伊迪丝 · 阿普尔顿也曾在繁忙的工作中抽空去游泳，但她的麻烦是由一件二手泳衣引起的，这件泳衣足足比她的身材大了两个号，她说：“我游两下就要拉一下泳裤，再游两下又要拉一下，就这样前进着。这条泳裤就是不好好待在我的胯上。”

流线型、贴身的泳衣

在“一战”期间，无论男装女装都有了许多改变和突破，服装向着实用化演变的趋势也促使了游泳衣变得更实用。

在流线型成为建筑和汽车的主流设计思想之前，它已经在泳衣的设计中得到了应用，而时尚的富人正是践行改良泳衣的先锋。20 世纪二三十年代，人们流行参与体育运动，并展示自己的健康体魄，而紧身的针织衫正是最好的运动服。无论男女，都流行穿着黑色的低胸、低背、无袖运动衫，搭配极短的运动裤，这样的衣服可以给予运动者极大的活动空间。为了进一步减少阻力，男人们还可以用镶板压平腹股沟，而女人则会用之压住自己的胸部。另外，男女均适宜的橡胶游泳帽也产生于这个时期。

在 1926 年，曾获得奥运会游泳项目金牌的“碧波皇后”埃德勒成为第一个横穿英吉利海峡的女游泳选。在这次壮举中，她就

20 世纪 20 年代海边泳者身着的连体泳衣，已经比以前的泳装简化了许多。

穿了一件流线型的连身泳衣，并用油脂涂满了自己的全身。埃德勒横穿英吉利海峡的成绩是 14 小时 34 分钟，打破了之前由男选手保持的 16 小时 33 分钟的纪录。可惜的是，埃德勒的英雄壮举在当时并没有引起更大的关注，甚至不能与澳大利亚的“百万美元美人鱼”安妮特 · 凯勒曼的名气比肩。安妮特 · 凯勒曼在美国的知名度极高，不光因为她泳技高超，还因为在 1907 年，她曾在马萨诸塞州的里维尔海滩被捕，理由是她的紧身连体泳衣将身体轮廓暴露无遗——“这太下流了！”

但是，关于泳装的保守风气仅仅留存在第一次世界大战之前，战争一结束，泳装简化、功能化的风气就一发不可收了。20 世纪的女装时尚比以往任何一个时代都更开放和简化，泳装时尚也不例外。20 世纪 20 年代，裸露的服装，再加上度假营地和公共游泳池中性别隔离的彻底废除，导致了“利多岛[1]，性感之岛”之类的俗语诞生，来描述泳池边的艳遇故事。

与之形成对比的是，20 世纪三四十年代的一些中产或者劳工阶层的旅行者，即使来到海边，仍坚持穿着保守的全套正装：男人们会穿上鞋子、帽子、衬衫、领带甚至羊毛背心；女士则穿着大衣、衬衫、紧身衣、裙子、帽子、筒袜、鞋子或者有领子的外套。年轻的女孩儿们最多只会在划船的时候将衣服扎进灯笼裤里。

年轻人不分男女都穿着类似的连身泳衣的景象大概是老一辈完全不能接受的，因为在传统的文化中，无论服饰还是生活作息

1　利多岛：意大利威尼斯附近一个小岛，为著名的水上游乐场。——译者注

都被按照性别严格地划分开来，在公共场合要注意行为举止以及女性着装要避免暴露的观点深入人心。“真是可惜。”阿加莎·克里斯蒂的侦探小说中的角色赫尔克里·波洛也忍不住如此评价道，“今天，什么事都中规中矩的。”在沙滩上晒日光浴的人让波洛联想起了发生在巴黎的案件，于是他如此抱怨道：“尸体——就像案板上的肉。”

20 世纪的面料加工技术的进步是泳衣进步的基础。1913 年，詹特伦公司创造出了高质量的螺纹编织服装，随后，詹特伦的“潜水女孩”标志成了 20 世纪最著名的泳装品牌标志，虽然他们的泳装产品不断推陈出新，但这个标志一直未有大变化。20 世纪 20 年代的“潜水女孩”是个穿有肩带泳衣的平胸女孩，但在 50 年代的标志上，女孩的胸部更明显了，肩带也消失不见——这样的变化也见证着社会审美的变化。1925 年，弹力橡胶线诞生，随后，棉丝混纺的面料包裹弹力橡胶线的弹力面料终于被应用于泳衣。和詹特伦一样，1914 年在澳大利亚成立的麦克雷针织公司也开始致力于推出弹力面料的泳装。麦克格雷公司成立之初是生产针织内衣的，但从 1927 年开始，他们开始推出泳装，并于 1928 年专门成立了速比涛针织公司。速比涛早期的产品以暴露著称——他们生产的丝绸女文胸的肩带和背带都非常细，被保守派认为过于暴露。这不是他们唯一一次引起社会争论——在 1936 年的柏林奥运会上，男运动员身着速比涛的游泳短裤参加了比赛，这是男人们第一次裸露上身游泳。速比涛的男泳裤，与其说像短裤不如说更像三角裤。而到了 20 世纪 60 年代，他们的男泳裤变得更小了，不过也更舒服了。时至今日，速比涛仍在致力研究更新、更先进的泳装面料，但另一方面，他们的品牌也成为短小暴露的泳装的代名词。

不过，大部分人都买不起昂贵又专业的詹特伦或速比涛产品。对 20 世纪中叶的游泳者而言，手工针织的泳装才是他们难以忘却的回忆。

针织泳装

20 世纪 30 年代的大部分人买不起商店中销售的专业泳衣，相反，他们会自己在家织泳衣。女性杂志上也会登载泳衣的款式，在插画中身着新款泳衣的模特看起来也是如此有魅力。可事实上，自制的泳衣穿起来可没这么舒服。干的时候，针织衫上会沾满沙子；湿的时候，沉重的面料会向下滑，胸部和后背也露了出来，下坠的针织衫甚至会掉到膝盖下方。一位年纪稍长的先生在向我们描述他小时候在纽卡海边游泳时，因为游泳衣而引发的种种尴尬时止不住地哈哈大笑：“那件泳衣是我妈妈给我织的。”他一边说，一边咯咯笑着。

另一位约克郡的女士也讲述了她小时候逃课去游泳时遭遇了类似尴尬：“我们租了泳衣，颜色很蓝，感觉是羊毛的，摸起来有点膈应人。我穿上了它，嗯……没想到我的胸部就差点露了出来，

20 世纪 40 年代的手工针织泳衣，浸湿水时会下滑。

真是让我体会到了走光的滋味。”

在 20 世纪 40 年代，一位英国皇家空军军官也在穿针织泳衣游泳时有了一段不愉快的经历。当他的蓝色针织泳裤在泳池被一颗钉子挂破时他还在毫不自知地埋头苦游。他是一个游泳健将，当他触到泳池边的时候，他的泳裤也差不多解体了。

毛织品还容易招惹虫子，尽管泳衣广告上都会标注“已通过防虫检测”。一位军队中的工程师也是一名游泳健将，当 1940 年英国远征军撤离法国北部时，他曾顺利游回到渔船上。这样一个游泳高手，也在战后遭遇了糗事——他不顾妻子的反对，穿上了六年未动的针织泳衣跳进海里，立即证明了飞蛾幼虫有多么能吃！

幸运的是，飞蛾不会对人造纤维感兴趣，比如20世纪50年代的尼龙面料。这个时期，好莱坞明星极大地引领着泳装的流行。胸肌发达的男演员身着的游泳短裤，以及性感女演员身上的沙漏泳装都让大众痴迷。为了塑形，女装中会加入大量衬垫、拉链、收束带和橡皮筋。明亮大胆的印花图案也反映着战后人们的乐观。对异国的向往，促使人们带上行李，登上飞机，大规模地出门旅行。

再一次，面料加工技术的进步带动了紧身泳衣的流行，尼龙面料更是成为泳装革命的最佳推手。用从尼龙中加工而来的易韧达[1]制作的服装容易定型、方便晾干，这种材料在20世纪70年代被引入女装制作后更是大大减少了衬垫的使用——虽然那些不喜欢运动、喜欢穿造型夸张服装的女人并不在乎这个。1953年，氯丁橡胶在奥尼尔公司的实验室中诞生，随即成为男士冲浪短裤的主流材料。面料的进步也是潜水等运动在20世纪下半叶迅速发展的重要因素。

氯丁橡胶制作的功能性服装可以在低温环境中保存人体热量，但与之相对的，有些游泳者并不需要这项功能，他们更愿意穿上有史以来最省面料的泳装——比基尼。

1 一种丙烯酸聚合乳液。——译者注

比基尼、单片比基尼、男式基尼

两件式的泳装在“二战”前就出现了，和后来的泳装不同的是，这个时期的泳衣仍然很保守，覆盖了穿着者的主要躯干。泳衣主要用弹力面料制作，泳裤会高过肚脐。但是，这样“端庄”的泳衣却在很短的时间内受到了比基尼的巨大冲击。1946 年，法国工程师路易 · 雷亚尔首次设计出了比基尼，舞者身着这种性感服装的照片迅速成为欧洲各家媒体的头条。“比基尼”这个名字来自因原子弹爆炸试验而闻名的比基尼岛，而这种新型的泳衣正如原子弹一样，在战后的欧洲掀起平地惊雷般的震撼。雷亚尔还声称，真正的比基尼小得可以从一枚戒指中穿过。

尽管遭遇了梵蒂冈和其他一些民间组织的抵制，但比基尼还是迅速风靡了欧洲，成为公共场所中常见的泳衣。法国性感影星碧姬 · 芭杜在 1957 年的电影《上帝创造了女人》（*And God Created Woman*）中就穿了一件比基尼，引发了大范围的模仿；在 1962 年的“007 系列”电影《诺博士》（*Dr No*）中，乌苏拉 · 安德丝在身着比基尼的同时，将刀鞘拴在腰间，这性感的打扮让人眼前一亮。两年之后，单片式比基尼也诞生了——这种比基尼的三角裤直接连到了肩带上——这种新的性感装束也很快受到了大众的欢迎。随后的 20 世纪 70 年代，在沙滩上将皮肤晒成古铜色成为新的潮流，而方便晒日光浴的针织比基尼也因此大受欢迎。

在比基尼女泳衣流行的同时，男泳衣短裤也变得小巧了许多，

Half-and-half suit.
Front of red printed cotton.
Back of white Matletex.
Cole of California suit.
$8. Saks-Fifth Avenue
New narrow straps—
pretty red frills—
suit of white Celanese
rayon sharkskin; $11.
Best; I. Magnin
Exotic tropical flowers
printed on white cotton piqué.
Trunks of blue Flex-Velure.
SeaMold suit; $8. Altman

1943 年的两件套泳装广告（美国版 *Vogue*）。

成为我们现在熟知的三角泳裤。不过紧接而来的 80 年代，男人们又爱上了有口袋的冲浪短泳裤。在随后的几十年中，小巧的三角裤和宽松的冲浪短裤一直并行不悖，男人们可以随意选择自己喜欢的泳裤类型。曾经风行的男式连身泳衣现在只能在潜水员或少数从事专业水上活动的奥运会运动员身上才能见到了。最具讽刺意味的是，男人穿的比基尼也诞生了——在 2006 年，由喜剧演员沙查 · 巴隆 · 科恩出演的纪录片式电影《波拉特》（*Borat*）中，他穿起了男式比基尼！男式比基尼腹股沟的三角裤结构一直连接到肩膀的吊带，视觉冲击力十足。其实在这部《波拉特》诞生以前，这种男式泳装已经在法国和美国的商店里卖了十多年了。

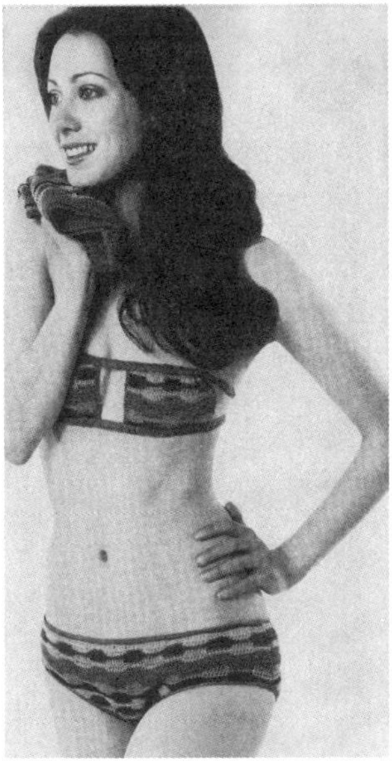

20 世纪 70 年代的针织比基尼并不适合下水时穿，但却适合晒日光浴时穿。

逐渐地，商店里的泳装柜台不再只在夏季卖泳装了，只要你愿意，全年都可以买到泳装。泳装柜台被设计得奢华又花哨，也是为了凸显自己的产品。有时候，比基尼柜台里还会搭配一些纱笼围裙或土耳其长袍，让泳装显得更加时尚。在现代，弹力尼龙仍是休闲泳装的主流材料不论身材如何，有何要求，它都能满足，除此之外，还有许多为专业人士设计的泳衣。专业游泳选手的泳装采用了最新的科技，比如借鉴“鲨鱼皮”原理的终极流线型泳装。防水的水上运动服也出现在了人们的生活中。泳衣的种类越来越丰富的同时，我们也几乎看不到曾经流行的针织衫泳装了，这让我感到有点可惜。

第十四章

帽　子

THE HAT BOX

没有人比韦瑟瓦克斯奶奶更清楚帽子的重要性了。帽子不只保护着你的头，更定义了你是谁。没有人听过哪位巫师是不戴尖帽子的——或者说，不戴帽子的巫师都不值一提。但是，你一定没听说过有不戴帽子的女巫。

——《域外女巫》（***Witches Abroad***），
泰瑞·普莱契，1992 年

不戴帽子的社会

帽子去了哪里?

在现代社会，进入室内的人都不会戴帽子，甚至衣服上连着的兜帽也很少了。我们不再买帽刷，也不再使用帽子染色膏，从某种意义上来说，我们已经进入了不戴帽子的时代。

实际上，不戴帽子的现象在人类历史上是很罕见的。几千年来，帽子保护着我们的脑袋，并且展示着穿着者的身份。通过穿戴帽子以及帽子的款式，你可以看出穿着者的品位、谦逊和态度。帽子可以帮助你掩藏身份，也可以成为炫耀时尚的标签。帽子可以是套装中的一个附件，也可以是醒目的单品。

在 20 世纪中叶以前，帽子几乎是人手必备，各种款式和种类的帽子都不鲜见，并且不同的帽子还可以展示穿着者的地位、等级、性别和职业。但现在，我们只会将帽子当作御寒的服饰附件，要么就是用帽子来彰显自己的宗教身份，或者就是在诸如英国皇家赛马会之类的少数聚会场合配戴帽子。

摘帽以示尊重或者在比赛前摔帽以示开始的动作都不再常见。在现代，大学毕业典礼大概是为数不多的可以抛帽子的场合——

学生们在毕业的时候会将学士服中的帽子高高抛起，以示庆祝。“给某人戴高帽” “沐猴而冠”之类的词语多成了比喻，词语中涉及的帽子也只能在博物馆中见到了。

关于帽子的历史，其实有很多细节现在已经遗失。和鞋子一样，帽子也是个人特色十分明显的服饰，一般都是为佩戴者“量头”定做。帽子上沾着佩戴者的头发和头皮屑，这让帽子显得更加私人了。一个人穿、脱帽子的方式，是正着戴还是歪着戴帽子，都可以看出这个人的性格和状态。

帽子能满足人们多方面的需求，也能传递出许多隐藏信息。如果追溯那些留存到现代的帽子的历史，我们就能找到许多有趣的故事。不过，想要将各种帽子的历史整合成一棵进化树几乎是不可能的，所以我要反其道行之，在本章中将焦点聚焦在几种有代表性的帽子上，追溯相关的历史。

保护脑袋

像其他大部分服饰一样，帽子是为保护佩戴者的身体而诞生的。

在寒冷的地方，要保持身体的温度，戴上皮草或羊毛制作的帽子不失为一种简单、有效的办法。迄今为止最早的帽子，是戴在 5 000 年前的冰川木乃伊头上的熊皮帽，这具木乃伊是在奥地利和意大利交界的阿尔卑斯山上发现的。另一例古人的帽子来自公元前 4 世纪丹麦的泥炭鞣尸，这具木乃伊的头上戴着一顶羊皮帽子。随后的几个世纪，在寒冷地区生活的人戴上保暖的头部服饰成了常态。在古典时代，羊毛兜帽十分流行，到了中世纪和文艺复兴时期，兜帽又有了进一步的发展，可以为佩戴者的脖子保暖。皮草帽子不仅可以保暖，还可以彰显佩戴者的尊贵身份。俄罗斯的传统长耳帽就是一种皮草帽，将帽子的两个侧翼放下来就可以保护耳朵，至今仍有不少人佩戴。

在英国，羊毛帽子是绝对的主流，这不光是因为羊毛保暖性能良好，更是因为羊毛产业支撑着传统英国的经济。人们使用羊毛制品不仅是出于个人喜好，更是出于对法律规定的遵守——在 1571 年，为支持国家的羊毛产业，英国政府规定凡 6 岁以上的居民，必须在周日和假期佩戴羊毛帽子，且无论身份等级和性别。[1] 尽管对羊毛贸易产生了积极影响，但这个短命的法案仅仅执行了 6 年，在 1597 年即被终止了。今天我们熟悉的各种羊毛帽子就是承袭自那个年代的款式，只不过材料多变成了腈纶，而且加了不少装饰。

在极寒气候中，许多欧洲人会使用一款诞生自克里米亚半岛的帽子。这种针织的帽子几乎覆盖住了佩戴者全部的脑袋，是为冻伤的士兵而设计的，首次出现于 1854 年的巴拉克拉瓦战争期间，因此被称为巴拉克拉法帽。一些巴拉克拉法帽会露出佩戴者的面部，有些则会遮盖他们的全部脸庞，只露出眼睛。在“一战”

1　伊丽莎白一世的羊毛帽法案记录于 20 世纪初在伦敦被发现。都铎王朝的羊毛帽子大概是明亮的红色或蓝色，既保暖，又防水，还带耳罩，以提供额外的保护。

“一战”时期的羊毛巴拉克拉法帽极像“十字军”东征时的兜帽。

中，几乎所有的技工甚至飞行员都会戴这种帽子。极地探险家雷纳夫·法因斯也记录下了在零度以下的环境中保持头部温度的心得：“我们每个人都戴了两顶巴拉克拉法帽，外面再罩上夹克上连着的兜帽，完全把耳朵遮起来。在干活或者在下雪天滑雪的时候，我们几乎听不到外面的声音。”到了近代，除了保暖，巴拉克拉法帽还有了一些坏用处——恐怖分子或暴力组织会戴着这些帽子来掩藏自己的身份或进行恐吓。

在另一种极端气候中，帽子同样不可或缺。编织帽在人类的早期历史中，也承担着保护佩戴者的作用，并且可以起到防晒、降温的作用。在底比斯的古埃及遗迹中，我们找到了描绘圆锥形帽子的艺术品，这些作品可以追溯到公元前 3200 年；圆锥形的竹编帽也在亚洲拥有广泛受众，在旷野劳作的亚洲人使用这种帽子防晒的历史已经超过千年了。在 18 世纪，欧洲人终于戴上了与之类似的草编锥帽，人们还给这种草帽加上了更宽的帽檐。维多利亚时代的旅行者的遮阳帽材料又有了进一步发展——他们的遮阳帽多是用粗糙田皂角木髓制作的。17 世纪的农民和海边的渔民也会戴宽檐的草帽，但到了 18 世纪，劳动人民改良了草帽：他们将棉布和亚麻布加到帽檐上，帽子上连接有遮盖面部的支架，支架又在后脑勺处收拢，上面罩上布料，可以防止脖子晒伤。1857 年在印度作战的英军士兵也借鉴了这种帽子，他们在自己的头盔上缝上一层白布罩子，尤其在后脖子处留下了长长的遮阳帘子。这种遮阳帽以这场战役的指挥官亨利 · 哈弗洛克爵士的名字命名，这项发明可算是勒克瑙的众多士兵和市民的救星。今天，在伦敦的国家肖像博物馆中就有一幅 1859 年由托马斯 · 琼斯 · 巴壳创作的哈弗洛克爵士的肖像画，画中他也戴着自己引以为傲的遮阳帽。

维多利亚时代的遮阳帽的前帽檐，因为加上了藤条帽箍而更具辨识性。这个小小的设计虽然实用，却不好看，于是到了 20 世纪 20 年代，一种印花棉布的可折叠帽檐的遮阳帽又取代了藤条遮阳帽。[1]

1　在 1943 年的一本小册子上还记载了一些匪夷所思的遮阳帽，比如一个护士发明了用报纸折出来的帽子，帽檐处还有一片卷心菜菜叶，据说可以更好地隔热。

让人惊讶的是，帽子的保护功能还在不断加强。18 世纪的摺篷式软帽是一种精巧的用丝绸和帽箍制作的饰物，它的特点是轻巧柔软，不会压坏佩戴者精美的发型；另外，人们还可以将之罩在头盔外，起到短暂的遮阳效果。对于女士们来说，这种帽子简直太适合她们在傍晚前去晚宴场所时佩戴了。现存于伦敦博物馆服装收藏的最早的摺篷式软帽就是一顶 18 世纪晚期的软帽，帽子的丝绸上还涂上了油脂。它与发源自古典时代的黄色浸油丝绸帽完全不同，后者逐渐演变，最终在 19 世纪成为渔民们惯用的遮阳帽。

人们对于防水帽的热情曾在 1920 年达到顶峰，这一年有不少

爱德华时代的礼帽中加有弹簧，据称可以抵挡从高空落下的重物。

关于“雨伞帽”的专利申请被递到伦敦专利局，这些发明无一不宣称自己的设计“比雨伞更简单、更实用”。还有一种创新帽子的滑稽程度与雨伞帽不相上下，这种帽子里面加有弹簧，发明者宣称其可以在重物落到人头上时，为佩戴者的头部提供保护。

对于那些真正想保护自己脑袋的人来说，高帽无疑是一个好选择。比如，公元前 7 世纪至公元前 4 世纪中国人在修建长城的时候，工人们就会戴上用植物纤维编织的高帽，里面还会垫一层布带子以减少帽子和头皮的摩擦。从那个时期开始，坚硬的帽子在各个国家都得到了广泛应用，不同的职业配有相应的帽子，比如 18 世纪 60 年代的伦敦警察就会统一佩戴高帽，而大都会消防局也在几年后为消防员配备了铜头盔，在 20 世纪初，军队的士兵们也带上了锡头盔。在 20 世纪 30 年代，铝制的帽子也诞生了，不过仅仅 20 年后它就被轻便的新型塑料的头盔取代了。现代我们还能见到的少量硬头盔，比如建筑工人戴的黄色加强塑料帽就是这类帽子的延续。

超前的帽子

帽子除了能保护人的头部之外，还具有代表职业的功能，并且这项功能贯穿了人类历史。有时候，一种帽子就是专门为从事某种职业的人定制的，甚至其本身就成为一个职业的代名词。比如渔夫帽、厨师的白帽子、赛马时骑师的帽子[1]。

代表职业的帽子也是一种专业性的象征。如果某项技能需要职业认证的话，那么学生们必须聚到一起学习、训练，当他们可以通过测评的时候，一顶相应的帽子就成为学成出师的标志——标准的学士帽是四方形的，顶部连有一根穗状物，这种毕业帽曾经是所有学生大学毕业时必戴的，不仅如此，直到20世纪中期，大学讲师和中学老师在工作的时候也必须戴这种帽子。不过今天，学士帽已经很少见了，你可能只能在大学毕业典礼上看到它们了（美国的高中毕业礼上，学生们也会戴与之类似的毕业帽）。文艺复兴时期的神职人员也会戴这种平顶帽，显示他们曾在教会受过专业培训。

英国教师所戴的学士帽现在成为一种接受古典教育的象征。

1 在19世纪90年代之前，职业男性厨师工作时都戴着各种各样的帽子，包括（但不限于）睡帽、无檐便帽、苏格兰无檐毛料帽和带流苏的猪肉馅饼帽。到20世纪早期，苏格兰无檐毛料帽已经变高，成为标志性的白色圆柱帽。习惯和矫揉造作使它成为一种标准，尽管大多数现代厨师都使用更小、更整洁的帽子。

有趣的是，这种学士帽的样式来自建筑工人放灰浆的平板。

用帽子展示自己的专业性，是为了获得周围人的尊重，这当然是学士帽的一个重要作用。并且，这也是警察和消防员需要佩戴具有标志性帽子的原因，因为他们要在复杂的环境中迅速展示身份、获得周围人的配合、执行任务。消防局和警察局在 19 世纪正式成为政府机构之后，便为从业人员配备了相应的帽子——一般是高耸的、饰有标识的头盔，这种头盔不光可以保护佩戴者的头部，更可以标示他们的身份。[1] 与之形成鲜明对比的是 21 世纪初的警察头盔，和早期的警察头盔相比，它们已经变得十分普通和低调，这是因为当代警察身上穿着的防弹背心和各种警务道具已经足够醒目了。

许多帽子在设计的时候就是为了展示威严，这让很多职业帽成为一种标志，为了给人留下极其深刻的印象，其中的一些帽子被故意设计得很夸张。如果不考虑佩戴者的身份，单看基督教主教的僧帽子和英国仪仗兵的熊皮帽会觉得夸张又滑稽，但事实上，它们承载着多重意义。首先，这种高耸的帽子可以在视觉上增加佩戴者的身高，让他们比周围的人都高一截，增加佩戴者的威仪。在等级制度明确的宗教组织和军队中，用这种方法标示权力大小是十分必要的。其次，这类帽子具备一定装饰性，它的细节也有很多讲究。比如主教头上的奶黄色丝绸制的高大帽子，可以被看

1　现代消防员都配有黄色的隔热头盔，但直到 1866 年，英国消防员还在佩戴黄铜或皮革制成的头盔。在 1937 年，伦敦消防局采用了橡木芯的头盔，外面包有防火棉并镀有隔热的珐琅。

成投射着上帝的光辉；至于熊皮帽，看到这帽子的同时你可以联想到熊的力量被投递到了普通人身上。军帽上还常镶有徽章，可以显示军团和等级。

历史上这类职业帽几乎都是为男性设计的，这也表明了女性被排除在相关职业之外的社会背景，女性即便参加工作，也都是戴着与自己便服搭配的软帽。在 20 世纪初女性正式加入了军队之后，她们戴的帽子也比男同事们的军帽小巧和朴实许多。但是，有一种在 19 世纪后期正式职业化的工作被认为是女性专属，这就是护理。专为护士设计的帽子在护士职业成形后也自然而然地诞生了。

在维多利亚时代，护士们希望标示自己的专业身份，表明她们与那些在家中照顾病人的用人的区别。而帽子无疑是标示身份的最佳道具。护士帽用白色的棉布或亚麻制成，是从中世纪的基督教修女头饰改良设计而来。尽管乍一看，这种头巾状的饰物并不适用，并且当时社会上还有一些虔诚的基督徒女人也会精心制作类似的头饰来遮蔽脸庞，或者表明自己虔诚教徒的身份，但正是宗教的元素赋予了这种头饰强烈的心理暗示作用，让病患对护士产生了信任。白色的头饰能带给人专业、卫生的心理暗示，这种印象与维多利亚时代中期护士的肮脏荡妇形象截然不同。早期的护士头饰制作讲究但低调、朴素，直到 20 世纪 70 年代，更方便的定型护士帽成为主流。此外，为方便工作，一些护士开始不再佩戴护士帽。[1]

1　南丁格尔在 1853—1856 年于克里米亚半岛战地医院工作间，曾多次抱怨自己手下护士被迫戴着不方便的帽子工作。

照料孩子在传统上也被认为是女人专属的工作，于是从 19 世纪开始，职业保姆们也戴上了白色的帽子——这些帽子和护士帽一样朴素又低调，但在孩子眼中，即便是这种简单的帽子，也是专业身份和权威的不二标志。在弗朗西丝 · 克朗普顿的小说中，一个维多利亚时代的孩子是这样描述他眼中的帽子："我们认为护士是十分神圣的职业……她的裙子如幼儿园的托盘一样平整，相应的，她也会带着我见过最精致的帽子。她工作时戴的帽子很小巧，但每到周日，她戴的帽子就会随便许多。"

大礼帽和帽尾

众所周知，王冠是代表权力的头饰，除了君王以外，贵族有时候也会佩戴小一号的王冠。文艺复兴时期，出席宫廷活动的公爵和伯爵会佩戴由黄金制成的王冠，而贵妇人们则佩戴镶嵌各种宝石的王冠；17 世纪的保皇党会佩戴羽毛王冠。宝石、羽毛和精美的面料无一不是吸睛法宝，也是区别皇室与平民、富人与穷人的显著标志。即便是 18 世纪相对低调的海狸皮双角帽和船形帽，在配搭上帽徽和金穗带之后也显得活泼了不少。对于普通男性来说，戴大礼帽或者贝雷帽，也是彰显自己身份等级的一个好办法。

风行一时的丝绸大礼帽据说是由伦敦的杂货商约翰 · 赫瑟林顿发明的。大礼帽以圆柱形的帽身闻名，罩在兔皮毛毡外的黑色

爱德华时代的丝绸制大礼帽。

丝绸熠熠生辉，十分醒目，据说赫瑟林顿第一次戴这种帽子的时候引发了轰动，当年的报道说他“头顶闪闪发光的烟囱一般的帽子出现在公路上，可是把那些胆小的路人吓得够呛”。尽管大礼帽的首次亮相如此惊悚，但还是阻止不了其在摄政时期迅速风靡，并且流行了一个世纪之久。

大礼帽给人最深刻的印象，是其与收腰双排扣大衣（礼服大衣）的经典搭配，这样一身打扮会给人严峻、保守的印象，还往往暗示穿着者是个富人或政客。但是，关于大礼帽最著名的形象却是维多利亚时代的工程师伊桑巴德·金德姆·布鲁内尔的一张照片，当时，他正站在他的大东方号游轮的锚链旁。照片是罗伯特·豪利特于 1857 年拍摄的，第二年这艘大游轮就下水了。在照片中，布鲁内尔的帽子高高耸起，闪耀着海狸皮草独有的光辉，相形之下，他的外套则是陈旧的工装。照片背景中的舱室有些杂乱，不过布鲁内尔这身装扮却清晰地显示了他非绅士阶层的工程背景和他想突出自身威严的愿望。无论是服装还是动作，都让他显得极像一个绅士，又像一个工人。

在结构更精巧的女帽出现以前，女人们也会在骑马的时候也戴大礼帽，只是会在外面再多缠一圈围巾。到了“一战”前期，女士们又改戴上了圆顶礼帽，因为这种帽子更轻巧实用。

随着收腰双排扣大衣逐渐退出时尚舞台，大礼帽也不可避免地过了时。事实上，这种时代感强烈的帽子的确昂贵又难打理，所以逐渐被羊毛料的帽子取代也是意料之中的事。20世纪的礼仪的改变也让大礼帽显得过于正式了，只有在极少数十分正式的场合以及电影荧幕上，大礼帽还能占据一席之地。在20世纪30年代的电影中，影星弗雷德·阿斯泰尔就头戴大礼帽、身着燕尾服出席在各种活动中，借助这样的服装造型，电影制作者传递出了人物希望逃避现实的心理状态——当时的西方正饱受经济衰退的摧残。

对现代男性来说，他们第一次接触正式的礼帽大概就是在婚礼中戴上灰色的大礼帽了吧，因为在英国的标准婚礼流程中，人们还是倾向身着皇家赛马协会的那套装扮。总之，在不断推进的时代中，大礼帽越来越边缘化，逐渐被塞到了衣柜的角落，最后终于被卖给业余的戏剧俱乐部作为道具的例子可说是屡见不鲜。

圆顶礼帽、鸭舌帽和帽翅

取代大礼帽并在19世纪末期成为人们生活中新的身份标志物的就是圆顶礼帽。这种礼帽本来是作为赛马时大礼帽的替代品而风行的，直到20世纪中期更具保护功能的帽子取代圆顶礼帽之前，它一直是最受绅士和女士们欢迎的帽子。

据说，圆顶礼帽是1849年由帽商鲍勒为伦敦著名的洛克公司设计的，当时，第二代莱斯特伯爵的弟弟爱德华·柯克想为自己的猎场看门人置办一顶比礼帽更实用的帽子。这款圆形毡帽让伯爵兄弟二人都很满意，于是伯爵本人——威廉·柯克按照帽子命名的传统将这款帽子定名为比利[1]·柯克毡帽。

1937年的绅士标配——圆顶礼帽、手巾和香烟。

1 比利：威廉的昵称。——译者注

大西洋沿岸的国家的工人们都热衷佩戴这种礼帽，但更传统的绅士则认为这种帽子“相当难看”，他们声称：“有品位的绅士们不应该戴这种帽子，永远别把这种帽子挂到自己的帽架上。”但丘吉尔却对这种毡帽青睐有加，除了圆顶礼帽，他还会戴一种四方形的毡帽，在 20 世纪三四十年代，这种帽子还成了他的标志。这种帽子也被人们拿来与内维尔 · 张伯伦 1938 年拜访希特勒时戴的复古丝绸大礼帽作对比——没有其他意思，仅仅是对比帽子而已。

不过圆顶礼帽也与丘吉尔的时代一样，在 1965 年就悄然退出了历史舞台。1950 年 10 月，帽子商会为纪念圆顶礼帽发明一百年，而发起了“圆顶礼帽周”活动，这次活动也带动了圆顶礼帽的销量急剧增加。不过，随着时代进步，除了伦敦金融城中的上班族以外的绝大部分男士已经不再戴这款帽子了。头顶毡帽，手持雨伞的打扮成为伦敦白领们的标志。到了 20 世纪 60 年代，圆顶礼帽已经成为英国人的代名词，正如墨西哥草帽代表西班牙人、贝雷帽代表法国人一样。[1] 不过女士们戴帽子的现象并不属于此列，

20 世纪的羊毛料鸭舌帽。

1 在女性群体中，用帽子代表国籍的现象比男性更甚。比如威尔士的女人都会戴黑色礼帽，而玻利维亚的盖丘亚族、艾马拉族女性则会戴圆顶礼帽——圆顶礼帽是在 20 世纪 20 年代随修铁路的工人传到玻利维亚的。

因为在这个时期，大部分女性仍被排除在除文秘工作的专业职场之外。身着西装、头戴礼帽的男性工人形象深入人心，要让女人们也作这样的打扮并为工厂工作无疑十分滑稽。

脱帽敬礼是显示尊重的动作，平民们在见到社会地位高的人时都必须这样做，而不仅仅是在见到君王时。“我对您脱帽致意”是英文中的俗语，从这句话就可以看出帽子在英国的社会文化中是何等重要。帽子本身就承载着许多社会含义，你可以从帽子看出一个人的身份，因此要知道谁该脱帽、谁该接受致敬也是相对容易的。比如，戴丝绸大礼帽的人多比戴羊毛毡帽的人地位更高。

一般来说，仅仅用布料制作的帽子也比那些结构复杂、材料讲究的帽子档次低，但是这并不妨碍诸如羊毛呢料的鸭舌帽之类的帽子成为佩戴者自我标榜的身份标志——这种帽子诞生于 19 世纪末，在北英格兰受到了人们的广泛青睐，在 20 世纪，鸭舌帽（又称平顶帽）成为英国的劳工阶层的标志，于是自然而然地被赋予了接地气的文化含义。鸭舌帽也有几种不同的造型，最常见的一种是由多片三角形的羊毛料裁片缝合而成，多被棒球运动员和学生们佩戴，帽子上饰有球队或学校的徽章。在 20 世纪六七十年代，鸭舌帽再度因亲民、接地气的特征而受到欢迎，成为潮流单品，这个时期的鸭舌帽又被叫作“报童帽”。

现在十分常见的带有坚硬帽舌、印有骷髅皇冠的棒球帽也算是鸭舌帽的一种。那么，到底是棒球帽先于棒球运动诞生，还是棒球比赛先诞生？答案是棒球帽。这种多片缝合式帽子上有一块鸭舌状结构，可以避免阳光直接晒到运动员的眼睛。不光是棒球运动，那个时期的足球运动员也很喜欢戴这种帽子，并用不同的颜色区分彼此的球队，但是这种帽子很容易在激烈的比赛中被甩掉。[1]早期的棒球球迷戴棒球帽是为了表明自己支持哪支球队，这种标示功能一直延续到现在。尽管各式帽子的颜色、面料都不同，但上面仍会用机器刺绣出球队的徽章，或者其他一些有辨识度的图案——事实上，大概所有的商业品牌都曾出现在棒球帽上。戴棒球帽时可不做“脱帽致礼”的礼节，相反地，戴棒球帽本身似乎就包含反传统的文化意义，很多人会歪着或者反着戴棒球帽，以此显示自己的叛逆性格，这本身就是一种新时尚。有趣的是，很多男性政治家也很喜欢佩戴棒球帽而不是更正式的帽子，也许这是为了显示自己的年轻，并和选民拉近距离。不过张伯伦之类的人肯定不会这么做。

侦探的帽子

男帽的变体太多，无法一一概括，但在历史上，有一些绝对比其他的更有特色。比如猎鹿帽，这种诞生自 19 世纪 60 年代的布帽在今天几乎已经成为传说，而且和海泡石烟斗一起，成为夏

1　现代足球赛中的优胜队可以获得的“荣誉之帽”正是来自足球运动员戴鸭舌帽的这段历史。

洛克·福尔摩斯独有的标志。这种帽子四季皆可佩带，冬天的时候两个翻耳可以系到脖子下面保护耳朵，而夏天的时候，佩戴者可以将翻耳掀起来，贴着头部。但这里我要提出一个问题：贝克街的这位大侦探是否真的曾戴过这种帽子？事实上，在原著小说中，作者从未说过福尔摩斯戴过这种帽子，猎鹿帽之所以和福尔摩斯联系到一起，是因为西德尼·佩吉特在1891年至1908年为《海滨杂志》（*Strand Magazine*）上连载的小说配图时将之画到了侦探头上。在《博斯库姆溪谷谜案》（*The Boscombe Valley Mystery*）的原著中，福尔摩斯在帕丁顿车站中现身时身着的是灰色的斗篷，而他头上戴的是“和衣服搭配的布帽子”。另外，在《银色马》（*Silver Blaze*）中，作者还描述到福尔摩斯那“轮廓分明、热情的脸庞被包裹在有翻耳的旅行帽中”。小说中唯一提到苏格兰帽——也就是猎鹿帽——的剧情是一个男人的帽子被偷了，不得已他只能戴着猎鹿帽直到帽子被找回。这个猎鹿帽的主人还抱怨道：“这帽子既不衬我的年纪，也不衬我的衣服。”的确，在那个年代的伦敦，男人们都愿意戴黑色的礼帽，而不是花呢帽。

寡妇的帽子

与男士用帽子来代表自己的职业不同的是，女士们会用帽子来表明自己的婚姻状况。

在历史上，西方女性用帽子遮住头部是十分常见的现象。事实上，“包头”的概念在很大程度上与将女性视为一种财产的观念联系在一起。许多宗教都要求女性在公共场合或在非亲属的男性面前遮住自己的头发，基督教也是如此，直到20世纪，这一习俗才被打破。不过，女性基督徒在进入教堂时仍需要遮住头发，这一点和男性需要在室内脱帽截然相反。

在15世纪至19世纪的西方，女孩们在少女时期可以随意披散头发，但结婚之后就要束起头发，还要戴一顶帽子遮住头发——帽子一般是白色亚麻布加衬料定型做的，或者是用混纺棉布制作，也有人佩戴加了缎带、荷叶边的头巾。直到20世纪10年代，主妇和未婚的中年女性仍会佩戴类似的帽子。生于1775年的作家

1819年左右的户外女装帽，装饰得非常精致。

简 · 奥斯汀在自己 26 岁的时候就开始佩戴这种中年妇女的帽子，这让她受到了很多指责，认为她打扮得过于老气了。苏格兰地区的女孩在结婚之后也会用发网或缎带束发，因此在当地，“松掉某人的发带”也有“在婚前失去童贞”的意思。[1]

女性自己对于佩戴各种头巾或帽子的观点也不尽相同。19 世纪二三十年代的女帽多会带有一根绑带（通常是缎带或薄纱制），佩戴者可以将之系在自己的下巴处，更好地固定帽子。据简 · 奥斯汀说，戴这种户外帽子的另一个好处就是“遮住了我未经打理的发型，简直救了我的命”[2]。一个世纪之后，专业的发型师克莱尔 · 摩尔为骑自行车的女性们提供了新的发明——她发明了一种卷发假刘海，可以钉或粘在女帽的外檐，让女孩们在骑行时仍能保护发型整齐。这项发明还在“一战”期间启发了一位爱好时尚的杂志女编辑，她也在自己的闺房帽上粘了一圈假发，好让自己在因躲避敌军的轰炸仓皇出逃时，看起来没有那么狼狈。闺房帽是女人们在卧室打扮化妆的时候用来固定头发的一种简易帽子，不过在 20 世纪 30 年代，这种帽子逐渐被精致的亚麻发网取代了。从此之后，女性便很少在室内佩戴帽子了。

随着女性的年龄增长，她们佩戴的帽子款式也有所变化。直到 19 世纪 90 年代，中老年女性现身公共场合时仍会佩戴相应的

---

1 在“一战”期间，社会环境发生了剧变，结婚的成年女性成为少女们的监护者。“监护者”（Chaperone）一词来自西班牙语，原来的意思就是少女的束发带。

2 在简 · 奥斯汀写给卡珊德拉 · 奥斯汀的信中，她说：“我的头发总是容易从发辫中掉出来，而我的刘海又不到编成发辫的长度。”

1819 年的有缎带装饰的女式稻草制无边软帽，圆弧形的帽檐可以遮挡佩戴者的脸庞。

帽子，尽管这个时候帽子的时尚已经褪去很久了。有一位来自苏格兰海兰高地的女士，每每出现在公众场合，总是戴着一顶有白色镶边的黑色丝绸帽子，外面再罩上黑色的头巾。大量拍摄于 19 世纪末至 20 世纪初的照片也显示了那个时期的寡妇，外出时会戴“寡妇帽”来表明自己的身份——正如其名称一样，这种帽子是丧偶的妇女佩戴的。寡妇帽是一种在丧服面料中加上了硬麻布衬里的帽子，高高耸立在佩戴者的头顶，帽子两边黑色的缎带往下贴住女士们的脸庞，最后系在下巴处，帽子上还会有一些黑色蕾丝甚至鸟羽的装饰物。[1]

女性在外出时还会在帽子外再罩一层软帽——无边软帽，一种用稻草或者混合织物制成的帽子，可以遮盖部分脸部轮廓。这种形状固定的帽子初次出现于 18 世纪，直到 19 世纪 70 年代之前都

1 黑色是与死亡紧密联系的颜色。在英国的传统文化中，在宣判死刑时，法官会佩戴黑色的帽子——覆盖一小块黑布的法官假发，以其来搭配“在此被带走，实施绞刑至死”。

非常流行，而之后帽子变小，成为高高的夸张假发上的小小甜点。这也是一段帽子的全盛期，无论是荒诞夸张的帽子还是精致端庄的帽子都层出不穷。

花式阔边帽

在整个社会走入低调谦逊的氛围之后，帽子成为女性彰显自己个性的最佳武器。无边软帽上飞扬的缎带总是能牢牢抓住爱慕者的眼球，因此这些软帽又有了个颇有趣的昵称："男孩跟我来"。与此类似的还有 19 世纪 60 年代的女帽，因为总是能撩动男人们的热情，因此又被叫作"赶快吻我"。再往后，在海滩度假的女士中又流行起了阔边草帽，其同样有一些有趣的昵称。

真正经得起时代检验的帽子并不一定会在第一时间吸引众人的目光。19 世纪诞生的女士阔边帽就曾经被认为难看得跟装煤的筐子差不多，还有作家拿其打趣道："你需要一副望远镜才能看到帽檐的那头。"贴合佩戴者脸庞的帽檐也遮盖了她们的视线，哪怕女士们要看身边的某样东西，也需要扭过头——简直就像戴着眼罩的马一样。

布满蕾丝和缎带的阔边帽也许带有轻浮、娇媚的特质，而有宽大帽檐的帽子则会显得严肃、优雅。在 18 世纪晚期，用厚实的假发搭配各种花哨的帽子的时尚曾一度风靡。1784 年，意大利人文森佐·鲁纳迪因成功驾驶热气球升空而引发了西方的轰动，他在这次活动中佩戴的宽檐帽子也成为人们津津乐道的谈资。不光是鲁纳迪的帽子，同时期流行的其他帽子也多是带有宽大的帽檐，人们可以在佩戴的时候将其歪向一边，以隐藏自己的脸。

并不是所有男士都喜欢这类宽檐帽的。在拉内勒夫 1772 年撰写的小说中，克莱门特·威罗比爵士就曾说过："我必须承认我不喜欢帽子这种东西。很遗憾，女士们的生活已经和帽子紧紧联系在了一起。女士们要是戴着帽子，帽檐总是会遮住她们的脸庞；要是不戴，又会让人觉得有点奇怪。"威罗比爵士的一个朋友还认为，宽檐帽实际是由某个老巫婆发明的，她让年轻女孩们戴上这种帽子是为了避免遭到男人们的骚扰。

女士们的帽子上通常会有大量装饰物，比如植物和花卉（其中有真花，也有假花）、缎带、荷叶边、羽毛和缎面提花。"无边软帽上布满缎带和植物花环的装饰，一些人甚至直接插上鲜花，这让那些端庄、保守的妇女看起来有些轻浮，并会助长虚荣的风气。"1897 年的一位服饰专家如是说。并且，其中的一些装饰并不符合现代人的审美眼光，比如摄政时期就流行过一款"猫咪帽"是用猫皮做装饰的。几个世纪以来，欧洲人还热衷于用鸟羽装饰自己的帽子，有时这种装饰甚至包含了整只鸟（包含鸟嘴和爪子），为此，每年都有大量珍禽被猎杀，这种追求华丽鸟羽的风气直到 19 世纪才开始遭到社会活动家的反对，并最终在 20 世纪画上句号。不过令人惋惜的是，这次的胜利发生在很多羽毛艳丽的鸟类被猎杀到灭绝之后。

也不是所有女人都喜欢华丽的宽檐帽。一位生活在维多利亚时代的女士就曾这样回忆自己的宽檐软帽："它就像一个车厢一样包住我的头，风呼呼地从下面灌进帽子，又无处离开。宽檐帽像象棋的棋盘，像缠住脸庞的纱布，还很像晴天打的雨伞——戴这种帽子真是没有意义。"

抛开那些感性的描述不说，历史上最著名的宽檐帽的所有者非悲惨的乔治安娜莫属——她是生活在18世纪的德文郡公爵夫人。在著名画家托马斯·庚斯博罗1787年为她绘制的肖像中，我们可以看到她戴着一顶宽到夸张的帽子，即便在当时的时代背景下，这顶帽子都算是一朵奇葩。黑色、充满戏剧性的帽子也显示出了乔治安娜在时尚界与众不同的地位。帽子上还有厚厚的一层缎带和羽毛装饰，即便公爵夫人头顶当年最流行的刺猬式巨型假发，仍抢不掉她那巨大帽子的风头。公爵夫人的这幅让人过目不忘的肖像被一名商人于1876年带到了伦敦，并进行了公开拍卖，最终，来自美国的银行家斯潘塞·摩根拍下了这幅画。由于这幅肖像话题性十足，很快就被臭名昭著的骗子亚当·沃特偷了去。当1901年，私家侦探最终抓到了沃特，找回了画作之后，这张画再次被拍卖，"公爵夫人"以及她夸张的帽子再一次在时尚界引起了轰动。公爵夫人的巨大帽子的话题还被拿来与设计师露西尔的作品联合炒作了一把——1907年著名的女设计师露西尔为演员莉莉·埃尔斯演出的戏剧《风流寡妇》（*The Merry Widow*）设计的宽檐帽也曾引发了社会的轰动，人们津津乐道地比较到底谁的帽子更胜一筹。

庚斯博罗和《风流寡妇》描绘的巨大帽子的时尚在1910年前

《笨拙》杂志登载了漫画嘲笑宽檐帽的时尚，将之与爱德华时代的马车车轮联系在了一起。

后达到了顶峰。有人形象地称这类巨大的帽子为蘑菇帽，让人意外的是它得到了全社会的接受，无论是贵族女性还是富裕的平民，都乐于佩戴它。在室内，佩戴者会收束一下帽檐，而到了户外，她们就会肆意地松开帽箍。蘑菇帽的帽盖中会加入填充物以保护女士们的发型，所以佩戴时需要插上巨大、纤长的帽针来固定——

如果处理不当，这些尖锐的帽针甚至会给帽子的主人及周围的人带来致命的危险。“别用大帽针固定你的帽盖和头发！”1896年，刊载在杂志上的帽针广告如此告诫道。的确，小巧的帽针和别针是安全得多的替代物。在剧场中、体育场馆中，麻烦的帽子尤其不受人待见。

不过不是帽子小，戴起来就一定舒服。19世纪末的一对姐妹——格温和玛格丽特就对帽子这种饰物深恶痛绝。当她们要进入教堂时，工作人员强迫她们带上了巴黎式草帽，这种帽子的帽盖是黄色的，边缘衬有白色纸花边，这让两人的脑袋看起来就像两朵大菊花。其中一个女孩十分讨厌这种帽子，于是干脆摘下帽子——“她将帽子扔在地上，还踩了上去，就像圣乔治踩踏巨龙一般。这顶帽子再也用不了了。天啊，哈利路亚！”

不过，现代你几乎看不到蘑菇帽了。婚礼中新娘的帽子是为数不多的帽子黄金年代的遗产，而那个黄金年代仅仅离开我们不到一个世纪……

像疯帽匠一样

历史上那么多的帽子是谁制作的？除去人们自己在家做的帽子，大部分的帽子都是由帽匠制作的。大部分帽子手艺人仅能拿到微薄的工资，但还是有少数手艺精湛的设计师能够靠作品过上富足的生活，比如法国女帽匠罗斯·贝尔坦，她因在18世纪末期为玛丽·安托瓦内特王后制作帽子而晋升为法国首席女帽匠。早年间，贝尔坦只是在巴黎圣奥诺雷路经营自己小店的小帽匠，自从她被引荐给玛丽王后便走上了发迹之路。逐渐地，她不光制作帽子，也开始为贵族定做礼服，我们相信，她正是法国历史上第一位高级服装定制师。当玛丽王后在1792年被逮捕入狱之后，贝尔坦甚至还忠诚地为王后带去礼物。[1]

令人意想不到的是，制作帽子曾经是一项十分危险的工作。我们现在使用俗语“像疯帽匠一样”来形容一个人发了疯，因为在历史上，人们相信在制作帽子时使用的化工原料会对帽匠的健康产生影响，让他们癫狂。比如制作毡帽时使用的硝酸亚汞被人吸入后，会引发身体颤抖和视力模糊。有迹可查的最早的疯帽匠叫作“螃蟹罗伯特”，这个人将自己制作的帽子都送给了穷人，自己却住在码头旁的草丛中。不过当然，更多的人知道的疯帽匠应该是路易斯·卡罗尔1865年的奇幻小说《爱丽丝梦游仙境》（*Alice's Adventures in Wonderland*）和1871年的续集《爱丽丝镜中奇遇》（Alice Through the Looking Glass）中的角色。

当佩戴帽子成为社会中绝大多数人的选择，帽子和帽饰的销量自然会成倍地增加。不过随着“一战”的到来，人们的社会生活发生剧变，帽子产业也受到了巨大的冲击。在乡村，这股冲击

1 现代的帽子定制商的客户仍保持着忠诚度，因为对于西方的精英阶层来说，在出席一些隆重场合时，帽子仍是不可或缺之物。比如在现代欧洲皇室婚礼中，你还能见到许多极具创意的女帽。

来得更为明显和致命。比如，英国的草帽之乡卢顿市就饱受了草帽销量骤减的困扰，尽管在 1920 年在衣着优雅的温莎公爵个人的带动下，草帽又有了一点复兴的趋势。但是战后年轻一代的打扮习惯已经与他们的父辈大不相同，比起买帽子，他们宁愿将钱花在做发型上，或者，他们更愿意开着摩托四处旅行——不管是哪一种，都让帽子显得很多余。

对帽子态度的改变首先见于男性群体。尽管战后，诸如呢帽之类的新款式仍俘获了大量受众，但也并不是所有的小伙子都愿意在外出时头顶呢帽。[1] 帽商们为帅气的好莱坞明星提供赞助，希望借助他们的形象提升自己产品的销量。美国明星辛纳特拉也自发为呢帽站台，他认为男士们佩戴这种帽子时更加帅气，“角度就是态度。”辛纳特拉补充道。另一种今天仍然流行的男式帽子是斯泰森毡帽，这种毡帽原本是由美国牧民、牛仔佩戴的，后来逐渐风靡全美甚至世界，无论男女都喜欢佩戴。这种帽子的名字

小礼帽的流行得益于爱德华七世的躬亲示范——国王在造访德国巴特洪堡时就佩戴了一顶小礼帽，旋即引发了模仿，直到 20 世纪 60 年代流行才淡去。

1　呢帽（trilby）的名称来自莫里耶 1894 年的小说中的女英雄的名字。在 20 世纪 50 年代，这种帽子十分流行。

则是来自其最著名的生产商约翰 · 斯泰森公司。

帽商们一直在努力将帽子与“成功”的概念联系起来。不过，20 世纪 20 年代短暂的帽子文化复兴之后，帽子再也没有与正装文化联系起来。据 20 世纪 30 年代的一次非正式调查显示，伦敦只有 23% 的男士还在戴帽子——这还包括人们在暴风雪中必须佩戴帽子的情况。这个结果与我们印象中，20 世纪中期男士们人人戴帽子的情况十分不符。在 20 世纪 50 年代帽子销量快速下降的背景下，帽商们针对 35 岁以下的年轻男子发起了推广帽子的活动，并打出了“戴上帽子，收获成功”的标语。不过年轻男孩们似乎完全不买单，比起头顶毡帽，他们更倾向于露出自己个性的飞机头发型。

摘掉帽子

帽子的销声匿迹也影响了传统的社会礼仪。在传统的西方社会，男士们见到女士或者地位高的人时，需要脱帽——或者至少手触帽檐——以显示尊重和礼貌。这样一个小小的动作的背后其实是一整套社会礼仪，在制订这套礼仪的过程中，社会上曾有过广泛的讨论。比如，见到一个陌生女士时是否需要手触帽檐示意？还是，男士仍应该举起帽子或脱帽致意？如果要脱帽，那么男士最好在取下帽子的瞬间快速将帽子内沿冲向自己，以免女士们看到帽子里的汗渍或头皮屑。

一位搞不清楚礼节的男士在1711年写信给《旁观者》杂志，抱怨自己因不懂礼节而被周遭误解的故事。写信的人要求把细节解释清楚："哪怕只是为了省下不必要的开支也好，省得像我这样更换帽子过于频繁。"不过在编辑的眼中，比起这位男士的抱怨，骑马的女骑士脱帽致敬冒充一个绅士更令他们惊恐。编辑说道："这是告诉所有人，如果有人知晓该名罪犯的姓名和住所，请协助将其绳之以法，再给予举报人一定的奖励。"

在1711年杂志报道上述故事一百多年后，爱德华时代的男士礼仪手册才开始普及关于帽子的各种礼仪："比起为讨好女士而取下帽子，夸张地做挥舞动作，还不如轻轻地用食指触碰一下帽檐，就像最近绅士们做的那样。轻轻举起帽子露出头部的动作只要持续片刻就足够了。"

帽子与发型

相较于男士的脱帽礼节，20世纪前半叶女士的帽子礼节方面并没有什么争议。《时尚芭莎》将外出时不戴帽子的女士形容为脑子进水，就像从家族聚会中仓皇出逃般狼狈。20世纪的女性也为自己的帽子操碎了心——什么帽子现在最流行？什么款式的帽子最拉风？戴新款帽子需要配什么发型？在爱德华时代流行巨大

1926年的钟形帽。

蘑菇帽时，发型并没有这么重要；但自从“一战”中钟形帽第一次出现以后，发型再次变得重要起来。钟形帽是20世纪20年代最流行的女帽款式，为了搭配帽子，女士们会将自己的头发服帖地扎在脖子后，不过更多的人选择了剪短，这意味着戴帽子时可高可低，并且十分迷人。

在20世纪二三十年代，宽檐的帽子和紧贴头部的帽子各领风骚，甚至“二战”的到来也没能影响人们对帽饰的热情。在英国，尽管战争期间实行了紧缩政策，人们兜里的钱也变少了，但还是没能让女人们舍弃帽子。作为帽子的替代品，各种彩色的头巾也流行起来，女士们可以在家、在工厂或田地里干活时戴；除了头巾，还有精致、小巧的玩具帽子也在特殊的背景下受到了人们青睐。

这些宛如洋娃娃的帽子般的产品，缓解了人们在战时的焦虑、沮丧，在某种程度上成为人们逃离现实的精神寄托。在巴黎被德军占领期间，女士们自发地戴起精致、考究的女帽，以此表达自己不屈的精神，有时候，佩戴者甚至会在帽子上加上敏感的法国三色旗装饰。[1]

战后，新风貌女装大为流行，帽商们也趁势出了新风貌式的帽子，其中包括匪夷所思的飞碟帽和灯罩式头饰。战后的帽子设计上又重新加上了层叠的蕾丝和羽毛，让帽子看起来十分漂亮。只不过，年轻人已经不再对帽子感冒了。

在大洋的另一边，在杰奎琳·肯尼迪的衣柜里，无边女帽也存在了相当长的一段时间。尤其是在20世纪60年代美国发生青年大骚动运动时，杰奎琳更是挺身而出鼓励年轻女孩回归端庄的淑女打扮。杰奎琳自己总是手戴手套，头顶无边女帽——她的帽子的造型也很特别，因此被人们打趣地称为“碉堡”。杰奎琳第一次戴这种帽子就是出席1961年丈夫肯尼迪的就职典礼，后来，她还将自己的帽子手绘设计稿寄给了著名的女帽公司波道夫·古德曼，同时还附上了信件：“这些帽子以后会让我的荷包缩水不少。”杰奎琳的“碉堡”赋予了她清新又端庄的形象，更进一步说，第一夫人的着装打扮也帮助美国总统建立起了一种权威的形象，

1 与民族产生联系的帽子有着更广泛的受众，比如苏格兰软呢帽——圆扁帽。但是在《绅士着装指南》一书中，维多利亚时代的专家道格拉斯夫人则建议道：“不是每一个去苏格兰的人都应该戴上一顶苏格兰软呢帽的……只有熟练的人才能把这个丑陋的羊毛怪物弄得好看。这是一个在错误时间出现的令人不安的习惯。”

“二战”期间，在工厂和田野里干活的女人会戴上自制的头巾。

这种形象与英国王室形象类似。不过与她形成对比的是，肯尼迪总统很不喜欢戴帽子，人们甚至用“不戴帽子的杰克”来称呼他，似乎他更喜欢露出自己的青春气十足的发型，以此显示自己的活力，以及与老一辈政治家不同的行政风格。

为了配合 20 世纪六七十年代的休闲西装，人们戴起了松软的帽子。事实上，贝雷帽的流行完全是一个巧合：1967 年，女演员菲·唐纳薇在电影《雌雄大盗》中不经意地戴了一顶贝雷帽，随即引发了模仿浪潮。她第一次出访巴黎时，甚至在酒店收到了满满一箱贝雷帽，这份礼物来自一个法国帽商，自从电影上映，这家帽商的贝雷帽每周销量从 5 000 顶一下子增加到了 12 000 顶。

对帽子历史的回顾涵盖了社会的方方面面。本章节的内容展示了这种极具象征意义的服饰的发展，从中我们可以清楚地看到不同时代和社会背景中的人们的生活习惯，事实上，没有什么服饰比帽子更能反映出背后的社会文化了。

“一位绅士的标志，”一个英国人在1854年如此写道，“就是绝不会在任何严峻的环境下忽略自己的帽子。”不过这项声明在现在来看，早已不合实际了。在20世纪六七十年代最后的繁盛之后，帽子迅速消失在人们的生活中，大部分人最多只会在需要防晒、御寒或出席某些特殊活动时才戴帽子。在现代社会，帽子已经成为可有可无的选择，而不再是社会规范。即便是在婚礼中，新娘们也可以用蕾丝和羽毛头饰——魅惑者——来取代帽子。[1]除开那些因为宗教要求佩戴头巾或头饰的情况——比如伊斯兰教要求女性戴头巾，以及锡克教要求信众佩戴头巾——在现代社会中每天顶着帽子出行的话还真是……很老土。

1 魅惑者是方当伊高头饰的小型版本，在1680年被引入法国，一般别在头的一边。方当伊高头饰是以路易十四的情妇方当伊高女公爵命名的，主要是在一个叫作“commode”的桶形线结构上绑上缎带和蕾丝。

第十五章

其他服装饰品

ATTENTION TO DETAIL

手套、鞋子、长筒袜、扇子、珠宝和手帕都是服装极好的搭配物。

——《绅士着装指南》，
道格拉斯夫人，1894 年

我们已经回顾了主要的服装品类的，历史，现在，我们一起来回顾一下服饰小件的历史，这些小东西看似简单，但也有不少故事可讲。一些附件，比如手套和雨伞在今天并不鲜见——虽然今天它们已经失去了曾经的历史意涵。其他的一些服饰品，如手巾、扇子、暖手筒和背带在现在已经很少见了。还有一些服饰配件，诸如面纱，在现代的西方则具有了新的用途。

1954年的女性配饰。

掀起面纱

面纱是女性独有的饰品，既可以增加女性的魅力，又可以为谦逊的女性提供保护。在现代西方，基本只有两种面纱——婚礼中的面纱和伊斯兰的布卡面罩。

很多文艺作品中都曾描述过婚纱面纱。想象一下这样的场景：19 世纪的一位准新娘在婚礼前夜醒来，随即看到房间的角落里站着一个脸色苍白的女子正在试戴自己的面纱，接着，让人惊骇的一幕发生了："她将面纱拽了下来，扯成两截，然后扔在地上用脚踩踏起来。"这段描写来自夏洛特·勃朗特的《简·爱》。

简的这幅面纱来自她富裕的未婚夫——罗彻斯特先生，对于简本人来说，其同样具有强烈的象征意义。这幅面纱精美，布满刺绣，就像一个可以遮挡她贫寒的出生的面罩。小说在描述这张面纱时，说它"朦胧""如鬼魅一般"。其实，简更喜欢自己选的那幅面纱——一张金色的素净的蕾丝面纱。在戴着面纱照镜子的时候，简形容自己"身着长袍、头罩面纱的样子有些奇怪，就像是变了一个人"。于是她本能地意识到，即将到来的婚姻也将脱离自己的真实生活。当那个疯女人——其实是被罗切斯特先生禁闭的妻子——扯碎并践踏了她的面纱时，其实也意味着简期盼的婚姻将化为虚无。

相比之下，现代的婚纱就没有这么多象征意义了，它们只是婚礼上的点缀。面纱的来源十分多元，不过最确切的起源之一是古罗马时期，异族新娘的藏红花面罩——据说这种面罩可以保护新娘不受邪灵侵害；后来，罗马的基督徒新娘们又戴上了紫色或白色的面纱。据说，文艺复兴时期的富人结婚时，会让女佣戴上和新娘一模一样的面纱，谨防有人抢亲——在那个年代，抢富人家的女孩强行成亲并借此霸占对方财产的事例确实不少。在古罗马，婚礼庆典还具有祈求丰收的含义，这种文化也在后世的婚纱面纱中得到了一定程度的继承，比如一些面纱上会绣上一束小麦。而到了 20 世纪，“真爱之结”成了面纱刺绣的主流，这说明现代婚礼中浪漫的氛围已远比开枝散叶重要。现代面纱的材质、造型和大小也随着流行趋势不断改变，比如维多利亚时代的婚纱就极其奢华，长及地面，新娘在走进教堂时还需要专人为其打理。

西方婚礼中，新娘在宣誓之前都会用面纱遮住脸庞，然后由新郎掀起面纱，两人缔结誓约。但在 1841 年，维多利亚女王与阿尔伯特亲王的婚礼中，女王并没有用面纱遮盖面部，这是因为她是统治者，她的地位要高于自己未来的丈夫。维多利亚女王的婚纱现在仍藏于伦敦博物馆，你可以看到婚纱中包含的精美面纱。事实上，双重面纱的设计在 20 世纪中叶才出现，在 20 世纪 60 年代，尼龙制成的蓬松双重面纱更是达到登峰造极的地步，这款面纱让新娘的脑袋看起来像装了一盏探照灯一样。面纱无疑会遮挡视线，所以在现代婚礼中，准新娘为图方便，只会在宣誓前采用面纱罩住面部。

现代面纱通常是一片奢华、昂贵的蕾丝，款式多是英国霍尼顿式或法国瓦朗谢讷式。在婚礼之后，这件珍贵的服饰品会被主

“一战”中的婚纱面纱，强调浪漫和唯美。

1889 年的贴脸面纱。

人用银纸包裹起来，甚至传给自己的子嗣。在“一战”中，一些女孩的未婚夫在比利时工作，如果他们能负担得起一张纯正的布鲁塞尔蕾丝，那么这张面纱将会成为最让新娘们欢喜的礼物。另外，在“二战”期间，尽管蕾丝并不算在紧缩物资之列，但还是十分稀缺，带网眼的薄纱几乎没有出现在婚礼中。

抛开婚礼不说，其实面纱这种服饰品一直贯穿了古典时代到19世纪的历史。那些不想在公共场合抛头露面的人可以用面纱遮挡面容，另外，旅行者也可以用面纱遮挡灰尘。[1]在18世纪至20世纪帽子风行的近200年间，面纱也常常与其搭配起来佩戴。这个时期的面纱有素净的，也有布满各种刺绣图案的，后者无疑可以起到更好的遮面效果，还能为佩戴者增加神秘感。[2]20世纪80年代，面纱进一步缩小，变成了与无边女帽搭配的、只有几英寸的尼龙网。而现在，面纱也随着帽子的消失而销声匿迹了。

从另一个角度来说，面纱将女性的脸庞遮盖得越严实，那么揭面的一瞬间就可能越惊艳。一些带有色情意味的舞蹈正是利用了这种原理，比如著名的“七面纱舞”，在很多地方都被模仿过。这支舞蹈的故事来源于《圣经》，犹太公主莎乐美为报复拒绝自己的约翰，在希律王的生日宴会上跳起了七面纱舞，随身体律动她穿戴的薄纱一层一层脱落，直至最后全裸，极具诱惑力和挑逗性。

1　1912年的《每日镜报》曾刊载广告，宣传一款新式的防水面料做的面纱。广告中说道：“前所未有！这款产品上没有绳结，没有装饰，方便无比！”

2　很多人觉得佩戴面纱的女性更加美丽，但它的用法还不止于此。西方第一位女性武术家伊迪斯·贾璐德在一次自卫防身课上，将面纱作为隐藏身份的面罩使用。

看过这段舞蹈的希律王答应莎乐美可以实现她的任何要求，最终莎乐美要求国王杀死约翰。众多小说和绘画都曾表现这个故事，这其中，当属王尔德1891年撰写的戏剧《莎乐美》最为著名。王尔德对那著名的舞蹈场景的描写十分简单："莎乐美跳了一支七面纱舞。"演出莎乐美的是著名的舞者穆德·艾伦，她的表演震惊了欧洲。后来，艾伦自己编舞的《莎乐美之舞》于1906年在维也纳开演，在舞蹈中她首先脱掉了一幅珍珠护甲，随后又依次脱掉一件件珠宝首饰和一件带有刺绣的透明衬衫，最后取下的是一条连有贝壳的珍珠链。观众们喜爱这段表演中的异域情调，评论家们却在表达对纸做的首级的不满。可惜的是，艾伦的艺术生涯因受到保守右翼议员的控告而终止——这位反对同性恋的议员指控她是一名同性恋者——当时的社会还不能接受同性恋行为。不得已，艾伦只能掩藏自己与伴侣的关系，在公众场合极力否认自己的性取向。但最后，艾伦还是输掉了官司，演艺生涯也就此结束。

穆德·艾伦的舞蹈之所以受欢迎，正是因为其表现了面纱隐含的性感特质，同时又充满异域情调。在这里，面纱和帷幔象征着被压制的性欲和虚荣心。从帽檐上垂下或者扎进帽子的面纱将佩戴者保护起来，模糊了她们的身份，在某种程度上也扼杀了她们的个性，因此一些离群索居的女人也会戴上面纱生活，就像修道院的修女一样。几百年来，寡妇的面纱就起着这样的作用。在传统的基督教社会中，寡妇们也像修女一样，总是穿着棕色、黑色或白色的衣服。不过也不是所有女性都会在葬礼期间佩戴面纱，劳动阶层的女人们就没有这样的时间和经济实力。展现寡妇用面纱遮挡脸庞的艺术作品也很多，比如1661年的一幅雕刻就表现了德国皇家葬礼上的场景。在这幅作品中，女士们戴着的帽兜一直垂到眉毛下，她们的眼睛下方的面部全部被盖住，整个身体还罩了一层及地的透明黑纱。

摄政时代的寡妇面纱显得复古而优雅，维多利亚时代的女士也会在现身公众场合时佩戴包裹全身的面纱，但在室内，她们则会掀起面纱，将其翻到脑袋后面。最让人印象深刻的维多利亚时代的寡妇就是女王本人，阿尔伯特亲王在1861年去世之后，维多利亚女王就一直处于服丧状态，她佩戴着寡妇的白色帽子，并用面纱遮面直到1901年去世。在1886年出席国会开幕大典期间，女王也一直在王冠下披着白色的蕾丝面纱。

反对寡妇佩戴面纱的声音从19世纪70年代起就没有断过，不过，终生服丧的传统直到第一次世界大战期间才真正消失。在战争期间佩戴面纱不利于女性投身繁重的工作，对整个社会氛围也会有消极影响。黑色的袖章取代了从头到脚的黑纱。有时阵亡军官的妻子在接收丈夫的阵亡通知时也会用丝绸面纱盖住面庞。

1952年，张伯伦在乔治六世去世后宣布法定服丧期仅有十周，而在1910年爱德华七世国王去世时，法定服丧期还长达一年。在另一幅展现王室生活场景的画作《三位王后》中，玛丽王后、女王母亲及伊丽莎白一世都佩戴着面纱。近代最后一次重要的服丧面纱出现是在1963年的美国，当时杰奎琳·肯尼迪戴着面纱出现在丈夫的葬礼上。那是一块素净的黑色薄纱，搭在杰奎琳的黑色帽子上，一直垂到她的肩膀上。

面纱的作用还包括隐藏身份。除了在婚礼和葬礼上使用，一些女性还希望在处理私人事务时隐藏自己的身份——比如在处理财产和咨询私家侦探时，甚至在不得已造访一些见不得光的娱乐场所时。[1] 在化装舞会上，用面纱遮盖脸庞也是很常见的，这意味着女人们可以做一些不用负责任的事——在传统社会中，这是为数不多的女性借以逃避自己社会地位和利益婚姻的机会。在现代，蒙面则更多地成为一种两性之间的情趣。

手套

手套也是一种常丢失的服饰品。当我们在浸水的人行道或者城墙边散步时，偶尔能见到一只孤独的手套掉落地面——一定是某个粗心的路人不小心遗失的。在 20 世纪生活过的人，一定有过将手套口的橡皮筋扎紧，或者干脆将其扎进大衣袖口以防止手套滑落的经历。现代人戴手套，多是出于防寒需要，或者是为了从事某项运动，但在历史上，手套可是一种意义非凡的服饰品。我们会用“戴着天鹅绒手套的钢铁拳头”来形容一个人外柔内刚；用“脱掉手套”来表达一个人的行为有失优雅；还会用“戴手套的手”来形容自己的亲密朋友或盟友。

1 在阿加莎 · 克里斯蒂的《波洛早期探案集》（*Poirot's Early Cases*）中，她就描绘了一个“戴面纱的女人”，这个人物也是故事发展的关键人物。

在文艺复兴时期，贵族的手套和平民使用的针织手套、皮革手套大不相同，手套主人们也会对其爱护有加。有些手套是用丝绸或软皮制成，上面饰有缎带和珠宝，一般被上流社会当作礼物互相赠送。一些特别昂贵的手套还会用肉桂、丁香、橘树枝、麝香和百合花熏香。骑士们在参加比武时往往会戴上自己情人的手套作为护身符。在1500年的赫尔骑士比武运动编年史中，对此有明确的记载："一位骑士将情人的手套别在头盔上，显示自己的深情。"

伊丽莎白一世会定期收到不少服饰礼物，其中，关于手套的清单也记录在她的新年礼品券中。在1598年，她收到了10双带

长手套顾名思义就是长过手腕的手套。在中世纪，取下手套丢在地上意味着发起挑战，如果你捡起手套则说明你愿意应战。图片上的羊毛长手套（gauntlets）是20世纪的产物[1]。

1 这个词源与"run the gauntlet"（受夹道鞭打）不同，后者来源于"run the gantlope"（夹攻），也就是两列士兵之间的通道。赛跑者在经过时将被殴打，这是一种军事惩罚。

伊丽莎白一世的手套制作精良，上面布满精美的刺绣。

香味的手套，到了 1603 年，这个数量更是增加到了 21 双。在牛津的阿什摩尔博物馆中就藏有一双精美的、用金线刺绣的手套，我们相信这是女王在 1566 造访牛津大学时收到的礼物。但为什么女王没有带走这双手套？据说伊丽莎白一世的手长得很漂亮，手指纤长，而这双手套明显太大、太肥了。之后，社会上出现了用动物骨骼、象牙、乌木和金属银制作的手套支架。平时人们可以将手套套在支架上，将面料撑起来，这样戴的时候会更方便。言下之意是当时的手套的手指处都很紧，可以让佩戴者的手看起来更小、更优雅。

在17世纪的婚礼中，宾客会送给新人有茉莉花香气的手套作为新婚礼物，而出席典礼的嘉宾则需佩戴白手套。不过，手套并不一定是作为新婚礼物赠送——当简·格雷做了9天女王即被处刑之前，她将自己的手套和手帕作为临终礼物送给了自己的贴身女蒂尔尼小姐。同样的，在查尔斯一世被处刑之前，他也将自己的手套送给了伦敦主教威廉·朱克森，随后这双手套又被转送给了他的家人。在葬礼时，不同等级的黑色手套也被当作礼物送给服丧的亲属。在1680年某户贵族的葬礼中，主人家送出了8双羚羊皮手套、96双马羔皮手套给来参加葬礼的亲属，118双粗羊皮手套给仆人和服务人员。

在过去，各类手套的等级和用途也是不同的。劳工阶层会戴羊毛手套来保暖，同时在工作时戴上更厚实的皮革手套保护双手。至于中产阶级和贵族阶层，他们会戴更精致的手套来保护手部皮肤。顶级的手套是用未出生的小牛的皮制作的，在加工过程中还会加入杏仁粉和鲸蜡。这种手套又被人们称作“鸡皮手套”，会放在精美的胡桃木盒子中当作上等礼物送给贵族女性。一部文学作品中也有过相关描述：“她晚上会戴上鸡皮手套，保持自己的纤纤玉手细滑、白嫩。”

总的来说，绅士和女士穿戴手套逐渐成为礼仪。在18世纪晚期，对于佩戴手套的规范已经很细致，不同季节需要戴的手套的长度、装饰也不尽相同。尽管这些规范在传承中已经发生了变化，但主轴是没有变的。在过去，手套是人手必备的服饰品，中产阶层尤其留心关于手套的礼节，生怕一不留神就会做出失礼的行为。1837 年出版的《女士的礼节》（*Etiguette for Ladies*）中就说道：“不戴手套，赤手出现在公众场合——比如教堂或娱乐场所——无疑是缺乏教养。绅士们在与人握手前应该脱去手套，而女士们则不需要。”人们在参加社交舞会时也必须佩戴手套，因为舞者可以用手套吸汗，避免将汗渍蹭到舞伴身上。

最昂贵、最精美的手套往往也是最容易破损的。因此在 18 世纪，许多杂志和家政指南就开始登载关于手套养护的知识了，比如如何制作保存手套的小袋子，如何在使用之后折叠、收纳手套。在 1838 年的《女工指南》中，关于手套袋的说明和制作教程已经十分详细，而到了 1919 年的《皮尔斯百科全书》（*Pears Cyclopaedia*），相关的内容更是明确而细致：“每双手套在佩戴之后都应该先在通风的地方晾干，然后将拇指部分折叠，并包进棉纸中。在摘下手套后就迅速将其中一只塞进另一只是一种非常坏的习惯。”

和前文谈到的很多服饰品一样，精英阶层为了彰显自己的地位，会特意选择白色、浅紫色、浅灰色、黄褐色的手套佩戴——这些浅色手套不仅昂贵，还需要经常清洗才能保持美观。直到 20 世纪初，女士们佩戴得最多的仍是白色小羊皮手套。[1] 这种白手套被弄脏之后，主人们必须用各种方法祛除污渍，比如用面包屑摩擦。为了减少女士们的困扰，社会上又诞生了“戴深色手套的男

1　女演员在 20 世纪 50 年代的《时代》杂志上手戴白色薄手套，被认为是展现女士优雅气质的范例。

士不应擅自碰触女士的浅色手套”一类约定俗成的礼仪。对女士而言，收藏一双白色手套是必须的，但是她不必频繁地佩戴。当然了，如果你负担得起，你也可以购置许多双白手套。一位20世纪30年代在梅森百货礼品部工作的女孩就曾回忆起沃利斯·辛普森夫人——后来成为爱德华八世的妻子——前来购物时，就说：“她佩戴着我见过的最干净的白手套”。

从20世纪50年代起，尼龙逐渐取代了棉布和小羊皮，成为主要的手套面料，而到了60年代，加入莱卡的弹力手套更是成为畅销品。社会礼节的宽松减少了手套承载的社交意义，从这个时期开始，赤手出现在公众场合也不再会被视作不礼貌了。到了今天，手套更多地只是出现在诸如王室活动和婚礼之类的正式场合中了。

说完了精英阶层的手套，我们再来看一下劳动人民使用的功能性手套。不同的使用场合决定手套的不同形态，比如19世纪的修房匠在铺稻草时会佩戴专门的手套，在果园工作的女工也会戴上有刺毛的手套手工摘去水果上的毛毛虫。1861年，路易·巴斯德开创了微生物生理学，他关于细菌的理论在发表之后迅速撼动了整个医学界，于是抗菌、无菌操作的概念迅速深入人心。约瑟夫·李斯特是第一个践行巴斯德理论的外科医生，他在进行手术时就用了一个喷雾装置，将石碳酸喷雾输送到手术台旁作为消毒剂。但这样一来，喷雾也会对医生的手造成伤害，于是从1878年开始，李斯特及其他外科医生开始在进行手术时佩戴橡胶手套，直到1947年塑料手套发明。尽管材料有所更新，但习惯上，医生们还是称其为橡胶手套。

我们都知道早期汽车的驾驶舱都是开放式的，所以车辆的驾驶员尤其需要保暖、防水的手套。最早的时候，他们使用的是皮草制作的连指手套。在 1902 年的《女士的王国》（*Ladies' Realm*）杂志中，普利查得夫人为自家的白色鹿皮手套狠狠打了一把广告，声称那是最适合士兵们开车时戴的保暖佳品。后来随着汽车的设计得到改良，驾驶舱都成了封闭式的结构，驾驶员手套的功能性也减弱了，它们变得越来越轻薄、柔软，直到最后完全被淘汰。

在寒冷的气候中，人类的手指极易发生冻伤，如果不及时处理，这些冻伤甚至可能是致命的。要防止冻伤，佩戴用多层复合材料制作的手套是一个不错的选择。这种手套的里层通常是丝绸，中间是羊毛层，最外面是皮革层。不过，手套的层数太多也会影响手指活动，对于需要在外太空进行各种仪器操作的宇航员来说，这更是成了一个严重问题。于是，如何研发新的纤维材料，让佩戴者的手指保有灵活性的同时兼具保暖性，成为手套设计者面临的首要问题。当代的太空手套仍是多层结构，除了有一个亲肤层以外，还有一层金属网制作的外层，中间还填充有橡胶保护层。宇航员的手套长至小臂，在穿戴好之后会和宇航服严丝合缝地贴合在一起，覆盖腕关节的地方也经过了专门设计，不会影响宇航员的腕部活动。另外，手套隔层中还加有热垫板和指尖发热器。

皮革复合型手套还有一个表亲，就是皮革暖手筒——用皮草及其他纤维制成的筒状服饰品。早在 17 世纪的时候，无论男女都喜欢携带暖手筒作为时尚配件，但到了现代，大部分的人都更愿意手拿提包和手机，暖手筒已经成为一项多余的配饰。随着时代的发展，男士们也逐渐从暖手筒的使用者中退了出来，到现在，已经很少看到男人们使用暖手筒了。贵妇们可以直接将暖手筒拿在手里，或者用一根链子或丝带吊在脖子上，还有一种小型暖手筒可以直接戴在手腕处。如其他皮草产品一样，一些昂贵的暖手筒会用一整张完整的皮草制成，你还能从上面看到动物的爪子、尾巴和眼睛。20 世纪三四十年代流行的暖手筒多是用狐狸皮制作的，衬里是缎子，还设计有两个钱袋。这种钱袋正是 19 世纪 80 年代手提包的前身，不过这里我要说的是，它还有一些另外的用途……

在爱德华时代的英国，女权运动风起云涌，女性成为街头运动和巷战的行家。妇女社会政治联盟的领袖艾米琳·潘克赫斯特身边自然也聚集了一些柔道或武术高手，她们的师傅都是女性武术家伊迪斯·贾璐德——在前文中我们已经提过她脸戴面纱对付流氓。在牛津街的一次抗议活动中，激进的女权参政运动者们准备打破橱窗玻璃以展现自己的立场，随着贾璐德一声令下，女士们迅速从暖手筒里掏出了锤子和石块。砸完橱窗，这群女人就迅速逃到了贾璐德的道场，换上了柔道训练服，当警察到来时装作自己毫不知情。贾璐德还在道场藏有不少瓶状棒，这是一种在体操训练中使用的道具，但另一方面，它们也是对抗反对者甚至警察的绝佳武器。有一次，贾璐德在伦敦的摄政大街上被警察拦了下来，对方怀疑她的暖手筒里藏有可疑物品。这时，她镇定地回复道：“我的暖手筒里的确有口袋，因为我得找地方放手帕和钥匙啊。”

雨伞

当18世纪雨伞第一次出现在雨中的街道上时可是招来不少嘲笑。尽管第一印象不佳，但随后雨伞还是迅速横扫了英伦，成为人手必备的时尚服饰品。大到如高尔夫球杆般，小到如望远镜般，这种用PVC材料做支架、尼龙做伞面的生活用品充斥在人们的生活中。

雨伞的原型是遮阳伞，遮阳伞赋予其遮挡的人地位和阴凉。伞（umbrella）这个词来自拉丁语，原意是指“小块的阴影”。早期的遮阳伞多是用纸、芦苇、树叶或丝绸制成，无论是宗教领袖还是贵族、富人都很爱使用。仆人或下属为主人撑起遮阳伞，不仅可以将他们衬得更高大，还可以为他们增加威仪，显示出其不一般的地位。当伞这项发明从北非和东方传到欧洲，它的用处就改变了——在英国这种阴雨连绵的地方，遮雨可比遮阳重要多了。

当服饰品商人乔纳斯·汉韦在18世纪50年代第一次将雨伞贩卖到英国，人们可是没少嘲笑他的新货品：“你怎么不购置辆马车？”[1]其实他们说的没错，这正是雨伞融入英国时的首要问题——那些有钱人外出时都是乘坐马车，只有穷人才需要撑伞。这种尴尬一直持续到19世纪50年代，当维多利亚女王出访法国时，她记录道：“在法国，就连城里的工人都不会撑伞，他们宁愿乘

1　在英格兰男仆“花花公子”·麦克唐纳的故事中，也出现过这个说法，他当时举着一把丝绸雨伞走在伦敦街上。

坐马车……一个女帽匠要搬软帽回家时她会乘坐马车，一个洗衣女工打扮得体、头戴软帽，她当然也会选择乘马车外出，以免自己干净的衬衫和裙子被雨水和泥水溅到。”

汉韦的雨伞无疑处境尴尬。其实早在18世纪初，就有人着手设计轻便的伞状装置，供那些没有随身男仆撑伞的绅士们使用。这些简易的伞也是用金属杆做成支架，上面再覆盖上浸油的丝绸或棉布。

逐渐地，人们还是接受了雨伞，在公共场合的门廊处看到行人堆放的雨伞已经完全不稀奇了。拜伦勋爵也有一把丝绸雨伞，但他并不怎么想用，坏了也没修；爱好时尚的布鲁梅尔在被流放到法国时也携带着雨伞。在乔纳斯·汉韦持续推广雨伞30年后，雨伞终于完全走入了人们的生活。在威斯敏斯特教堂中还有一块为汉韦竖立的纪念碑，以纪念他对于雨伞推广的贡献。

雨伞在英国迅速流行起来，你可以用“雨后春笋”来形容当时的情形。最初的疑虑一旦消失，雨伞立马势不可当地占领了英国。男士们杵着雨伞来到乡村，把雨伞当手杖用；参加葬礼的人们也会自发携带雨伞，在下葬仪式举行时撑起雨伞表示哀悼；19世纪末的自行车骑手也会随身携带雨伞。张伯伦在1938年会晤德国总理希特勒的时候，也携带了一把折叠伞，但这样的形象并没有获得希特勒的好评，希特勒甚至还说：“如果那个病老头再带着自己的破伞来打搅我，我就一脚把他踢下台阶，再踏上一脚。”

迄今为止最著名的关于雨伞的国际事件当属发生于1978年9月7日的“保加利亚异见政治家乔治·马可夫遇刺事件”。当时，马可夫正在横跨泰晤士河的滑铁卢桥上行走，在一个公交站等公交时，他的大腿被一名男子的雨伞刺中。这支雨伞上带有蓖麻毒素，中毒后的马可夫在遇刺三天后去世。

2011 年，时任法国总统萨科齐为自己的贴身保镖定制了防弹雨伞，这款雨伞的造价高达 1 万英镑！

政治家和绅士们多使用雨伞来遮雨，另一方面，遮阳伞作为一种女性气质明显的服饰品，已经在欧洲流行了几百年。可折叠的遮阳伞方便携带，可以轻松地塞进行李箱中。从 19 世纪 60 年代起各种化学原料也被应用到遮阳伞染色中，当时流行的颜色包括亮紫色和钢青色。女式遮阳伞上还饰有不少穗子和流苏，显得女人味十足，这些时尚利器的售价也颇为不菲。

可折叠的女式丝绸遮阳伞。

但遮阳伞也不光只在遮阳方面有用处。维多利亚女王就曾受到过一个精神异常的神父罗伯特 · 弗朗西斯的骚扰，对方曾经接近她并用自己的藤条手杖敲打女王，最后手杖碰歪了女王的软帽并打到了她的额头。为了防止类似的袭击再次发生，有人为她设计了一款防打击的遮阳伞——据说设计者正是阿尔伯特亲王。[1] 这把伞是翠绿色的，设计原理其实很简单，就是在丝绸伞面的夹层里增加了一层金属网链，这让遮阳伞重到几乎拿不动。这把伞现在收藏在伦敦博物馆里，没有证据显示女王曾经真的用过它。[2]

20 世纪是终结"只有穷人才会被晒黑"的传统观念的时代，尽管在 20 世纪 20 年代之前，你还偶尔能看到女士们撑着日式油纸伞外出，但越来越多的人开始认为遮阳伞已经过时了。

不过另一方面，在下雨天，雨伞仍是必不可少的遮雨工具，无论男女都离不开它。

1　在 P.L. 特拉佛创作的小说中，有一把绿鹦鹉手把的雨伞为超级保姆玛丽 · 帕宾斯所有，她可以在这把伞的帮助下从屋顶顺着烟囱攀爬而下。但现实却比小说平淡很多，伞会在大风中被吹翻。

2　在伦敦的圣詹姆斯街的托马斯 · 布里格 & 桑斯商店售卖雨伞和手杖，它是一家获得授权的能为女王供应雨伞的商店。

皮带和背带

在童书《晚安，汤姆先生》（*Goodnight Mister Tom*）中，有这样一幕令人不寒而栗的场景：因战争而流离失所的男孩威廉找到了新家——汤姆·奥克利先生家。汤姆先生打开了威廉的行李，里面有威廉母亲的信和其他一些财物，信上说：如果威廉不听话，他可以用附送的皮鞭教训他。看到那皮带，可怜的小威廉吓得昏了过去，他的脑海里充斥着被皮带抽打的记忆。

另一个作家也曾描写过一个女人遭到丈夫用皮带毒打的故事。第二天，丈夫发现皮带不见了，他什么也没说，只是换了根绳子来扎裤子。丈夫坐到椅子上，身旁放着妻子奎尼为他做的馅饼，在馅饼中，他发现了自己那根皮带，从此，他再也没有动手打过妻子。

很显然，上面这些故事并没有正确描述出皮带的用途——皮带是扎紧裤子的服装附件，而不是体罚家庭成员的工具。早在维京海盗时期和中世纪，人们就开始用编织的绳索、丝绸和皮革来

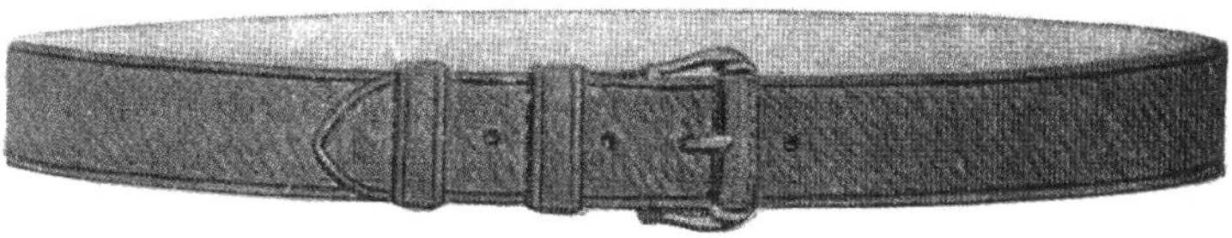

20世纪的皮带，虽然造型简单，却是穿裤子的人不可缺少的服装饰品。

充当腰带，几个世纪之后，出现了绣花的腰带，上面还有宝石和流苏等装饰，还有些腰带上会连有绳子，拴上小刀、钥匙、笔和钱袋等物品[1]。16世纪的女士的皮带上也会带有一根腰链，拴住丝绸口袋、念珠、扇子、镜子、香盒或印章等物。再后来，缝纫的棒针也被拴到了腰链上。

腰带和皮带可以固定罩袍和斗篷，让人们活动时更加方便。但另一方面，腰带也具有特殊的文化意义，比如古时候新娘的羊毛腰带，只有她们的丈夫有权利拆开；有些新娘还会将腰带打成复杂的赫拉克勒斯结，这种习俗大概源自希腊神话中赫拉克勒斯的多产传说，并为新婚之夜增加情趣。在希腊神话中，爱神维纳斯的腰带也具有挑动爱火的神力，据说这根腰带是由她的前夫伏尔甘铸造，但在爱神出轨与战神马尔斯幽会之时，这根腰带就自动掉落了。

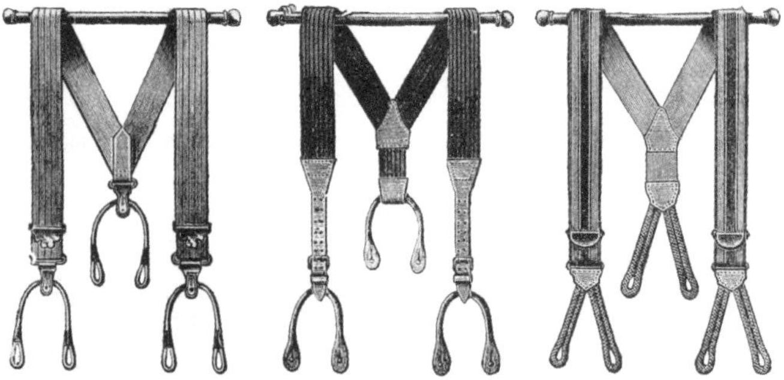

18—20世纪，背带曾经一度取代了皮带。

1　腰带本质上就是一条皮带——一条围着臀部或腰部的绳索或带子。

除了装饰作用，皮带更重要的功能是扎紧裤腰。在 18 世纪，男式皮带曾一度被背带（或者我们可以称之为吊裤带）取代。背带多由丝绸、织带或皮革制成，它们越过男士的肩膀，将时尚的马裤提到腰部，避免了裤子滑落的尴尬。尽管外套和马甲会盖住背带，但这还是阻挡不了饰有刺绣和织锦的精美背带的风靡。最早的背带末端都带有扣子，是扣在裤子上的，在 20 世纪 30 年代，这些扣子逐渐演变成了夹子，同一时期，弹力橡胶带成为背带的主要材料，这让背带更加贴身了。不过也是从这个时期开始，皮带越来越多地重回人们的视线。[1] 皮带和背带的流行是交互式的，到了 20 世纪 80 年代，随着经济复苏，越来越多的城市白领又穿上了背带，他们将之视作自己专业能力的象征。

19 世纪的女性几乎不会穿背带，因为她们都不被允许穿裤子。女士们的裙子是用金属挂钩扣在腰上的。女士们的皮带更多的是一种时尚配饰，它们多是珍珠链状，或者是用蕾丝制作，上面布满刺绣。当内穿紧身衣的时髦女性腰缠皮带，她们纤细的腰会显得更加引人注目。19 世纪末的护士还会特意在裙子上挂上精致的银挂钩来凸显自己的地位。不过可惜的是金属银很容易被腐蚀，并不适合在医院这种环境佩带，于是很快就被禁止了。

无论是皮带还是背带，都是具有提拉裤子作用的时尚服饰品，在现代你可以随意选择。不过，似乎皮带的受欢迎程度更胜一筹。皮革或者人造革的皮带是男裤的最佳搭档，一些专门搭配牛仔裤的

1　在 1939 年的电影《驿马车》（*Stagecoach*）中，男星约翰 · 韦恩在放牧时对于背带和皮带无法取舍，于是他既扎上了皮带，又戴上了背带。

皮带的带扣还会被设计得更加粗犷一些。女装皮带的种类也很丰富，从扎紧裤子的功能性皮带到装饰性的皮革腰带都已不再鲜见。

在西方的晚宴中，我们还常常见到人们扎上一款装饰性的宽腰带（又被称为腰封）搭配晚礼服，这类腰带起源于印度，早年间并没有得到英国殖民者的青睐，但后来，人们还是发现了这类腰带在装饰性上的好处。现在很多服装租赁店都会出租这种印度式宽腰带，但谨慎的时尚爱好者绝不会在选择腰带上掉以轻心："印度式宽腰带本身并不时尚，但当你穿了错误的晚礼服而让腰部的服装皱起时，它可以拯救你。"

只要裤子没有退出服装的舞台，那么皮带就永远会在服装饰品中占据一席之地。

手帕

你有手帕吗？你会在西装口袋里插上手帕吗？手帕的历史悠久，并且趣谈众多，只不过近年来人们已经很少用到它，因为人人都开始使用一次性纸巾了。

在手帕流行以前，人们都是将鼻涕擦在袖套或者围裙上，或者直接捏住鼻子喷出来（现在的足球运动员在赛场上仍是这样擦鼻涕的）。18 世纪的剧院经理泰特 · 威尔金森就曾责备演员们身着宫廷服装在后台擦鼻涕，他说："亚当和夏娃是怎么擦鼻涕的

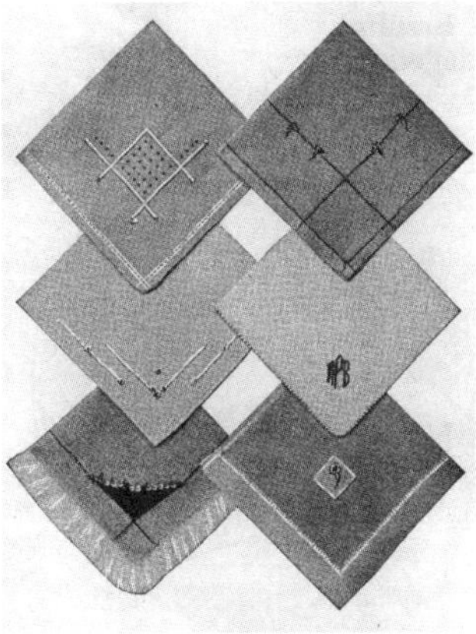

1925年的女式手帕。

我不知道，但夏娃肯定穿着无花果树叶做的围裙，那上面肯定也会有口袋，口袋里肯定有手帕之类的东西。”

走在16世纪，手帕已经成为贵族和富裕阶层之间频繁赠送的礼物，同时也是一种身份象征。女王伊丽莎白一世就曾在新年收到过一套手帕。赠送手帕的文化持续了几百年，在20世纪50年代达到顶峰，这一时期，各种精美的手帕套装风靡西方。[1]在19世纪，工业印花技术的成熟促生了印花手帕的流行，诸如皇家加冕礼或犹太大赦之类的大事件也成为印花的主题。去各个名胜旅行的游客也很喜欢购买印花手帕作为纪念品。所有手帕中，最昂贵的品种当属经过熏香的丝绸手帕，储存这种手帕还需要专用的手帕盒。

1　希特勒在一次生日中也收到过一套手工定制的手帕，上面还有希特勒、欣登贝格等第三帝国领导人的头像的刺绣。“所有人联合起来帮你擤鼻涕。”他的秘书开玩笑说。

手帕往往是一个人的心爱之物，犯罪小说家们尤其喜欢手帕，因为它往往可以成为案件的关键线索。在维多利亚时代的侦探小说《巴扎哥特先生的代理》（*Mr Bazalgette's Agent*）中，侦探就是通过一条手帕找到了罪犯——“这是一条真丝的手帕，这一点我已经预料到了。在灯下我拿着手帕的手都在发抖，手帕上带有刺绣，那是主人的名字缩写：J.V.——我找到犯人了！”

手帕并不是什么昂贵之物，人人都可以购买。在19世纪，素布手帕、法国麻纱手帕和棉布手帕只卖1便士，普通工人也买得起。

除了擦鼻涕，手帕还有多种作用。一位印度旅行者在19世纪游历伦敦的时候，就对当地的污染大发牢骚：“你得一遍又一遍地擦脸和家具，不一会儿，我那原本淡色的手帕就沾了一层煤灰。”手帕可以拿来当抹布用，也可以浸湿水敷在发烧的病人的额头，在登船或火车时你也可以挥舞手帕与亲友告别。带黑边的手帕是送给服丧的人的礼物，带有白色蕾丝包边的手绢是送给新婚夫妇的礼物。在迪克·惠灵顿写的书中，来到伦敦的主人公将手帕扎成了布包袱使用。温莎公爵也曾记录道，工人们喜欢用红白相间的棉布手绢包裹午餐，不过他自己更愿意用这种手帕来擦鼻涕，因为他觉得“棉布手帕既牢固又耐洗，使用的时候又够柔软”。

手帕很容易成为犯罪者和多情的小偷的目标。1772年的一则奇闻录就记载一个男孩想起情人柔软的睫毛和玫瑰般的嘴唇就欣喜若狂，他把手探向口袋去拿前一晚他偷取的她的手帕，结果他没摸到手帕，立刻惊骇万分：“不见了！”他尖叫道，“我完了！我彻底完了！”但后来他才发现，手帕完好无损地揣在自己的怀里。

无论手帕是多么实用或漂亮，总有人会不小心弄丢。在1851年的万国博览会结束之后，清扫组在水晶宫会场捡到了271条手帕！

在莎士比亚的悲剧《奥赛罗》中，苔丝狄蒙娜在手帕丢失之后不久也丢掉了性命。在剧中，她说："我的手帕丢在哪儿了，艾米丽娅？"她丢失的手帕可是她家的传家宝，奥赛罗的父亲曾将之作为定情信物送给妻子。在整出戏剧中，苔丝狄蒙娜都没有意识到，诡计多端的埃古正是借用这条手帕挑动了她丈夫的嫉妒之火，最终为她引来杀身之祸。

但上面这些用途都已成为历史，现在，手帕仅仅用来擤鼻涕了。在南极，预防感冒是一项很重要的工作，任何来到麦克默多研究站的人都会拿到三条浸泡过碘酒的手帕：一条用来擤鼻涕，一条用来擦鼻子，还有一条用来擦手。每条手帕价值1美元，看来在南极真是什么都贵。

在现代，处理手帕似乎随意了很多。它们多被放在精巧的塑料小盒子里，有些盒子上还带有凤仙花熏香和精美的印花。在"一战"期间，因为面料的限缩，一些人开始使用纸巾代替手帕，尤其是乘火车旅行的乘客。报纸杂志对这种吸水力强的纸巾赞赏有加，称其为亚麻手帕的最佳替代品，而且这些纸巾可以很容易地被裁剪成各种大小的方块，携带方便。另一方面，9英寸见方、做过碱化处理的卡其布手帕仍十分抢手，在"一战"时半打售价2先令。1924年，舒洁公司开始销售成品纸巾，但这一时期的纸巾主要被拿来当抹布用。在经过纸巾公司多年推广之后，人们才接受用纸巾来擤鼻涕。当使用纸巾来擤鼻涕成为大多数人的选择，那些洗衣工和洗衣女仆一定松了一口气，因为要清洗沾满鼻涕的手帕可是一件恼人的活儿，她们必须把手帕丢进锅里烹煮。19 世纪 90 年代的家庭生活指南《劳德夫人的洗衣指南》（*Mrs Lord's Laundry Work*）中专门介绍了洗手帕的方法，书中说手帕应该单独清洗，然后用熨斗烫平——“先用熨斗烫手帕边缘，再烫中间，将手帕两次折叠之后烫四角，最后烫绣有主人名字的地方。”

手帕也是一种具有实用功能的饰品，1925 年，就有一位服装专家声称：“如果要找最小的服饰品，那一定是手帕。手帕体积虽然小，但却是能成为穿搭中的一个亮点，也会成为沉闷套装中的点缀。”

20 世纪 60 年代，穿西装的男士开始流行用一颗顶上镶嵌珍珠的针将丝绸手帕固定在口袋里，直到今天，许多人仍会用手帕装饰自己西装的胸袋，不过对于花花公子们来说，这种穿法并不地道。一位服装专家也发表了自己的看法：“穿老式西装时，可以在胸袋里装饰上手帕。”但他接下来又强调：“绝对不要在打领带的时候插手帕，除非你想把自己打扮成乡巴佬。”

类似手帕的布片也可以戴在脖子上，我们称之为方巾。伦敦的小贩也很以自己花哨的方巾为荣，而且越花越好，比如 19 世纪 60 年代的小贩就很喜欢佩戴印有大朵花卉的方巾。1851 年，亨利 · 梅修在经过长期调研后写下了《伦敦的劳工和穷人》（*London Labour and London Poor*）一书，他在书中记录了大量普通人的生活细节。梅修写道：“即使是一个街头小贩也拥有两到三条丝绸手帕，要是他再看到一条新款的艳丽方巾，一定会毫不犹豫地买下来。”

几个世纪以来，宽大版的方巾一直是女性的最爱，除了戴法不同，它们几乎没有什么变化。比如18世纪90年代，女士们会用方巾垫在胸口——在当时，球形鸽胸可是时尚造型；19世纪30年代，女孩们又会将之套在手臂上，看上去就像长了一对翅膀。如果你想展示自己的财富和品位，那么在肩膀上搭一条蕾丝方巾是一个绝佳的选择。[1]方巾也有更功能性的用法，比如19世纪的女性会将之垫在脖子和衬衫领子之间，这样穿可以起到保暖作用，还可以防止衣领被弄脏，尤其是那些不便清洗的服装。现代女性的衣柜里没有与之类似的服饰，不过，流行过的那些打结之后戴在脖子上的小领巾可以勉强算作方巾的后继者吧。

玛丽·布拉登写于1879的小说《泼妇》（*Vixen*）中有一个片段，心胸狭窄的丈夫温斯坦利队长对于妻子的购物账单感到不满，他质问道："你花了15基尼去买一条霍尼顿方巾！方巾到底是什么玩意儿？听起来就不是好东西！"

"就是我们俩吃饭时我用来配丝绒长袍的围巾，康纳德。你曾说那方巾的蕾丝花边很有女人味，而且我戴的时候可以提亮肤色，让身材看起来更好看啊。"

"看来以后我说话要小心一点。"队长咕哝道。

1　在1836年的《淑女的时尚衣橱》（*Ladies'Cabinet of Fashion*）中写道："如果你不清楚在晚宴中遇到的人是什么等级的，那么你可以观察她的扇子或领巾。"

围裙

围裙的材质有亚麻的、皮革的、橡胶的、棉的和尼龙的，具有保护性或装饰性作用，而且被人们穿戴已有上千年的历史了。现代每个家庭中都有一两条围裙，要么是聚氯乙烯的，要么是印花棉布的。

19 世纪 40 年代的工人穿着防护围裙工作。

围裙是很多工人工作服的一部分，有时候也是职业的标志。在莎士比亚的戏剧《凯撒大帝》中，工人们就因身着便服出现在工作日，围裙和工具上没有标明售卖物而受到斥责。一个木匠被呵斥道:“你的围裙和你的穿衣规范呢？这就是你最好的衣服吗？”

从古典时代到中世纪再到文艺复兴，农民们在播种、收割庄稼和喂鸡的工作中可是穿过不少围裙。酿酒的工人会穿斜纹棉布的围裙；木匠和铸铁匠会穿皮革的围裙——铁匠穿皮革围裙是为了给马上马蹄铁时抓稳马腿；屠宰场和染布行的工人则喜欢穿橡胶围裙。

从 19 世纪开始，屠夫们穿上了考文垂产的蓝色棉布围裙，浸染围裙的蓝色染料上色效果极佳，怎么洗也不会褪色。英语中的“真金不怕火炼”正是指屠夫的蓝围裙洗过之后，永远不会沾惹血渍。现代屠夫的围裙的材料又有了进步，通常是蓝白相间的聚氨酯尼龙，或是敷上了橡胶层的黑色棉布。

维多利亚时代的屠夫的围裙是用亚麻做的，又大又方正。管家和女佣也会因工作内容不同而佩戴不同类别的围裙，而且你还能通过观察围裙了解这些女佣的层级，比如洗碗女工穿的就是素色的亚麻围裙。直到现在，一些餐厅里的服务员仍会穿黑色或白色的小围裙，而在咖啡厅工作的女服务员的围裙会更花哨一些。护士这种职业从诞生到获得社会认可，经历了很长一段时间，19 世纪末的南丁格尔的护士队无论是医德还是专业技术都首屈一指，而她们的上过浆的白色围裙也成为护士精神的象征。

在“一战”期间，政府首次出台政策鼓励女性参与工业建设，政府同时建议铸造玻璃产品的女工穿上皮革围裙，从事焊接工作的女工穿石棉布围裙，在染色工厂工作的女工穿橡胶围裙。

在英语中，我们会用“不再牵着围裙带子”来形容一个孩子开始独立，与家庭和母亲的联系减弱。这里的围裙成为母亲的象征——在西方历史中，各种家务活动如清扫、做饭、洗衣服、带

一条好的围裙能为主妇们助益不少，图片上的是 20 世纪 20 年代的主妇。

孩子都是主妇的工作，要是在干活时弄脏衣服可就得不偿失了，所以母亲干活时多是戴着围裙的。

富裕阶层的女性偶尔也会穿围裙，但多是将之当作一种装饰物或者打趣用人们的工具。在 1868 年，《女士们的宝库》（*Ladies Treasury*）报道了围裙成为时尚单品的事："毫无疑问，现在最流行、最漂亮的服饰品就是围裙了，各种材质和款式、或长或短的围裙正在成为时尚单品。"维多利亚时代的黑色丝绸围裙还成为展现穿着者缝纫技艺和刺绣水平的展示台。更有甚者，1837 年，维克菲尔德公司还发明了将玻璃纤维转化为面料的技术，约克郡的女士们将这种柔软但可能易碎的面料用作发带，还有些人甚至用这种新材料来做假发——当然，用这种材料做的围裙更是常见。1938 年，维多利亚女王幸运地得到了一件非常优雅的玻璃围裙，它柔软如丝。维克菲尔德公司的玻璃围裙无疑是前卫的，在 19 世纪末，人们对于工业制品的迷恋之风实际上也促进了人造纤维的发展。

时间进入 20 世纪以后，节省劳力的家务机械有了进一步的发展，相对低廉的价格也让大部分的人都负担得起。对于中产阶层的家庭主妇来说，这些机械的出现意味着以前交给厨师和洗衣工做的家务活，现在她们必须自己干了，尤其是在战时没有多余劳动力的背景下。从爱德华时代开始，百货公司的购物目录中就刊载了大量背带裤的广告，后来印花围嘴又成了主打产品。围嘴其实也是从围裙演化而来，来自将围裙固定在穿着者胸口的穿法。生活在 20 世纪 20 年代至 60 年代的少女，都会在工作时穿上白色的简朴围裙，而在会情人的时候穿上红色或花哨的装饰性围裙。

20 世纪 50 年代的家庭主妇们在操作吸尘器和洗衣机时没法不穿围裙，但如果有客人来访，穿围裙应门是很不礼貌的，即使是那些装饰性的漂亮围裙也不行。所以她们还是需要专职的洗衣工和杂工帮忙，而这类工人在工作时会穿带有印花的围裙。

在现在的英国，厨师在烹饪的时候流行穿印有新奇标语的围裙。而对其他的普通人来说，你可以随意选择围裙——甚至不穿围裙也可以。

扇子

扇子是一种历史悠久的服饰品，历史上，各种做工精良的扇子也是屡见不鲜。在古希腊时期，人们尤其喜欢孔雀毛扇子，因为孔雀是天神赫拉的宠物，同时，孔雀也是奢华和文艺生活的象征。在天热的时候，侍女为帝王扇扇子的奢华场景，相信你也不会陌生——比如侍女手持大棕榈叶，为法老扇扇子。在 13 世纪初，东征归来的“十字军”也从中东带回了扇子作为战利品。当 17 世纪，折叠扇从东亚传到欧洲时，还引发过一阵轰动。

当携带扇子成为一种时尚，制作扇子的手艺人也变得炙手可热起来。大量的折扇从中国和日本被贩卖到欧洲，后来在 1564 年，英国本土的扇子制作公司也在伦敦成立。他们的产品多是用小羊皮、丝绸制作的，其中顶级的扇子的扇骨是用檀香木和象牙制成的，蕾丝扇面上镶嵌着珠宝，还用了香水熏香。为妥善保存这些精美的扇子，工匠们还用缎子做了专用的扇袋。扇子的时尚在18世纪达到顶峰，当然，如此风靡的原因可不只是为了用扇子来扇风。通过观察一个人的扇子你可以了解对方的身份和财力，更甚者，女主人还可以借助扇子传递信息：折叠右边的大骨意为“是的”，折叠左边的大骨意为“不”；将扇子放在眼睛底下展开意为“我爱你”；在嘴唇下展开扇子意为“你可以吻我”；从水平方向展开扇子，并将扇子拿低意为“我轻视你”；同时折叠两边的扇骨表示“你疯了”。

上述“扇子语言”仅是这套暗语系统的一小部分，而且这套暗语在现代人使用手机传递信息很久以前，就已经成为舞池中的通用语言。有些扇子的扇面上甚至会印上一些特定的话语。

即使不懂这套扇子的暗语，你也可以通过使用者持扇子的身体语言推断出对方的情绪和意图。《观察者》杂志也将扇子的用法作了各种分类，比如愤怒的扇法、增加魅力的扇法、谦逊的扇法、胆怯的扇法、愉悦的扇法、多情的扇法等。根据这本杂志的说法，女士们都是使用扇子的能手：“女人用扇子就好比男人用剑，只不过女人们用得更好。”在18世纪末以前，男女都流行使用扇子，不过很快社会审美就有了改变，扇子开始被认为是一种具有女性特征的饰物。从18世纪90年代开始，男士们就不再使用折扇了，因为他们觉得扇子这种花哨的东西与自己简练的新式西装并不般配。“但女人们不能让扇子脱离自己的生活！”一部侦探小说中的女主角如是说，“‘我喜欢你’‘你惹恼我了’‘跟我来’‘你等在这里’，这些扇子的密语我都学会了，天啊，这真是世界上最晦涩的密语。”

扇子上还可以印各种实用的知识，比如当下最流行的舞步、年历、歌词之类。对于旅行者而言，他们可以在扇子上印上地图，对于植物学家来说，他们还可以将标本贴在扇面上。一些舞厅用扇子作为舞伴卡，战场上的日本军官也通过挥舞扇子来下达进攻命令。当有人脸红或者牙齿难看时，他也可以用扇子来遮羞。那些不想在剧院中被人认出来的看客也可以拿扇子挡住自己的脸。

19 世纪 90 年代的丝绸折叠扇。

葬礼中的寡妇会携带固定式样的扇子。板球比赛和加冕礼之后，主办方也会赠送扇子作为观礼纪念品。19 世纪 50 年代，扇子还一度成为商店促销时赠送的小礼品。

很可惜，现代的扇子已经退出了服饰界。最后一款有深远影响的扇子是 20 世纪 20 年代的鸵鸟毛扇子，在那之后，香烟成为炫耀自己个性的配饰，再往后手提包又流行起来，最近流行的有文化意义的配饰大概就是手机了。法国学者让利斯夫人在自己的著作中如此评价扇子：“曾几何时，当女孩害羞了，她会用一把扇子遮住自己潮红的脸。但现在，女孩们不会脸红了，没有什么会吓到她们，所以她们也不会使用扇子了。”

根据她的理论，大概当代的西方女性已经大胆了许多，她们见多识广，没有什么事物会让她们脸红了，所以扇子才退出了服饰品的舞台。

第十六章

睡衣

PYJAMA CASE

他穿着一件极其普通的灰色法兰绒睡袍，还有一双难看的黑色袜子，没有系领带，甚至连睡裤都没穿。他躺在床上，胡子刮得干干净净，头发也精心打理过了，他那干净的白色睡袍很明显是国防军的军需品。

——对阿道夫 · 希特勒的描述，在德国总理的地堡里，1945 年，柏林

略作遮体

我们在床上穿什么——或者什么都不穿——可以显示出我们对性和隐私的观念。睡衣的款式多种多样，从朴素简单到奢华裸露（性感睡衣的概念相对比较新）。20 世纪中叶以前，穿着者在脱掉睡衣睡裤后都会小心地将之叠好，收纳进绣有自己名字缩写的缎子口袋里。过去的人们确实对衣服珍爱有加，在睡觉前脱掉日常服后，他们都会用一块布整夜盖住衣服。

人们在床上干的事情可不少，生病或偷懒休息或死亡的时候会躺在床上，滚床单也是在床上，当然了，睡觉肯定也是在床上。床铺与我们最放松的生活片段联系在一起，因此，在床上穿着的睡衣自然也成为最少受到道德、文化和社会礼节约束的一类服装。

在 16 世纪以前，人们都偏爱裸睡。但对于那些不习惯裸身入眠的人来说，他们可以穿上睡衣罩袍，这些罩袍其实就是白天穿在外衣里面的宽大内衣。[1] 当然，贵族和有钱人的睡袍相对奢华，

1 在 16 至 18 世纪，最早被称为睡袍的其实就是人们白天穿的罩袍，不是专门为睡觉准备的。这种罩袍算是一种非正式的服装，往往是白色的，带有荷叶边装饰。

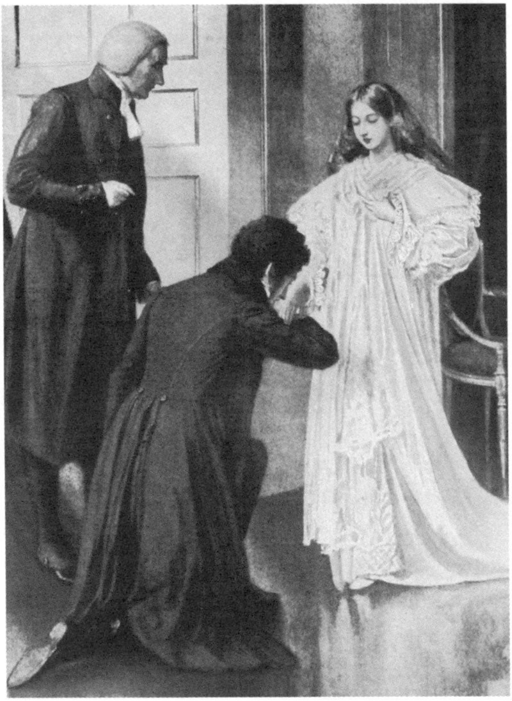
1837 年 6 月，年轻的维多利亚公主得知自己即将被加冕成女王时仍身着睡袍。

但是缺点也是显而易见的——这种衣服很容易招惹蛀虫侵蚀。为了防止跳蚤和蛀虫，人们开始将樟脑丸塞在睡袍中。

睡衣的概念诞生于 19 世纪，这个时期的人们首次开始在家用白色的棉布、丝绸和亚麻布制作专门在睡觉时穿着的衣服。男士的睡袍也是素白的，长至小腿；女士的睡袍则更加宽松、膨胀，从脖子一直遮到膝盖。这些睡袍并不会减少穿着者的性感魅力，也不会影响他们滚床单。经过一个世纪的发展，睡袍演变得更加精致了，不少刺绣、褶裥和荷叶边都被加到了睡袍上。服装店和百货商店中也有睡袍销售，不过通常被归在新娘的嫁妆范畴，这种宽大的白色袍子承载着人们对新婚之夜不言而喻的期望。

尽管睡袍上不乏缎带和蕾丝装饰，但总的说来还是很朴素。直到 20 世纪初，性感内衣的概念逐渐被中产阶级所接受，人们才开始购买贴身设计的厚丝绸睡袍。除了白色的睡袍，灰色和黄色的睡袍也出现在了市面上。爱尝鲜的爱德华时代的妇人们还可以从哈罗德百货公司订到印度薄纱做成的睡袍。不过更常见的睡袍还是法兰绒或高山羊绒毛的，低廉的价格就连仆人们也能负担得起。在 1914 年的夏天，睡衣已经开始量产，荷叶边、机械刺绣和蕾丝装饰充斥着这种新型的服装。

逃难时的穿着

要研究睡袍，我们不乏各种历史记录，比如绘画作品、洗衣店的清单、实物存货以及百货公司的促销单。不过，要列出更直接的证据可能会涉嫌侵犯一些人的隐私，或者揭开他们的疮疤——在遭遇火灾、地震、海难和空袭的时候，惊慌的逃难者往往会身着睡衣仓皇出逃，有人还专门设计了应急睡衣。睡衣第一次因为意外灾难而演变的情况发生在 1750 年 3 月，当时伦敦发生了一系列地震，人们随时需要在夜晚出逃，于是在夜晚穿着相应的“地震长袍”成了一个必然选项。不过很遗憾的是，并没有资料记录下这种地震长袍的具体样式。

大部分在夜晚遭遇意外和灾难的人都没有时间穿戴好衣服，这类意外也会让受灾人群陷于两难境地——是为了维护尊严，穿戴整齐再出逃，还是尽量节省时间、穿着睡衣出逃。这真不是一个容易做的抉择。在1912年泰坦尼克号的船难中，亲历者的口述记录显示，逃难的人们的穿着可谓五花八门，有女士将皮草大衣套在了睡袍之外，也有男士用绑带扎住了自己的睡袍。一个亲历者甚至称那混乱的场景犹如“但丁笔下的地狱”。当泰坦尼克号的灯光逐渐隐没在黑夜里，船身完全沉入了大西洋中，救生艇上最著名的逃难者之一露西尔对自己的女仆弗兰卡特里小姐说道：

“一战”时的“连体服”——1918年出售的一款缝纫纸样。

“真可惜啊，你丢掉了那件漂亮的睡衣。”闻听此言，一个救生艇上的水手忍不住回应道：“别忘了，你们能搭上救生艇都该感天谢地了。”

在这个悲剧发生三年后，欧洲又陷入了“一战”频繁的空袭之中。在这轮长时间的战乱中，睡衣也相应作出了调整。

在齐柏林飞艇频繁地光顾伦敦的那段时期，杂志《闲谈者》（*Tatler*）开始向市民推荐一种一件式睡衣，这种“连体服”睡衣可以遮盖穿着者的手臂和腿部，即使女士们半夜被空袭的警报惊醒、跑到街上也不会显得尴尬。除了这种一件式睡衣，市民们还有另一个选择，就是穿睡衣裤套装。同一年，《贵族》（*Patrician*）杂志的编辑开始向大众介绍自己新买的睡衣裤套装，那是一套相当前卫的黑色双绉真丝水手式睡衣。这位编辑还在文章中坦诚：“老实说，我觉得飞艇来袭也是件好事，因为这样我就有理由穿我的真丝睡衣了，不过我并不希望任何人在空袭中丧命。”这位编辑后来还购置了一套有皮草镶边的淡黄色睡衣裤，她描述道：“这套睡衣很漂亮，但不是很保暖。对于那带有玫瑰花香的面料，我无法抵抗；衣身上的缝纫线是报春花般的淡黄色，领子用白色纯棉布做成，袖口还缝满了蕾丝。”

这套睡衣无疑很华丽，但当穿着者要在轰炸中躲到楼底下，或者在混乱中挤进地道时，它一无是处。当战争形势进一步恶化，大部分理性的女士们终于克服了对原本属于男士的睡衣的隔阂，开始穿着法兰绒做的睡衣裤睡觉了。对于那些喜欢更舒适的睡衣的女性来说，她们也可以穿羊毛线针织的睡衣背心。

睡衣衬衫的厄运

相对于女士对睡衣裤的接受缓慢，1915 年的男士倒是顺理成章地穿上了两件式裤装睡衣。这种服装是在 19 世纪才从印度和波斯传到西欧的，裤式睡衣（pyjama）这个词，本就是印地语中裤子的意思。在亚洲和中东的许多国家，这类宽松的裤子是男女皆宜的日常便服。从 19 世纪 80 年代开始，欧洲男人们开始穿这种款式的裤子入睡，或者在白天将之与宽松夹克搭配穿着。棉布、法兰绒和丝绸的睡裤都很常见，经济实力不同的购买者可以选择自己能承受的睡衣品质。这些睡衣显得颇为素净，面料上多是条纹和螺旋纹的装饰。早期 1897 年，维多利亚女王登基 50 周年之际，《缝纫与裁剪》杂志预言了“睡衣衬衫的厄运”即将到来，杂志还说：“我们的后代在看到祖先们的睡衣的时候一定会感到又惊愕、又恐惧。”

经典的法兰绒条纹睡衣裤。

对于“一战”期间大后方的群众来说，他们的睡衣选择可谓多种多样——老式的法兰绒睡袍、印花棉布的防缩水睡袍、法兰绒睡衣裤套装、丝绸或塔夫绸的睡衣裤套装，甚至还有棉毛混纺面料的睡衣裤！对于传统、保守的男士来说，法兰绒睡袍仍是最佳的选择，所以在1916年的百货公司购物目录上，我们仍可以看到睡袍的广告——“绅士的法兰绒长睡衣，有单缝和双缝两种，保暖、舒适且耐穿。”

男式睡衣裤的印花在战前演变得越发华丽，各种亮粉色、紫色和亮蓝色的睡衣大为风行，到了20世纪30年代，流行的花色又变成了褐红色、棕色、暗绿色的条纹，当今的睡衣也沿用了这类设计。在20世纪60年代的青年大骚动和“爱情与和平运动”期间，男士的睡衣并没有受到文化的影响，依旧舒适、含蓄和耐穿。只是到了现代，有不少男人用T恤取代了睡衣。

相对于男式睡衣在战后的低调，女式睡衣却迎来了一轮华丽的演变。在20世纪20年代，女式睡衣中兴起了一股东方风，颜色以诱惑的粉红、淡紫和苹果绿为主。紧接而来的是一轮用桃红色丝绸或柠檬黄真丝量身定制睡衣裤的时尚，特别喜欢华丽风的人还可以定到艳红或纯黑的哥萨克风格睡衣裤。作为一种新奇的套装，波西米亚的女士及上流社会也开始将睡衣裤当作一种非正式场合穿着的休闲装。他们穿着睡衣的同时，还会头戴丝绸的头巾，手拿香烟，足登绣花的高跟拖鞋，脖子上还会佩戴珍珠链——在20世纪30年代，有钱人在闲暇时就是这样一幅行头。

丝绸睡衣也深受装饰艺术风格的影响。人造的飘逸面料做的睡衣非常符合现代人的审美，于是很快成为真丝睡衣的替代品，让那些经济相对拮据的用户也能够加入追求睡衣时尚的大军之中。人造丝，又被称为艺术丝绸，是一种诞生于“一战”前的合成面料，无论做睡衣还是睡袍都十分合适。以人造丝为主打产品的考陶尔兹公司也一直走在面料革新的技术前沿，他们既生产人造丝面料，也出售服装成品。考陶尔兹公司也适时地推出了自己的睡袍产品，注册了充满风情的品牌 Lunisca 和 Celanese，并在研究新型纤维和产品上投入了大量资金，他们的人造丝睡衣吸引了大量消费者走进百货公司。

20 世纪 20 年代既简朴又大方的棉质睡袍。

这是睡衣引领的新世界，尽管这个新世界还不是像阿道司·赫胥黎发表于 1932 年的反乌托邦小说《美丽新世界》（*Brave New World*）中描写的那般。在小说中，作为性解放代表的女主角列宁娜·克劳穿上了粉红色的一件式性感睡衣躺在床上，这套睡衣的开口处是一条长长的拉链，极具科幻色彩。不过，小说中的拉链服装对于现实中的女性来说还是太超前了，相较而言，还是 1934 年的电影《一夜风流》（*It Happend One Night*）中的女主角克劳黛·考尔白穿的睡衣更受普通人青睐——考尔白身着从男主角克拉克·盖博那里借来的男装睡衣裤套装，看上去更加妩媚动人了。

性感睡衣的风行，体现了在 20 世纪 30 年代女性社会地位的提高和性意识的解放。睡衣和睡袍也成了圣诞礼物的选择之一，同时还能在节假日期间提高商店的销量。

顽皮、优雅却点到为止

20 世纪 30 年代的斜裁睡衣已经与以前的款式大有不同，酥胸半露的设计和精美的蕾丝装饰是这个时期睡衣的特色。新款式的睡衣显得暴露了不少，甚至和欧洲年轻人去舞厅逍遥时穿的裙子相差无几。很快，世界再度陷入“二战”的战火，时尚流行也因此受到影响，但直到这个时候那些边远农村的妇女才第一次接触到新式的性感睡衣。一个波兰女孩回忆了在“二战”期间，家乡小镇的女孩们纷纷穿着最新款的睡衣去剧院看戏的盛况。当时，这个波兰小镇正在苏联红军的控制下，面对这种穿睡衣外出的情况，镇长只得尴尬地向苏联人解释道：“这些女人都很穷，她们多来自乌拉尔之类的穷乡僻壤，那些地方没有电话，甚至连公路都没见过，她们一见到这种镶有蕾丝的露肩的衣服，就以为是正在巴黎、柏林和布达佩斯流行的礼服。”

在“二战”中，睡衣的款式没有什么新的改变。到了 20 世纪 40 年代，睡衣广告仍清一色地以经久耐用作为卖点。厚棉布的睡袍保暖性能良好，因此在很长时间内都受到了人们的欢迎，在“二战”后也与新款式的睡衣一起流行了好一阵。更加精致的睡袍在战时比较少见，大概只有少数幸运儿在度蜜月的时候可以穿吧。

20 世纪 50 年代，保守的男士仍会穿长睡衣。

就像“一战”中的空袭影响了睡衣的样式一样，“二战”后，丘吉尔的连身睡衣也对睡衣时尚产生了重大影响。连身睡衣将上衣和裤子融合在一起，因此具有更好的保暖性能。连身睡衣首次出现在1940年的商品广告中，不仅穿着睡觉十分舒适，拉链的设计也十分便于穿脱，战时被防空警报吵醒的市民可以拉上拉链，迅速出逃。现代的羊绒一件式睡衣就是直接继承自这种连身睡衣。

到了20世纪50年代，睡衣裤套装的颜色变得丰富、大胆起来，睡前游戏也流行起来。女孩们身着五颜六色的睡衣裤套装玩游戏的场景随着1954年的电影《睡衣仙舞》（*The Pajama Game*）的热映被大众熟知。不过，身着尼龙睡裙玩这些游戏可不太方便，因为这种材质的衣服极易产生静电。这一时期流行的尼龙睡裙，颜色可不像睡衣裤这么丰富多彩，而是以淡紫色、杏花黄和冰蓝

20世纪60年代的尼龙睡裙。

色为主。[1]

尼龙还有另一个缺点：太易燃了。穿尼龙睡衣时不小心碰到火源，结果引发大火，穿着者一命呜呼的例子可不仅仅是都市传说。不过，容易着火的材料也不只有人造尼龙面料一种，诞生于19世纪末20世纪初的廉价面料——棉质法兰绒同样也是一种容易起火的材料。那些想省钱的家庭，也会给孩子穿棉质法兰绒的衣服，结果往往导致悲剧发生。在中央供暖还不普及的年代，无论是在壁炉前还是灶台旁，稍不留神，你的衣角或袖子就会沾上火苗，而结果也是灾难性的。在20世纪20年代，卷烟流行起来，商店里穿着睡衣的服装模特往往会摆出拿烟的姿势，电影里的角色也常躲在被单下愉快地点上一支烟。“你在床上抽烟吗？”在20世纪30年代的一幅广告里，一个身着睡衣的小伙子坐在枕头上、拿着烟卷问道。不过这并不是一个警示广告，因为小伙子接下来说道：“要抽的话，就抽威尔的金色火花牌吧……”

伦敦消防协会在杂志上刊登了一篇关于“小心火灾”的告示，鼓励市民选用防火面料做的内衣，并宣称“由于睡衣着火引发的火灾已致23人死亡”。在宣传不要在床上抽烟的常识的同时，消防协会也在努力推广防火面料制作的床垫。厂商也努力推广相对不易燃的聚酰胺纤维寝具，希望这些新时尚能带给消费者更安全的生活。

1　这个问题在20世纪70年代被抗静电的赛纶耐纶6纤维制睡衣和家居服解决，据说这种材质也抗捶打、起皱和上缩。

现在，在商店橱窗中展示的睡衣多是用棉布和腈纶混纺的面料制成，有各种颜色、印花和主题可供选择，睡衣已经成为人们生活中不可或缺的部分。无论女士们想选择可爱的、优雅的，还是性感诱人的睡衣，都没有问题；还有不少人拿大号T恤来充当睡衣，虽然这些T恤很像老式睡袍，但上面前卫的印花却标示了时代的变化。相较之下，男士的睡衣裤套装就没有那么令人兴奋了，仍然和20世纪的老款式没什么两样，当然，你要是愿意的话也可以重新套上一件式的睡袍。大部分人睡觉时穿的T恤和内裤都是颜色淡雅的、棉质的，偶尔穿上丝绸的睡衣则有性暗示的含义。在现代的房间里，中央供暖、电热毯和保暖良好的被子已经十分普及，这也给了那些裸睡爱好者安心入眠的保障。

浴袍和晨衣

在卧室中穿的衣服比在床上穿的衣服更复杂。拖鞋、睡帽、浴袍和晨衣都是在卧室中才会穿着的服装。而便袍的发展历史，其实也和我们隐私观念有着紧密的联系。

最近人们流行在网上分享就寝空间和活动，但床铺仍被认为是一个十分私密的地方。但在以前可不是这样。从中世纪到19世纪，床的四柱都会挂上床帘，这一方面是想用床帘的面料展示主人家的富庶，另一方面是为了保护女主人的隐私，因为入眠前仆人会一直在卧室服务。直到20世纪中叶，分享卧室的文化仍有所保留，比如兄弟姐妹就是睡在同一间卧室里——只是床铺是分开的。

在这样的背景下，睡衣理所当然也是一种半公开的，可以在亲人和仆人面前穿着的非正式的服装。在过去，仆人可以进入主人家的任何房间，甚至不需要敲门。在17、18世纪，主人也会选择在卧室或更衣室与朋友或亲戚见面，更别提美发师、裁缝和医生也可以进到主人的卧室工作。过去的人们出门参加正式活动前都会精心打扮，所以人们从起床到出门这段时间可不短，在这段时间里光穿着睡衣是不行的——在上述所有的场合中，晨衣成为一种必要的服装。

对生活在那几百年间的女士而言，没穿衣打扮意味着没穿紧身衣，或者身披宽松的罩袍、上衣，也没有涂粉和做头发。从19世纪开始，闺房中的女性开始将紧身短上衣作为一种晨衣，当然上衣上也少不了精美的缎带装饰，还往往附有花卉主题的刺绣。逐渐地，长及膝盖、用腰带固定的晨衣也在女士中间流行开来。到了19世纪末，生活讲究的妇人会准备好几套衣服——晨衣、早餐上衣、茶会女装、浴袍——在起床、吃早餐、喝茶和洗澡后换上。

法兰绒的浴袍一经诞生便广受欢迎。但在1899年，《女士的世界》杂志就对盛行的浴袍时尚发起了攻击："看看我们现在的文化多么糟糕吧！我们的祖奶奶们洗个澡都不容易，但现在每个女人都将穿浴袍当成了时尚。"杂志的时尚编辑唾弃法兰绒保暖浴袍，她建议女士们穿着鲜红色的丝绸浴袍，这种袍子上还带有兜帽，"可以遮盖入浴前那丑陋的发型"。

20 世纪初，粉色系浴袍成为那些想追求奢华时尚和异国风情女士们的福音。据说这股流行风潮是受俄国艺术家狄亚格列夫的艺术展和他编排的俄派芭蕾舞剧的影响——狄亚格列夫不光将俄国优雅独特的芭蕾舞姿和音乐剧作带到欧洲，还带去了俄罗斯的审美时尚。在舞剧《天方夜谭》（*Scheherazade*）和《火鸟》（*The Firebird*）中，女演员的服装颜色亮丽又颓废，给了西欧观众耳目一新的感受。欧洲女性的晨衣很快就开始模仿这些泛着珠光的舞台服装。在那之后，众人模仿的对象继续东进，日本的和服突然成为新时尚。

不过东方的服装并不是总能满足西方人的审美。中产阶级的晨衣大部分还是法兰绒材质的，只是会点缀一些东方元素。拉特兰郡的公爵夫人的晨衣在那个年代似乎很有代表性，她经常睡懒觉，所以常穿着各种晨衣，“她在奶黄色和服的里面穿着丝绸的、带有荷叶边的睡裙，头上绑着类似针织背心的发带。那和服的袖子太长了，常常会缠在她的脖子上”。

20 世纪 30 年代的晨衣就像那个年代的女性一样，逐渐从卧室的角落走到了大庭广众中。服装店大肆宣传自己店里的晨衣方便携带、穿着方便，你可以轻松将之装进你的行李箱，然后在旅馆中拿出来穿。无论在游轮的甲板上、火车卧铺的车厢中还是旅馆里，人造丝的便袍都会让人眼前一亮。不出门的女性可以在家里穿比晨衣更时髦的家居服，就像穿 17、18 世纪的睡袍一样。身穿家居服时被邻居看到也无伤大雅，甚至去应门也可以，但是只有极其邋遢的女人，才会身着家居服去后花园。

20 世纪 50 年代早期，意大利设计师艾尔莎 · 夏帕瑞丽将家居服设计带得更远，她推出有衬里的、其标志性的“惊人的粉色”版本。但比起她带有貂毛衣领的晨衣，这都算不了什么。20 世纪五六十年代，不少经济拮据的女性还是只能裹着过时、廉价的绗缝尼龙家居服，或者保暖性稍佳的灯芯绒。总之，晨衣也成为一种家居服，这些款式简单、穿着舒适的私服成为卧室中的休憩者不可多得的心灵慰藉。

晨衣的尴尬

文学作品中最著名的穿睡衣的角色当属狄更斯 1843 年的小说《圣诞颂歌》中的角色——声名狼藉的吝啬鬼埃比尼泽 · 斯克鲁奇。他在睡前穿的衣服很能体现维多利亚时代人们的穿衣观念。我们曾在平安夜读到了这段关于斯克鲁奇独自准备圣诞节的描述：“他取下领巾，换上了自己的晨衣、拖鞋，戴上了睡帽，然后坐到壁炉前，喝起粥来。”

在约翰 · 利奇的原版雕版画中，吝啬鬼全身裹在素净的晨衣里，头顶尖帽，足蹬拖鞋，这个让人印象深刻的形象在后世的戏剧、电影、漫画中被一遍遍地再现。但实际上，这个形象是经过了后世艺术加工才成形的，在原著中，吝啬鬼喜欢在思考问题的时候将手插进马裤的口袋里，在“过去之灵”前来拜访时也是如此，这个细节显示他并没有准备上床睡觉，甚至没有换上晨衣。画家和导演之所以让吝啬鬼换上晨衣或者长睡衣，是因为这样的着装会让他看起来更羸弱，这为吝啬鬼梦到自己跌进了洞穴里的情节做了铺垫。

回溯男式晨衣的历史，我们会发现无论是款式还是材料都少得可怜。在人造纤维被应用到男式晨衣之前，晨衣的材质仅仅限于棉布、丝绸和骆驼毛纺料。虽然款式不多，但维多利亚时代男士们的晨衣在颜色上还是颇显华丽。在 19 世纪 60 年代的一部小说中，自负的邦廷先生出现在面海的酒店阳台时，就身着一件“天蓝色的土耳其丝绸晨衣，上面缀满红色的流苏，他的脚上还穿着饰有百合花的拖鞋”。但在服务员的眼中，他“是不是英雄，取决于他给没给小费”。

19 世纪的男式晨衣似乎是从印度长袍发展演变而来的，当时英国刚刚殖民印度不久。这种长袍又叫“菩提袍”，正如女式晨衣或家居服一样，男人们也会在起床后到出门前穿着它。在 17 世纪 80 年代及随后的 100 年间，这种服装进入了鼎盛期。在乔治时代，落魄的布鲁梅尔就曾在睡袍上绘制地图。在 1829 年，布鲁梅尔曾穿着绣花的印度棉布晨衣、土耳其式拖鞋和带金色流苏的睡帽见客，但到了 1836 年，他的经济状况迅速恶化，只能靠朋友周济过日子。一个不识趣的外国朋友寄给了他一件毛巾棉做的晨衣，这十分不符合英国绅士的穿衣规范，布鲁梅尔在收到这件浴袍时气得将之从三楼的窗户中扔了出去。

有些菩提袍实在太漂亮了，只在家里穿似乎有些浪费了。于是在 1785 年，一些伦敦市民干脆穿着菩提袍上了街——“偶尔还有男人还在腰间佩剑，剑鞘从袍子背后的裂缝处伸出来”。这轮充满东方风情的袍子的流行远在女人流行穿和服之前，这个时期，女士的袍子还多是朴素的纯白色。俄国的彼得大帝有一件绿色的晨衣，上面布满花卉和植物的刺绣；其他俄国贵族的袍子多是缎子的，面料夹层中垫有棉花或羊毛，袍子的领部和袖口还有皮草装饰。

穿上晨衣、带上睡帽对于乔治时代和维多利亚时代的男士来说就像是进到了属于自己的小山洞一般，这时他们可以抽烟、讲荤段子，抛掉规矩，纯粹地做自己。不修边幅的神探夏洛克 · 福尔摩斯最放松的时刻也是穿着紫色的晨衣，拿着烟斗懒洋洋地躺在沙发上时。除了这件紫色的晨衣，福尔摩斯还有一蓝一灰两件晨衣。在 1907 年的服装购物册里，晨衣与晚间便服、休闲西服、美式无尾礼服列在同一个类别里，都是属于没有硬挺领子和袖口的休闲便装。

现代的男士在室内的时候也喜欢穿晨衣，这些晨衣的款式与以前的变化不大，大多长及小腿，颜色也多以黯淡柔和的暗红色、海军蓝和灰色为主，有些还带有不醒目的漩涡图案。与以前的半公开的服装定位不同的是，现在，晨衣彻底变成了一种私人服装。

拖鞋

另一个从工作装变成私人服饰品的例子是拖鞋。自从福尔摩斯发明了在拖鞋中藏大麻的方法，跟风者也开始模仿他，将各种违禁品藏在拖鞋里。“拖鞋”一词来源于盎格鲁－撒克逊民族，原指所有易于穿脱的鞋类。在 18 世纪至 19 世纪初，拖鞋也指女士们在室内穿着的丝绸便鞋。在 20 世纪以前，拖鞋是一种不分穿着者性别的十分昂贵的鞋子，一般的工薪阶层是穿不起的。带刺绣的拖鞋更是乔治时代和维多利亚时代许多人的最爱，主妇们会在拖鞋上精心绣上三色堇或玫瑰，然后送给自己的丈夫。软帮鞋也是拖鞋的一种，多由主妇在家用斜纹棉布和羊毛料制作，有些主妇还会在鞋帮里添加一层兔子皮增加其保暖性。

从 20 世纪开始，软帮鞋中加入了鞋垫，这一时期的鞋垫多是羊毛或尼龙的。女士的拖鞋则更华丽一些，有些是用缎面加棉絮

男式软帮鞋，它的款式与一百年前相比没有什么变化。

制作，有些加有羽毛装饰，有些是高跟的，还有更加舒服的骆驼毛的拖鞋——这种鞋主要搭配皮套裤穿着。1943 年，随着物资紧缩加剧，这些华丽的拖鞋几乎买不到了，于是女士们开始使用旧帽子和其他材料自制拖鞋。女子教养院就曾骄傲地在报告中写道，成员们制鞋的手艺越发精湛了:“这些旧面料做的拖鞋看上去不错，而且是阔跟鞋的款式，非常合脚，穿着舒适，大部分的人都对其爱不释手。”

在现代，穿拖鞋的同时还可以穿上保暖的睡袜，这些袜子中不乏羊绒之类的高级材料。但是如果我们回溯 20 世纪以前，就会发现过去的睡袜要寒酸不少，多是用羊毛线针织而成，并用鲸须或木头做的夹子固定。睡袜很好织，它没有转折的结构，相对于普通袜子要 4 根棒针织成，睡袜只要两根棒针就可以织出来。在 20 世纪 40 年代“缝缝补补又三年”的背景下，这些睡袜在回收后，还可以拆掉做成时髦的帽子——不过我还是怀疑这些帽子的质量，还有，真的时髦吗?

睡帽

说起帽子，你大概不知道还有一种帽子现在几乎从我们的生活中消失了——这就是睡帽。睡帽一词现在有“晚间喝酒的醉鬼”的含义，但在 14 世纪至 19 世纪的漫长历史中，它是无论男女，睡觉必戴的帽子，就算是裸睡的人也不例外。女人们会用棉布、丝绸和亚麻自制睡帽，而且多多益善。

睡帽缝制精致，有些是素白的，有些是带有条纹的，帽顶还往往带有流苏装饰。在维多利亚时代的伦敦，还有人专门制作睡帽在街上贩卖，尽管卖帽子的钱仅够糊口。

戴睡帽的习惯是在过去盛行的帽子文化影响下产生的，但不是所有的睡帽都是在睡觉的时候戴，在家中休憩的时候你也可以戴上睡帽。18 世纪的男人在家中戴帽子，是为了保持头发平整，好在外出时佩戴假发。目前留存于世的睡帽都十分精致，在丝绸的底子上还有银线刺绣的图案。

对于那些不习惯戴睡帽的男士而言，他们也可以在睡觉时戴上发网。不过，发网很容易浸上发粉和发油，招来不少蛀虫和老

维多利亚时代早期的男式睡帽。

鼠。1810年的《一个乔治时代的浪子的回忆录》（*Memoirs of a Georgian Rake*）就曾记录，自己在早上醒来时，发现至少有一打袋狸鼠在自己的卧室里撒欢，“我戴上每天睡觉时必戴的发网，却发现上面被老鼠咬了好几个洞。”

爱德华时代的男士是最后一辈戴睡帽入睡的人，他们当时戴的多是哈罗德百货公司推出的丝绸条纹睡帽，有深红色、海军蓝、黄褐色和棕色四款。在“一战”期间，战壕中的士兵也没有放弃睡帽，他们戴的卡其色软头盔既保暖又便宜（只要1先令9便士），或者他们会戴妻子为他们制作的巴拉克拉法帽。

现在，睡帽已经很少人戴了，你大概只能在展现维多利亚时代风情的漫画上看到它们，比如关于威莉·温基[1]的漫画。小威莉身穿睡袍、头戴睡帽、足蹬拖鞋、手拿蜡烛的形象和《圣诞颂歌》中的吝啬鬼一样让人过目难忘。

永恒的睡眠

在现代，纯白的睡衣似乎已经走入了历史，一想到某个被男人遗弃的女子身披白色睡衣在卧室晃荡的画面，不免让人感觉阴森森的，有些可怕。的确，在今天的欧洲，将某人生前的白色睡

1　英文儿歌中的角色。——译者注

袍当作寿衣的习俗仍然存在。

许多人在置办婚礼嫁妆或者第一个新生儿的衣服时，也会一起置办寿衣。在英国，人们偶尔会询问生病或年老的女士："你的'包裹'准备好了吗？"这个所谓的"包裹"，就包含了精美的白色床单、睡衣套装和白色的长筒袜——都是葬礼中会用到的。一个约克郡的女人甚至在看到过世的祖母身着的精美睡衣时垂涎不已，"真是浪费。"她说。现代的送葬者有时也会要求葬礼承办人在棺材里放一套精美的睡衣，让逝者更好地安息。

所以，让我们安眠吧……

参考书目
BIBLIOGRAPHY

A Lady – The Workwoman's Guide (London, 1838)
A Lady of Distinction – The Mirror of the Graces. Or, the English Lady's Costume (Adam Black & Longman, 1830)
Acton, Harold – Memoirs of an Aesthete (Methuen, 1948; repr. Hamish Hamilton, 1984)
Adams, Carol and Paula Bartley, Judy Lown, Cathy Loxton – Under Control, Life in a Nineteenth-century Silk Factory (Cambridge University Press, 1983)
Adlington, Lucy – Great War Fashion, Tales fromz the History Wardrobe (The History Press, 2013)
Alcott, L. M. – Little Women (Roberts Brothers, 1869)
Alcott, L. M. – Rose in Bloom (Roberts Brothers, 1876)
Aldrin, Buzz, with Ken Abraham – Magnificent Desolation: The Long Journey Home from the Moon (Bloomsbury, 2009)
Allan, Maud – My Life and Dancing (Everett & Co., 1908)
Amies, Hardy – Still Here, An Autobiography (Weidenfeld & Nicolson, 1984)
Amphlett, Hilda – Hats, a History of Fashion in Headwear (Dover, 2003)
Andersen, Hans Christian – Fairy Tales Told for Children (C. A. Reitzel, 1838)
Andersen, Hans Christian – The Little Mermaid (1837)
Anon. – The Whole Art of Dress, or the Road to Fashion and Elegance, by a Cavalry Officer (London, 1830; repr. Carlton Books, 2012)
Armstrong, Nancy – Fans (Souvenir Press, 1984)
Arnold, Janet – Patterns of Fashion: Englishwomen's dresses and their construction c.1660–1860 (Macmillan, 1984)
Ashenburg, Katherine – Clean: An Unsanitised History of Washing (North Point Press, 2008)
Austen, Jane – Pride and Prejudice (T. Egerton, 1813)
Avery, Victoria, Melissa Calaresu and Mary Laven (eds) – Treasured Possessions from the Renaissance to the Enlightenment (Philip Wilson, 2015)

Baclawski, Karen – The Guide to Historic Costume (Batsford, 1995)
Bailey, Catherine – Secret Rooms (Penguin, 2013)
Ballin, Ada S. – The Science of Dress in Theory and Practice (unknown publication, 1885; repr. Dodo Press, 2013)
Barnard, Mary – The Sheepskin Book (Brocklebank Publications, undated c.1940)
Bayle, John, Purple Tints of Paris, Characters and Manners in the New Empire (Chapman & Hall, 1854)
Baxter-Wright, Emma – The Little Book of Schiaparelli (Carlton Books, 2012)
Beaton, Cecil – The Unexpurgated Beaton Diaries (Weidenfeld & Nicolson, 2002)

Beattie, Owen and John Geiger – Frozen in Time: The Fate of the Franklin Expedition (Bloomsbury, 2004)
Bebb, Prudence – Shopping in Regency York (William Sessions, 1994)
Beckham, Victoria, with Hadley Freeman – That Extra Half an Inch (Penguin, 2009)
Belden, A. L. – The Fur Trade of America (c.1917)
Benson, Adolph B. (ed.) – Peter Kalm's Travels in North America (Dover, 1987)
Bierce, Ambrose – The Enlarged Devil's Dictionary (Doubleday, 1911; repr. Penguin, 1984)
Black, Sandy – Knitting, Fashion, Industry, Craft (V&A Publishing, 2012)
Blanch, Lesley (ed.) – Harriet Wilson's Memoirs: The Greatest Courtesan of Her Age (John Murray, 1957)
Bliss, Trudy (ed.) – Jane Welsh Carlyle, A New Selection of her Letters (Harvard University Press, 1950)
Braddon, M. E. – Vixen (1879; repr. Forgotten Books, 2015)
Brimley, Johnson – Manners Makyth Man (A. M. Philpot, 1932)
Braithwaite, Rodric – Moscow 1941: A City and its People at War (Profile Books, 2007)
Brewer, Rev. E. Cobham, Brewer's Dictionary of Phrase and Fable (1870; repr. Cassell, 1988)
Broad, Richard and Suzie Fleming (eds) – Nella Last's War: The Second World War Diaries of 'Housewife, 49' (Profile, 2006)
Brontë, Charlotte – Jane Eyre (Smith, Elder and Co., 1847)
Brooks Picken, Mary – Corsets and Close-Fitting Patterns (Woman's Institute of Domestic Arts & Sciences, 1920)
Bruna, Denis (ed.) – Fashioning the Body, An Intimate History of the Silhouette (Yale University Press, 2015)
Bullock, Dr Katherine – Rethinking Muslim Women and the Veil (International Institute of Islamic Thought, 2007)

Burney, Fanny – Evelina, Or the History of a Young Lady's Entrance into the World (Thomas Lowndes, 1778)
Buxbaum, Gerda (ed.) – Icons of Fashion, the Twentieth Century (Prestel, 1999)
Byng, John and C. Bruyn Andrews (ed.) – The Torrington Diaries (Eyre & Spottiswoode, 1954)
Byrde, Penelope – Jane Austen Fashion: Fashion and Needlework in the Works of Jane Austen (Excellent Press, 1999)

Cade Gall, W. – 'Future Dictates of Fashion', Strand Magazine (1893)
Cady Stanton, Elizabeth – Eighty Years and More: Reminiscences 1815–1897 (Faber & Faber, 1945)
Calder, A. – The People's War (Jonathan Cape, 1969)
Carter, Howard – The Tomb of Tutankhamen (Sphere, 1972)
Cartland, Barbara – We Danced All Night (Arrow, 1970)
Cawthorne, Nigel – The New Look: The Dior Revolution (Reed International Books, 1996)
Chaucer, Geoffrey – The Canterbury Tales (c.1387)
Chosen, Francis (ed.) – Kilvert's Diaries 1870–1879: Selections from the Diary of Francis

Kilvert (Jonathan Cape, 1946)
Christie, Agatha – Autobiography (William Collins, 1977)
Christie, Agatha – Evil Under the Sun (Collins Crime Club, 1941)
Christie, Agatha – Poirot's Early Cases (Collins Crime Club, 1974)
Clayton-Hutton, Christopher – Official Secrets (New English Library, 1962)
Cohen, Susan – The Women's Institute (Shire, 2011)
Coignet, Jean-Roche – Soldier of the Empire: The Note-books of Captain Coignet (Pen and Sword Military, 2002)
Coleman, Elizabeth Ann – Changing Fashions 1800–1970 (The Brooklyn Museum, 1972)
Colquhoun, Kate – Mr Briggs' Hat: A Sensational Account of Britain's First Railway Murder (Little, Brown, 2011)
Clive, Mary (ed.) – Caroline Clive, From the Diary and Family Papers of Mrs Archer Clive 1801–1873 (The Bodley Head, 1949)
Conan Doyle, Sir Arthur – The Adventures of Sherlock Holmes (1891)
Conan Doyle, Sir Arthur – The Complete Adventures of Sherlock Holmes (Penguin, 1984)
Conan Doyle, Sir Arthur – The Memoirs of Sherlock Holmes (1893)
Conan Doyle, Sir Arthur – The Return of Sherlock Holmes (1905)
Cooper, Lady Diana – The Rainbow Comes and Goes (Richard Clay & Co., 1958)
Cowan, Ruth (ed.) – A Nurse at the Front: The First World War Diaries of Sister Edith Appleton (Simon & Schuster, 2013)
Crompton, Frances E. – The Gentle Heritage (1893)
Cumming, Valerie – Royal Dress (Batsford, 1989)
Cumming, Valerie, C. W. Cunnington and P. E. Cunnington – The Dictionary of Fashion History (Berg, 2010)
Cunnington, C. Willet and Phillis Cunnington – Handbook of English Costume in the 19th Century (Faber & Faber, 1959)
Cunnington, C. Willet and Phillis Cunnington – The History of Underclothes (Michael Joseph, 1951)
Cunnington, Phillis – Costume of Household Servants (A. & C. Black, 1974)
Cunnington, Phillis and Catherine Lucas – Occupational Costume in England from the 11th Century to 1914 (A. & C. Black, 1967)
Cunnington, Phillis and Alan Mansfield – English Costume for Sports and Outdoor Recreation (A. & C. Black, 1969)

David, Saul – The Homicidal Earl: The Life of Lord Cardigan (Endeavour Press, 2013)
Defoe, Daniel – The Life and Surprising Adventures of Robinson Crusoe of York, Mariner (1719)
de Genlis, Madame – Dictionnaire critique et raisonné des étiquettes de la cour, des usages du monde, des amusements, des modes, des moeurs etc. depuis la mort de Louis XIII jusqu'à nos jours (Mongie, 1818)
de la Haye, Amy (ed.) – The Cutting Edge, 50 Years of British Fashion 1947–1997 (V&A Publications, 1997)
Delbo, Charlotte – Auschwitz and After (Yale University Press, 1995)
Devereux, G. R. M. – Etiquette for Men: A Book of Modern Manners and Customs (Arthur Pearson, 1902)

Dickens, Charles – A Christmas Carol (Chapman & Hall, 1843)
Dickens, Charles – A Tale of Two Cities (Chapman & Hall, 1859)
Dickens, Charles – Great Expectations (Chapman & Hall, 1861)
Dobbs, Brian – The Last Shall be First: The Colourful Story of John Lobb the St James's Bootmaker (Elm Tree Books, 1972)
Douglas, Mrs – The Gentlewoman's Book of Dress, ed. W. H. Davenport Adams (The Victoria Library for Gentlewomen, 1894)
Duff Gordon, Lady Lucy – Discretions & Indiscretions (Frederick A. Stokes, 1932); repr. as A Woman of Temperament (Atticus Books, 2012)
Duke of Windsor – A Family Album (Cassell & Company, 1960)

Edwards, Russell – Naming Jack the Ripper (Sidgwick & Jackson, 2014)
El Guindi, Fadwa – Veil: Modesty, Privacy and Resistance (Berg, 2003)
Ellis, S. M. (ed.), A Mid-Victorian Pepys: The Letters and Memoirs of Sir William Hardman (1923)
Ellison, Ralph – The Invisible Man (Random House, 1952)
Elms, Robert – The Way We Wore (Picador, 2005)
Etherington-Smith, Meredith and Jeremy Pilcher – The IT Girls (Hamish Hamilton, 1988)
Ewing, Thor – Viking Clothes (The History Press, 2009)

Fairfax Lucy, A. (ed.) – Mistress of Charlecote: The Memoirs of Mary Elizabeth Lucy 1803–1889 (Orion, 2002)
Fields, Jill – An Intimate Affair: Women, Lingerie and Sexuality (University of California Press, 2007)
Fiennes, Sir Ranulph – Cold (Simon & Schuster, 2013)
Forrester, Andrew – The Female Detective (1864; repr. The British Library, 2013)
Friedel, Robert – Zipper: An Exploration in Novelty (W. W. Norton & Company, 1996)
Frister, Roman and Hillel Halkin – The Cap (Grove Press, 2001)
Fryer, Peter – Staying Power: The History of Black People in Britain (Pluto Press, 2010)

Gallico, Paul – Mrs Harris Goes to Paris (Flowers for Mrs Harris), (Penguin, 1958)
Gaskell, Elizabeth – Cranford (Chapman & Hall, 1853)
Gaskell, Elizabeth – Ruth (Chapman & Hall, 1853)
Gardiner, Juliet – The Thirties (HarperPress, 2011)
Gellar, Judith B. – Women and Children First (Avon, 2012)
George, Gertrude – Eight Months with the Women's Royal Air Force (Heath Cranton, 1920)
Gibbings, Sarah – The Tie: Trends and Traditions (Barrons Educational Series, 1990)
Gilroy, Paul – Black Britain, A Photographic History (Saqi, in association with Getty Images, 2007)
Ginzburg, Eugenia Semyonovna – Journey Into the Whirlwind, trans. Paul Stevenson and Max Hayward (Harcourt Brace Jovanovich, 1967)
Girotti, Eugenia – Footwear: History and Customs / La Calzatura: Storia e Costume (Itinerari d'Immagini, 1990)
Glenbervie, Baron Sylvester Douglas – The Glenbervie Journals (1811)

Glob, Peter V. – The Bog People: Iron-Age Man Preserved, trans. R. Dunce-Mitford (HarperCollins, 1971)
Glynn, Prudence and Madeleine Ginsburg – In Fashion, Dress in the Twentieth Century (Allen & Unwin, 1978)
Grant, Linda – The Thoughtful Dresser (Virago Press, 2009)
Gray, Mrs Edwin (ed.) – The Papers and Diaries of a York Family 1764–1839 (London, 1927)
Grossmith, George and Weedon – The Diary of a Nobody (J. W. Arrowsmith, 1892)
Guenther, Irene – Nazi Chic? Fashioning Women in the Third Reich (Berg, 2004)
Gunn, Douglas, Roy Luckett and Josh Sims – Vintage Menswear, A Collection from the Vintage Showroom (Laurence King Publishing, 2012)

Hall, Rosalind – Egyptian Textiles (Shire Publications, 2001)
Halls, Zillah – Women's Costume 1750–1800 (HMSO, 1972)
Ham, Elizabeth – Elizabeth Ham, By Herself, 1783–1820 (Faber & Faber, 1945)
Hamilton, Peggy – Three Years or the Duration (Daedalus Press, 1978)
Hardy, Thomas – Far From the Madding Crowd (Smith & Elder & Co., 1874)
Harvey, Anthony and Richard Mortimer (eds) – The Funeral Effigies of Westminster Abbey (The Boydell Press, 1994)
Hawthorne, Nigel – The New Look: The Dior Revolution (Hamlyn, 1996)
Hayward, William Stephens – Revelations of a Lady Detective (George Vickers, 1864; repr. The British Library, 2013)
Hewitt, John – The History of Wakefield and its Environs, vol. 1 (1862)
Hickey, William – Memoirs of a Georgian Rake, ed. Roger Hudson (The Folio Society, 1995)
Hillard, G. S. (ed.) – Life, Letters and Journals of George Ticknor (1876)
Hoare, Philip – Oscar Wilde's Last Stand (Arcade Publishing, 1997)
Holdsworth, Angela – Out of the Doll's House: The Story of Women in the Twentieth Century (BBC Books, 1988)
Hollander, Anne – Fabric of Vision: Dress and Drapery in Painting (National Gallery Company, 2002)
Holme, Randle – The Academy of Armory, Book III (1688)
Horwood, Catherine – Keeping Up Appearances: Fashion and Class Between the Wars (Sutton Publishing, 2005)

Jaffé, Deborah – Ingenious Women (Sutton Publishing, 2003)
Jesse, Captain William – The Life of Beau Brummell (Saunders & Otley, 1844)
Jessop, Violet – Titanic Survivor: The Memoirs of Violet Jessop, Stewardess (The History Press, 2007)
Jonson, Ben – Cynthia's Revels, or The Fountain of Self Love (1600)
Jubb, Samuel – The History of the Shoddy-Trade, Its Rise, Progress, and Present Position (J. Fearnsides, 1860; repr. Forgotten Books, 2012)
Junge, Traudl with Melissa Müller – Until the Final Hour (Phoenix, 2005)

Kelly, Ian – Beau Brummell, The Ultimate Dandy (Hodder & Stoughton, 2005)

Kintz, Jarod – $3.33 (2011)
Klabunde, Anna – Magda Goebbels (Sphere, 2007)
Klickmann, Flora – The Girl's Own Annual (1915)
Kramer, Clara – Clara's War (Ebury Press, 2008)

Lacy, Mary – The Female Shipwright (1773; repr. National Maritime Museum, 2008)
Langley, Susan – Vintage Hats & Bonnets 1770–1970 (Collector Books, 2009)
Langley Moore, Dorothy – Lord Byron: Accounts Rendered (John Murray, 1974)
Lawrence, Dorothy – Sapper Dorothy (Leonaur, 2010)
Layard, C. S. – Mrs Lynn Linton, Her Life, Letters and Opinions (1901)
LeBlanc, Henri – The Art of Tying the Cravat (London, 1828)
Lee, Michelle – Fashion Victim (Broadway Books, 2003)
Lefebure, Molly – Murder on the Home Front (1954; repr. Sphere, 2013)
Lengyel, Olga – Five Chimneys (Academy Chicago, 1995)
Lester, Katherine and Bess Viola Oerke – Accessories of Dress: An Illustrated History of the Frills and Furbelows of Fashion (The Manual Arts Press, 1940)
Levi, Primo – If This is A Man, trans. Stuart Woolf (Orion Press, 1959)
Levi, Primo – The Reawakening, trans. Stuart Woolf (Collier Books, 1965)
Longford, Elizabeth – Victoria RI (Weidenfeld & Nicolson, 1998)
Lurie, Alison – The Language of Clothes (William Heinemann, 1982)
Lytton, Edward Bulwer – Pelham (1828)

McCall, Cicely – Women's Institutes (William Collins, 1943)
MacCarthy, Fiona – The Last Curtsey: The End of the Debutantes (Faber & Faber, 2007)
McDowell, A. G. – Village Life in Ancient Egypt: Laundry Lists and Love Songs (Clarendon Press, 2001)
Macintyre, Ben – The Napoleon of Crime (Flamingo, 1998)
Macintyre, Ben – Operation Mincemeat (Bloomsbury, 2010)
McKenzie, Julia – Clothes Lines: Off-the-Peg Stories from the Closets of the Famous (Robson Books, 1988)
MacLochlainn, Jason – The Victorian Tailor (St Martin's Griffin, 2011)
Magorian, Michelle – Goodnight Mister Tom (Kestrel Books, 1981)
Malcolmson, Patricia and Robert (eds) – Nella Last's Peace: The Post-war Diaries of Housewife 49 (Profile Books, 2008)
Mansel, Philip – Dressed to Rule (Yale University Press, 2005)
Mansfield, Alan and Phillis Cunnington – Handbook of English Costume in the 20th Century 1900–1950 (Faber & Faber, 1973)
Marchessini, Demetri – Women in Trousers: A Rear View (Ioni Illustrated Editions, 2003)
Markievicz, Constance – Prison Letters of Constance Markievicz (Virago, 1987)
Marsh, Gail – Eighteenth Century Embroidery Techniques (Guild of Master Craftsman Publications, 2012)
Marsh, Graham and Paul Trynka – Denim: From Cowboys to Catwalks, a History of the World's Most Legendary Fabric (Aurum Press, 2005)
Marshall, Peter A. and Jean K. Brown (eds) – Swiss Notes by Five Ladies, An Account of Touring and Climbing in 1874 (Peter A. Marshall, 2003)

Marshall & Snelgrove Ltd – Fashion and the Woman 4000 BC to 1930 AD (unknown publisher, 1930)
Martin, Joanna (ed.) – A Governess in the Age of Jane Austen (Hambledon Press, 1998)
Mayhew, Henry – London Labour and the London Poor, the Morning Chronicle serialisation (1840s)
M'Donough, Captain Felix – The Hermit in London (1819)
Mendes, Valerie and Amy de la Haye – Fashion Since 1900 (Thames & Hudson, 2010)
Meredith, Alan and Gillian – Buttons (Shire Publications, 2012)
Mermisi, Fatima – The Veil and Male Elite: A Feminist Interpretation of Women's Rights in Islam (Perseus Books, 1992)
Merrick, Leonard – Mr Bazalgette's Agent (George Routledge & Sons, 1888; repr. The British Library, 2013)
Merrifield, Mrs – Dress as a Fine Art (John P. Jewett and Company, 1854)
Mikhaila, Ninya and Jane Malcolm-Davies, The Tudor Tailor, Reconstructing 16th-century Dress (Batsford, 2006)
Miller, Alice Duer – Are Women People? A Book of Rhymes for Suffrage Times (George H. Doran, NY, 1915)
Miller, Judith – Shoes (Miller's, 2009)
Ministry of Education – Make Do And Mend (HMSO, 1940s)
Mitchiner, P. H. and E. E. P. MacManus – Nursing in Time of War (J. A. Churchill Ltd, 1943)
Mollo, John – Military Fashion (G. P. Putnam's & Sons, NY, 1972)
Molloy, John T. – New Dress for Success (Warner Books, NY, 1988)
Monsarrat, Ann – And the Bride Wore . . . (Dodd, Mead & Co., 1974)
Moore, Edward – The World (1755)
Morgan, Janet – Agatha Christie, A Biography (HarperCollins, 1997)
Morris, Christopher (ed.) – Journeys of Celia Fiennes (Cresset, 1947)
Morsch, Günther and Astrid Ley (eds) – Sachsenhausen Concentration Camp 1936–1945: Events and Developments (Metropole-Verlag, 2008)
Morton, H. V. – Pageant of the Century (Odhams Press, 1933)
Murphy, Paul Thomas – Shooting Victoria: Madness, Mayhem and the Modernisation of the Monarchy (Head of Zeus, 2012)
Murray, Margaret and Jane Koster – Knitting for All (Odhams Press, 1942)

Nadoolman Landis, Deborah (ed.) – Hollywood Costume (V&A Publishing, 2012)
Nahshon, Edna – Jews and Shoes (Berg, 2008)
Nevill, Ralph, The Reminiscences of Lady Dorothy Nevill (Edward Arnold, 1906)
Newark, Tim – Camouflage (Thames & Hudson, 2007)
Nicolson, N. – Portrait of a Marriage (Weidenfeld & Nicolson, 1973; repr. 1990)
Nightingale, Florence – Notes on Nursing: What It Is and What It Is Not (1860)
Noggle, Anna – A Dance With Death (Texas A&M University Press, 2002)
Norris, Herbert – Tudor Costume and Fashion (Dover, 1997)

Oakes, Alma and Margot Hamilton Hill – Rural Costume, Its Origin and Development in

Western Europe and the British Isles (B. T. Batsford, 1970)
Opie, Iona and Peter, The Classic Fairy Tales (Book Club Associates / OUP, 1975)
Orczy, Baroness – The Scarlet Pimpernel (Hutchinson, 1905)
Østergaard, Jan Stubbe and Anne Marie Nielsen (eds) – Transformations: Classical Sculpture in Colour (Carlsberg Glyptotek, NY, 2014)
Owings, Alison – Frauen: German Women Recall the Third Reich (Penguin, 2001)

Page, Betty – On Fair Vanity (Convoy Publications, 1954)
Pankhurst, Sylvia – The Suffragette Movement: An Intimate Account of Persons and Ideals (London, 1931; repr. Wharton Press, 2010)
Panton, Reginald – Memories of Burgh Le Marsh and District 1903–1936 (private publication, 2014)
Papworth, J. B., W. Wrangham and W. Combe – Poetical Sketches of Scarborough (1813)
Partridge, Eric, Dictionary of the Underworld (Routledge & Kegan Paul, 1950)
Pavitt, Jane – Fear and Fashion in the Cold War (V&A Publishing, 2008)
Pearce, Charles – The Beloved Princess, Princess Charlotte of Wales, the Lonely Daughter of a Lonely Queen (London, 1911)
Pearl, Cyril – The Girl with the Swansdown Seat: Aspects of mid-Victorian Morality (Frederick Muller, 1955)
Pearlman, Moshe – The Capture and Trial of Adolf Eichmann (Simon & Schuster, 1963)
Peel, Mrs C. S. – How We Lived Then: A Sketch of Social and Domestic Life in England During the War (The Bodley Head, 1929)
Pepys, Samuel – The Diaries of Samuel Pepys (Penguin Classics, 2003)
Perrault, Charles – Perrault Fairy Tales; Histoires ou Contes du temps passé. Avec des Moralitez (Paris, 1697; repr. The London Folio Society, 1998)
Picken, Mary Brooks – Corsets and Close-Fitting Patterns (Women's Institute of Domestic Arts & Sciences, Inc., 1920)
Pierrepoint, Albert – Executioner: Pierrepoint (Harrap, 1974)
Ping, Wang – Aching for Beauty: Footbinding in China (Anchor Books, 2002)
Plumb, J. H. – Georgian Delights: The Pursuit of Happiness (Little, Brown, 1980)
Pratchett, Terry – Witches Abroad: A Discworld Novel (Corgi, 1992)
Pressley, Alison – The Best of Times: Growing up in Britain in the 1950s (Michael O'Mara Books, 1999)
Preston, Diana – A First Rate Tragedy: A Brief History of Captain Scott's Antarctic Expeditions (Constable, 1997)
Priestley, J. B. – Three Men in New Suits (Hollen Street Press, 1945)
Protective Clothing for Women and Girl Workers Employed in the Factories and Workshops (HMSO, 1917)
Przybyszewski, Linda – The Lost Art of Dress: The Women Who Once Made America Stylish (Basic Books, 2014)

Quennell, Peter – Victorian Panorama (Batsford, 1937)
Quigley, Dorothy – What Dress Makes of Us (unknown publisher, 1897; repr. Dodo Press, 2008)
Quiller-Couch, Sir Arthur – The Sleeping Beauty and Other Fairy Tales from the Old French

(1910)

Rajchman, Chil – Treblinka, A Survivor's Memory (MacLehose Press, 2011)
Rappaport, Helen – No Place for Ladies (Aurum Press, 2007)
Raverat, Gwen – Period Piece: A Cambridge Childhood (Faber & Faber, 1952)
Rémusat, Paul (ed.) – Memoirs of Madame de Rémusat 1802–1808 (Appleton & Company, 1880)Rhodes-James, R. (ed.) – Chips: Diaries of Sir Henry Channon (Weidenfeld & Nicolson, 1967)
Richardson, Samuel – Pamela, or Virtue Rewarded (Rimmington & Osborn, 1740)
Roach, Martin – Dr Martens: The Story of an Icon (Chrysalis Impact, 2003)
Robertshaw, Andrew and David Kenton – Digging the Trenches: The Archaeology of the Western Front (Pen & Sword Military, 2008)
Robinson, Jane – Bluestockings (Penguin, 2010)
Rodgers, Nigel – The Umbrella Unfurled: Its Remarkable Life and Times (Bene Factum Publishing, 2013)

Sandes, Flora – An English-Woman Sergeant in the Serbian Army (Hodder & Stoughton, 1916)
Schmiechen, James A. – Sweated Industries and Sweated Labour: The London Clothing Trades, 1860–1914 (Croom Helm, 1984)
Sebesta, Judith Lynn and Larissa Bonfante (eds) – The World of Roman Costume (University of Wisconsin Press, 2011)
Shackleton, Sir Ernest – South: The Story of Shackleton's 1914–17 expedition (Century Publishing, 1919)
Shakespeare, William – Antony and Cleopatra (c.1607)
Shakespeare, William – The Tragedy of Hamlet, Prince of Denmark (c.1599–1602)
Shakespeare, William – The Tragedy of Julius Caesar (c.1599)
Shakespeare, William – The Tragedy of Othello, The Moor (1603)
Shakespeare, William – Troilus and Cressida (1609)
Shakespeare, William – Twelfth Night, or What You Will (1601–1602)
Sharman, Helen and Christopher Priest – Seize the Moment: The Autobiography of Britain's First Astronaut (Victor Gollancz, 1993)
Shep, R. L. – The Great War: Styles and Patterns of the 1910s (Players Press, 2001)
Sheridan, Betsy – Betsy Sheridan's Journal (1789)
Sheridan, Richard Brinsley – A Trip to Scarborough (1777)
Sherriff, R. C. – The Fortnight in September (Victor Gollancz, 1931)
Shields, Jody – Hats: A Stylish History and Collector's Guide (Clarkson N. Potter, 1991)
Shipman, Pat – Femme Fatale (Phoenix, 2007)
Simons, Violet K. – The Awful Dressmaker's Book (Wolfe Publishing, 1965)
Skidelsky, Robert – Oswald Mosley (Macmillan, 1975)
Sladen, Christopher – The Conscription of Fashion: Utility Cloth, Clothing and Footwear 1941–1952 (Scholar Press, 1995)
Smart, J. E. – Clothes for the Job: Catalogue of the Science Museum Collection (Science Museum, 1985)
Souhami, Diana – Edith Cavell: Nurse, Martyr, Heroine (Quercus, 2011)

Souhami, Diana – Murder at Wrotham Hill (Quercus, 2013)
Spanier, Ginette – It Isn't All Mink (Random House, 1960)
Spindler, Konrad – The Man in the Ice (Phoenix, 2011)
Stanhope, Philip Dormer (ed.) – Lord Chesterfield: Letters to His Son (Richard Bentley, 1847)
Staniland, Kay – In Royal Fashion, the Clothes of Princess Charlotte of Wales and Queen Victoria 1796–1901 (Museum of London, 1997)
Starkey, David – Elizabeth: The Exhibition at the National Maritime Museum, ed. Susan Doran (Chatto & Windus, 2003)
Steele, Valerie – The Corset, a Cultural History (V&A Publishing, 2007)
Stemp, Sinty – The A to Z of Hollywood Style (V&A Publishing, 2012)
Stoker, Bram – Dracula (Constable & Co., 1897)
Storey, Nicholas – The History of Men's Fashion: What the Well-dressed Man is Wearing (Remember When, 2008)
Streatfeild, Noel – Party Frock (William Collins, 1946)
Stubbes, Philip – The Anatomie of Abuses (Richard Jones, 1585; repr. W. Pickering, 1836)
Summers, Julie – Jambusters, The Story of the Women's Institute in the Second World War (Simon & Schuster, 2013)
Surtees, Robert Smith – Ask Mama (1850; repr. Quercus, 2013)
Surtees, Robert Smith – Plain or Ringlets? (1860; repr. Nonsuch Classics, 2006)

Tatar, Maria (ed.) – The Classic Fairy Tales (W. W. Norton & Company, 1999)
Taylor, Lou – Mourning Dress (Routledge, 1983)
Thackeray, William Makepeace – Book of Snobs (Punch Office, 1848)
Thomas, Rhys – The Ruby Slippers of Oz (Tale Weaver Publishing, 1989)
Thompson, Flora – Lark Rise to Candleford, 1876–1947 (Penguin Classics, 2000), comprising Lark Rise (1939); Over to Candleford (1941); Candleford Green (1943)
Tolkien, J. R. R. – The Hobbit, or There and Back Again (George Allen & Unwin, 1937)
Tozer, Jane and Sarah Levitt – The Fabric of Society, A Century of People and Their Clothes 1770–1870 (Manchester Art Gallery Trust, 2010)
Tranberg Hansen, Karen – Salaula: The World of Secondhand Clothing in Zambia (University of Chicago Press, 2000)
Turner Wilcox, R. – The Mode in Footwear (Charles Scribner's Sons, 1948; repr. Dover, 2008)

Tuvel Bernstein, Sara, with Louise Loots Thornton and Marlene Bernstein Samuels – The Seamstress: A Memoir of Survival (G. P. Putnam's Sons, 1997)
Twain, Mark – Adventures of Huckleberry Finn (Chatto & Windus, 1884)

Veillon, Dominique – Fashion under the Occupation (Berg, 2002)
Veldmeijer, André J. – Tutankhamun's Footwear: Studies of Ancient Egyptian Footwear (Sidestone Press, 2012)
Vickery, Amanda – The Gentleman's Daughter (Yale University Press, 2003)
Vincent, Susan J. – The Anatomy of Fashion (Berg, 2009)
Visram, Rozina – Asians in Britain: 400 Years of History (Pluto Press, 2002)

Walford, Jonathon – Forties Fashion (Thames & Hudson, 2008)
Walford, Walter G. – The Dangers in Neck-wear (unknown publisher, 1917)
Walton Rogers, Penelope – Cloth and Clothing in Early Anglo-Saxon England AD 450–700 (Council for British Archaeology, 2007)
Warren, Geoffrey – A Stitch in Time: Victorian and Edwardian Needlecraft (David & Charles, 1976)
Waugh, Norah – Corsets and Crinolines (1954; repr. Routledge / Theatre Arts Books, 2004)
Weber, Caroline – Queen of Fashion: What Marie Antoinette Wore to the Revolution (Aurum Press, 2007)
Wilcox, Claire (ed.) – The Golden Age of Couture: Paris & London 1947–57 (V&A Publishing, 2008)
Wilcox, Claire – Vivienne Westwood (V&A Publications, 2004)
Winocour, Jack (ed.) – The Story of Titanic as told by its Survivors (Dover, 1960)
Wolf, Tony – Edith Garrud (Tony Wolf online publication, 2009)
Wood, Maggi – We Wore What We'd Got: Women's Clothes in World War II (Warwickshire Books, 1989)
Woolf, Virginia – Three Guineas (The Hogarth Press, 1938)
Worth, Rachel – Discover Dorset: Dress and Textiles (The Dovecote Press, 2002)
Wortley Montagu, Lady Mary – The Complete Letters of Lady Mary Wortley Montagu, ed. Robert Halsband (Clarendon Press, 1967)

X, Malcolm with Alex Haley – The Autobiography of Malcolm X (Grove Press, 1965; repr. Penguin, 2007)

Yefimova, Luisa V. and Tatyana S. Aleshina – Russian Elegance: Country and City Fashion from the 15th to the Early 20th Century (Vivays Publishing, 2011)
Young, Lisa A. and Amanda J. – Collections Care: The Preservation, Storage, and Display of Spacesuits (Smithsonian National Air and Space Museum, Report Number 5, December 2001)